Patagonien und Antarktis –
Geofernerkundung mit
ERS-1-Radarbildern

Ergänzungsheft 287 Petermanns Geographische Mitteilungen

Herausgeber: Otmar Seuffert (Bensheim)

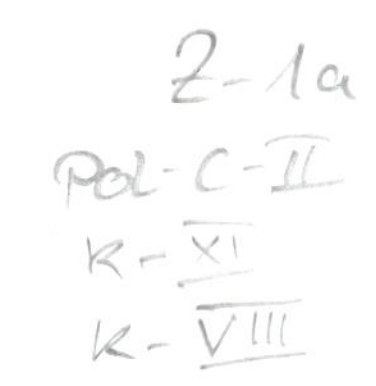

Patagonien und Antarktis – Geofernerkundung mit ERS-1-Radarbildern

Herausgegeben von Hermann Goßmann

124 Abbildungen
4 Tabellen

Justus Perthes Verlag Gotha

Die Deutsche Bibliothek – CIP-Einheitsaufnahme

[Petermanns geographische Mitteilungen / Ergänzungsheft]
Ergänzungsheft zu Petermanns geographischen Mitteilungen. –
Gotha : Perthes.
Früher Schriftenreihe
Reihe Erg.-Heft zu: Petermanns geographische Mitteilungen

287. Patagonien und Antarktis – Geofernerkundung mit ERS-1-Radarbildern. –
1. Aufl. – 1998

Patagonien und Antarktis – Geofernerkundung mit ERS-1-Radarbildern :
4 Tabellen / hrsg. von Hermann Goßmann. – 1. Aufl. – Gotha : Perthes, 1998
(Ergänzungsheft zu Petermanns geographischen Mitteilungen ; 287)
ISBN 3–623–00758–7
NE: Goßmann, Hermann [Hrsg.]

Adresse des Herausgebers:
Prof. Dr. Hermann Gossmann, Albert-Ludwigs-Universität Freiburg, Institut für Physische Geographie,
Werderring 4, D-79085 Freiburg

Titelbild:
IHS-Merge aus den Subimages Landsat-TM-7/4/1 + SPOT-Pan + ERS-1-SAR eines geologischen Untersuchungsgebietes im zentralen Teil des Südpatagonischen Massivs

Manuskripteingang: 20. 1. 1996
Manuskriptannahme: 8. 2. 1996
Redaktionsschluß: 15. 12. 1997

ISSN 0138–3094
ISBN 3–623–00758–7

1. Auflage

Lektor: Dr. Eberhard Benser, Gotha
Englisches Lektorat: Prof. Dr. Detlef Busche, Würzburg
Satz und Layout: KartoGraFix Hengelhaupt, Suhl
Einband: Dr.-Ing. Ulrich Hengelhaupt, Suhl
Druck und Buchbinderei: Salzland Druck & Verlag, Staßfurt

Inhaltsverzeichnis

Vorwort

Mit dem Start des europäischen Satelliten ERS-1 im Juli 1991 wurden erstmals aus dem Weltraum aufgenommene Radarbilder der hohen Breiten für die geowissenschaftliche Forschung verfügbar. Am 9. Oktober 1991 wurden an der deutschen Empfangsstation O'Higgins an der Nordspitze der Antarktischen Halbinsel die ersten ERS-1-SAR-Daten aus der Antarktis und aus Südpatagonien aufgezeichnet. In den darauffolgenden drei Jahren waren im Rahmen eines vom BMFT geförderten Verbundprojektes Arbeitsgruppen aus verschiedenen Disziplinen auf der Antarktischen Halbinsel, im Weddellmeer und in Patagonien in Feldstudien engagiert, um mit Unterstützung der Fernerkundungstechniken neue Fragen zu bearbeiten bzw. alte Fragen neu zu beantworten. Gleichzeitig wurden methodische Beiträge zur Auswertung von Radarbildern erbracht.

Vorausgegangen war eine vierjährige Vorbereitungsphase. Parallel zur Planung und zum Bau des ERS-1 durch die ESA hatte das Institut für Angewandte Geodäsie in Frankfurt im Auftrag des BMFT gemeinsam mit dem Alfred-Wegener-Institut für Polar- und Meeresforschung in Bremerhaven und mit der Deutschen Forschungs- und Versuchsanstalt für Luft- und Raumfahrt in Oberpfaffenhofen den Bau der Empfangsstation in der Antarktis betrieben.

Durch das Engagement und unter der Koordination von Prof. Dr. Heinz Schmitt-Falkenberg entstand ab 1986 eine interdisziplinäre geowissenschaftliche Anwendergruppe, die unter dem Namen OEA (Ozean – Eis – Atmosphäre) einen Wissenschaftsplan für geowissenschaftliche Forschungen in diesem Raum unter Anwendung der neuen Fernerkundungsdaten erstellte. Dieser bildete die Basis der Projekte, aus denen in diesem Band berichtet wird.

Ausgangspunkt der Überlegungen war, daß der Sektor der Antarktis zwischen 40° und 70° westlicher Länge zusammen mit Patagonien und Feuerland aus vielfältigen Gründen ein hochinteressantes geowissenschaftliches Untersuchungsgebiet ist:

- Die Antarktische Halbinsel und Südamerika sind der letzte Rest der Verbindung der Teilstücke des alten Gondwanakontinentes und zusammen mit den Inselgruppen das wichtigste Zeugnis für die plattentektonische Entwicklung im Südostpazifik und die letzte Phase der Abtrennung Antarktikas von den Kontinenten der niederen Breiten und der damit verbundenen Entstehung der geschlossenen Ringströmungen rund um den antarktischen Kontinent.
- Die Antarktische Halbinsel und die Südspitze Südamerikas stecken wie zwei Thermometer von beiden Seiten in der südhemisphärischen planetarischen Frontalzone. Sie engen dieses ca. 1000 km breite Band starker Westwinde und eines sehr dynamischen zyklonalen Wettergeschehens auf etwa 800 km ein und führen mit ihren meridionalen Gebirgszügen zu vielfältigen Stau- und Föhneffekten. Hiervon sind alle Geosysteme dieses Raumes mit ihren Anteilen an der Kryosphäre, dem Periglazial sowie der Pedo- und der Biosphäre geprägt. Sie sind deshalb Indikatoren und Archive für den thermischen, hygrischen und energetischen Zustand auf der äquatorialen und auf der polaren Flanke dieses großen zonalen Luftdruck- und Windsystems. Eine glo-

bale Erwärmung mit ihren Folgen im Austausch zwischen Antarktis und südhemisphärischen Mittelbreiten und damit einer Änderung der mittleren oder auch der extremen Zustände in dieser Frontalzone muß sich in den Geosystemen der Antarktischen Halbinsel und Patagoniens sicht- und meßbar abbilden. Es ist also notwendig, die glaziologischen, schneehydrologischen, periglazial-geomorphologischen sowie die vegetations- und bodenkundlichen Phänomene zu beobachten, zu modellieren und ihre Veränderungen zu dokumentieren.

- Neben den Land- und Landeisgebieten ist das Weddellmeer mit dem Weddellwirbel als ein Raum mit intensivem meridionalen Austausch am Rande des antarktischen Kontinentes von hohem Interesse. Sowohl die Erfassung der Meereisverteilung als auch die Beobachtung der Situation am Rande der Eisschelfe in diesem Gebiet sind von großer Bedeutung für die Einschätzung der Wechselwirkungen zwischen Antarktis und globalem Klima.

Aus diesen Überlegungen heraus ergaben sich die Aufgaben der OEA-Projekte mit den folgenden Schwerpunkten:

- Dynamik des Meereises,
- Aufklärung geologischer Strukturen als Zeugnisse der tektonischen Entwicklung,
- geomorphologische Formen und Prozesse an Küsten und im Umkreis der Vergletscherung,
- aktuelle Dynamik der Schnee- und Eisdecken,
- aktuelle Dynamik der sommerlichen Auftauschicht in den eisfreien Gebieten,
- Entwicklung von Böden und Vegetationsdekken.

Durch einige nicht erwartete Verzögerungen erscheint dieser Berichtsband erst ca. drei Jahre nach Beendigung der Vorhaben, aus denen heraus die Beiträge geschrieben wurden. Aus diesem Grunde sind auch einige Worte über die Fortsetzung der angesprochenen Arbeiten angebracht.

Inzwischen gibt es mit dem europäischen ERS-2, dem japanischen JERS und dem kanadischen RADARSAT ein wesentlich größeres Angebot von Radardaten unterschiedlicher Sensoreigenschaften. Durch die Arbeitsteilung mit den zusätzlichen Empfangsstationen Syowa (Japan) und McMurdo (USA) können inzwischen der gesamte Außensaum der Antarktis und große Teile der antarktischen Eisschilde mit Radarszenen abgedeckt werden.

Die Arbeiten der OEA-Gruppe führten zu einer Spezialisierung und Vertiefung in Teilgruppen. So bestehen derzeit für den Bereich der Antarktis zwei durch das BMBF geförderte Verbundvorhaben. Das eine beinhaltet unter dem Namen DYPAG (*Dy*namische *P*rozesse in *a*ntarktischen *G*eosystemen) Untersuchungen zur Dynamik von Gletschern, Eisströmen und Schelfeis zwischen Antarktischer Halbinsel und Schirmacheroase.

Im Mittelpunkt der anderen Projektgruppe mit dem Namen FEME steht die *Fe*rnerkundung von *Me*ereseigenschaften und -prozessen im Weddellmeer. Die in diesem Band nur kurz angesprochenen Indizien für einen raschen klimatischen Wandel mit Konsequenzen für das gesamte Geosystem im Untersuchungsraum sind vielfältig und haben sich in den letzten Jahren seit der Erarbeitung der folgenden Beiträge ganz erheblich verstärkt.

Die vorliegenden Berichte der OEA-Projektgruppe ebenso wie die laufenden Arbeiten der DYPAG- und FEME-Projekte zeigen, daß Fortschritte mit dem Ziel einer umfassenden Nutzung der neuartigen Fernerkundungsdaten bei geowissenschaftlichen Fragestellungen nur in solchen interdisziplinären Verbundvorhaben möglich sind.

Freiburg, November 1997

HERMANN GOSSMANN

Autoren

BENNAT, DIPL.-GEOGR. HEINZ
Bundesamt für Kartographie und Geodäsie, Abteilung Geoinformationswesen, Richard-Strauß-Allee 11, D-60598 Frankfurt am Main

BRANDT, DIPL.-MET. RÜDIGER
Universität Hannover, Institut für Meteorologie und Klimatologie, Herrenhäuser Straße 2, D-30419 Hannover

ENDLICHER, PROF. DR. WILFRIED
Philipps-Universität Marburg, Fachbereich Geographie, Deutschhausstraße 10, D-35032 Marburg

FIKSEL, DR. THOMAS
Jena-Optronik GmbH, Prüssingstraße 41, D-07745 Jena

GOSSMANN, PROF. DR. HERMANN
Albert-Ludwigs-Universität Freiburg, Institut für Physische Geographie, Werderring 4, D-79085 Freiburg

GRIMM, DIPL.-ING. JÜRGEN
Bundesamt für Kartographie und Geodäsie, Abteilung Geoinformationswesen, Richard-Strauß-Allee 11, D-60598 Frankfurt am Main

HARTL, PROF. DR. PHILIPP
Universität Stuttgart, Institut für Navigation, Geschwister-Scholl-Straße 24 D, D-70174 Stuttgart

HARTMANN, DR. ROLF
Jena-Optronik GmbH, Prüssingstraße 41, D-07745 Jena

HEIDRICH, DIPL.-ING. BRIGITTE
Bundesamt für Kartographie und Geodäsie, Abteilung Geoinformationswesen, Richard-Strauß-Allee 11, D-60598 Frankfurt am Main

HOCHSCHILD, DR. VOLKER
Friedrich-Schiller-Universität Jena, Institut für Geographie, Löbdergraben 1, D-07743 Jena

HOPPE, DR. PIA
Philipps-Universität Marburg, Fachbereich Geographie, Deutschhausstraße 10, D-35032 Marburg

MEHL, DR. HARALD
Ludwig-Maximilians-Universität München, Institut für Allgemeine und Angewandte Geologie, Luisenstraße 37, D-80333 München

MILLER, PROF. DR. HUBERT
Ludwig-Maximilians-Universität München, Institut für Allgemeine und Angewandte Geologie, Luisenstraße 37, D-80333 München

RADTKE, PROF. DR. ULRICH
Universität Köln, Geographisches Institut, Albertus-Magnus-Platz, D-50923 Köln

REIMER, DR. WOLFGANG
Bergakademie Freiberg, Geologisches Institut, Bernhard-von-Cotta-Str. 2, D-09599 Freiberg

ROTH, PROF. DR. RAINER
Universität Hannover,
Institut für Meteorologie und Klimatologie,
Herrenhäuser Straße 2, D-30419 Hannover

SCHELLMANN, DR. GERHARD
Universität – GHS Essen,
FB 9 Bio- und Geowissenschaften,
Universitätsstraße 5, D-45141 Essen

SCHULZE, DIPL.-MET. OLAF
Universität Hannover,
Institut für Meteorologie und Klimatologie,
Herrenhäuser Straße 2, D-30419 Hannover

SCHWAN, DIPL.-GEOGR. HELMUT
Albert-Ludwigs-Universität Freiburg,
Institut für Physische Geographie,
Werderring 4, D-79085 Freiburg

SIEVERS, DR.-ING. JÖRN
Bundesamt für Kartographie und Geodäsie,
Abteilung Geoinformationswesen, Richard-Strauß-Allee 11, D-60598 Frankfurt am Main

STÄBLEIN, PROF. DR. GERHARD †

THIEL, DR.-ING. KARL-HEINZ
Universität Stuttgart, Institut für Navigation,
Geschwister-Scholl-Straße 24 D,
D-70174 Stuttgart

THOMAS, DIPL.-PHYS. MARCUS
Universität Hannover,
Institut für Meteorologie und Klimatologie,
Herrenhäuser Straße 2, D-30419 Hannover

WALTER, DIPL.-ING. HENNING
Bundesamt für Kartographie und Geodäsie,
Abteilung Geoinformationswesen,
Richard-Strauß-Alle 11,
D-60598 Frankfurt am Main

WENZENS, DR. ELLEN
Heinrich-Heine-Universität Düsseldorf,
Geographisches Institut,
Universitätsstraße 1, D-40225 Düsseldorf

WENZENS, PROF. DR. GERD
Heinrich-Heine-Universität Düsseldorf,
Geographisches Institut,
Universitätsstraße 1, D-40225 Düsseldorf

WIEDEMANN, DIPL.-ING. ALBERT
Technische Universität Berlin, Institut
für Photogrammetrie und Kartographie,
Straße des 17. Juni 135, D-10623 Berlin

WU, XIAOQING
Universität Stuttgart, Institut für Navigation,
Geschwister-Scholl-Straße 24 D,
D-70174 Stuttgart

WUNDERLE, DR. STEFAN
Albert-Ludwigs-Universität Freiburg,
Institut für Physische Geographie,
Werderring 4, D-79085 Freiburg

XIA, DR. YE
Universität Stuttgart, Institut für Navigation,
Geschwister-Scholl-Straße 24 D,
D-70174 Stuttgart

Das „Geowissenschaftliche Informationssystem Antarktis" (GIA) am Institut für Angewandte Geodäsie (IFAG)[1]

HEINZ BENNAT, JÜRGEN GRIMM, BRIGITTE HEIDRICH, JÖRN SIEVERS, HENNING WALTER u. ALBERT WIEDEMANN

Summary:
The "Geoscientific Information System Antarctica" (GIA) of the Institut für Angewandte Geodäsie (IFAG)

The stucture of the Geoscientific Information System Antarctica (GIA), the integrated data, and the methods used for data processing are illustrated. The long term aim of GIA is to provide the geoscientific research community with topographic and other related thematic information of Antarctica. Examples show the improvement of topographic-glaciological knowledge about Antarctica by the remote sensing data available in GIA.

Zusammenfassung:

Der Aufbau des Geowissenschaftlichen Informationssystems Antarktis (GIA) und der darin enthaltene Datenumfang sowie Methoden zur Datenaufbereitung werden vorgestellt. Langfristiges Ziel des GIA ist es, topographische Grundlagen für geowissenschaftliche Untersuchungen in der Antarktis bereitzustellen. An einigen ausgewählten Beispielen wird gezeigt, wie durch bereits jetzt im „Geowissenschaftlichen Informationssystem Antarktis" vorhandene Fernerkundungsdaten die topographisch-glaziologischen Kenntnisse über die Antarktis verbessert werden können.

1. Einleitung

Die Bedeutung der polaren Eiskappen für das Klima der Erde ist in den letzten Jahren erkannt und Gegenstand verstärkter Forschungsaktivität geworden. Photogrammetrie und Fernerkundung können dabei wichtige Beiträge zur Ermittlung von Lage- und Höhenänderungen der Eiskörper leisten, die als Indikatoren für die anthropogen induzierte globale Klimaentwicklung („Global Change") dienen.

Um diese Einflüsse und die daraus resultierenden Veränderungen zu erfassen, bedarf es genauer vergleichender Bestandsaufnahmen des Inlandeisschildes, der Eisströme und Gletscher sowie des Meereises. Die dazu notwendigen topographischen Grundlagen fehlen jedoch vielfach. So sind z. B. für die Antarktische Halbinsel nur wenige großmaßstäbige Karten vorhanden (BENNAT 1992). Mit Karten im mittleren Maßstabsbereich (um 1 : 250 000) sind zwar große Teile abgedeckt, jedoch entspricht die Qualität dieser Karten nicht den heutigen Erfordernissen, da die meisten bereits in den 60er Jahren mit unzulänglichen Informationen erstellt wurden. So könnten fehlende topographische Grundlagen eine Ursache z. B. der unterschiedlichen Abschätzung des Eismassenhaus-

[1] Der Aufsatz beschreibt den Stand vom Juli 1993. Das Institut für Angewandte Geodäsie (IFAG) wurde im August 1997 in Bundesamt für Kartographie und Geodäsie umbenannt.

haltes der Antarktis (s. Zusammenstellung bei GIOVINETTO et al. 1989) sein.

Aufgrund der Unzugänglichkeit der Antarktis, der schwierigen Witterungsbedingungen, des hohen logistischen Aufwandes und der ökologischen Belastungen ist eine flächendeckende Kartierung mit konventionellen Informationsquellen (Geländeaufenthalt, Luftbildbefliegung) nicht möglich.

Als Alternative können Fernerkundungsdaten eingesetzt werden. Die Bedeutung von Satellitenbildern für die kartographische Erfassung der Antarktis, besonders für glaziologische Untersuchungen, ist in zahlreichen Arbeiten herausgestellt worden, so z. B. von SWITHINBANK u. LANE (1976), SWITHINBANK (1983), SWITHINBANK u. LUCCHITTA (1986), LUCCHITTA et al. (1985, 1987), SWITHINBANK et al. (1988), ORHEIM u. LUCCHITTA (1987, 1988, 1990) und MASSOM (1991). Von DOAKE u. VAUGHAN (1991) wird u. a. am Beispiel des Wordie Ice Shelf eindrucksvoll dargestellt, wie durch Satellitenbilder der Zerfall dieses Schelfeises in den Jahren von 1974 bis 1989 dokumentiert werden konnte. Die Arbeiten von LUCCHITTA u. FERGUSON (1986), LUCCHITTA et al. (1989), MACDONALD et al. (1989), BINDSCHADLER u. VORNBERGER (1990), BINDSCHADLER u. SCAMBOS (1991) sowie LUCCHITTA et al. (1992) belegen, daß durch Satellitenbilder flächenhafte Geschwindigkeitsmessungen der Eisströme und Gletscher ermöglicht werden, die im Gelände nicht oder nur mit sehr hohem logistischen Aufwand realisiert werden können.

Neben den Objekten auf der Eisoberfläche können auch subglaziale Strukturen aus Satellitenbildern interpretiert werden (BUD'KO 1985, BUD'KO u. KAMENEV 1985). Diese Beispiele zeigen, daß für viele glaziologische Anwendungen Satellitenbilder ein unverzichtbares Hilfsmittel geworden sind und nur mit ihnen flächendeckende, vollständige und homogene Bestandsaufnahmen und Untersuchungen von Veränderungen ermöglicht werden.

Bei Untersuchungen im kontinentalen Maßstab, deren Ergebnisse interdisziplinär genutzt, schnell verfügbar und langfristig archiviert werden sollen, wird der Einsatz *digitaler* Informationssysteme notwendig, insbesondere weil bei der Auswertung von Fernerkundungsdaten große Datenmengen zu verarbeiten sind und auch auf Zusatzinformationen zurückgegriffen werden muß. Am IFAG wurde daher 1987 mit dem Aufbau des „Geowissenschaftlichen Informationssystems Antarktis“ (GIA) begonnen. Die geographische Ausdehnung des GIA beschränkt sich zunächst auf den atlantischen Sektor der Antarktis (ca. 10° E bis 90° W).

2. Vorarbeiten zum GIA

Die Unterzeichnung des Antarktisvertrages durch die Bundesrepublik Deutschland 1979 und die daraus resultierende Errichtung der permanenten Forschungsstation „Georg von Neumayer“ auf dem Ekströmisen (70° 37' S, 8° 22' W) kennzeichnet den Neubeginn der westdeutschen Antarktisforschung (zur Antarktisforschung der ehemaligen DDR siehe PAECH 1992). Die Aktivitäten der verschiedenen in der Antarktis tätigen Organisationen, wie z. B. des Alfred-Wegener-Institutes für Polar- und Meeresforschung (AWI) Bremerhaven und der Bundesanstalt für Geowissenschaften und Rohstoffe (BGR) Hannover, sowie von Wissenschaftlern verschiedener Universitäten werden durch ein Antarktisforschungsprogramm der Bundesregierung (BMFT 1986), das mehrfach fortgeschrieben wurde, koordiniert. Innerhalb dieses Programmes beteiligt sich das IFAG in den Bereichen Geodäsie, Photogrammetrie, Fernerkundung und Kartographie und ist gegenüber dem „Scientific Committee on Antarctic Research“ (SCAR), das international die Antarktisforschung koordiniert, als „National Mapping Centre“ der Bundesrepublik Deutschland benannt. In dieser Funktion werden u. a. alle von den SCAR-Nationen herausgegebenen Karten beim IFAG archiviert, und das IFAG beteiligt sich an der Festlegung kartographischer Standards sowie an Regelungen zum Gebrauch und zur Vergabe geographischer Namen in der Antarktis.

2.1. Geographische Namen

Gebrauch und Vergabe von geographischen Namen stellen in der Antarktis ein besonderes Problem dar. 26 Staaten betreiben zur Zeit als Kon-

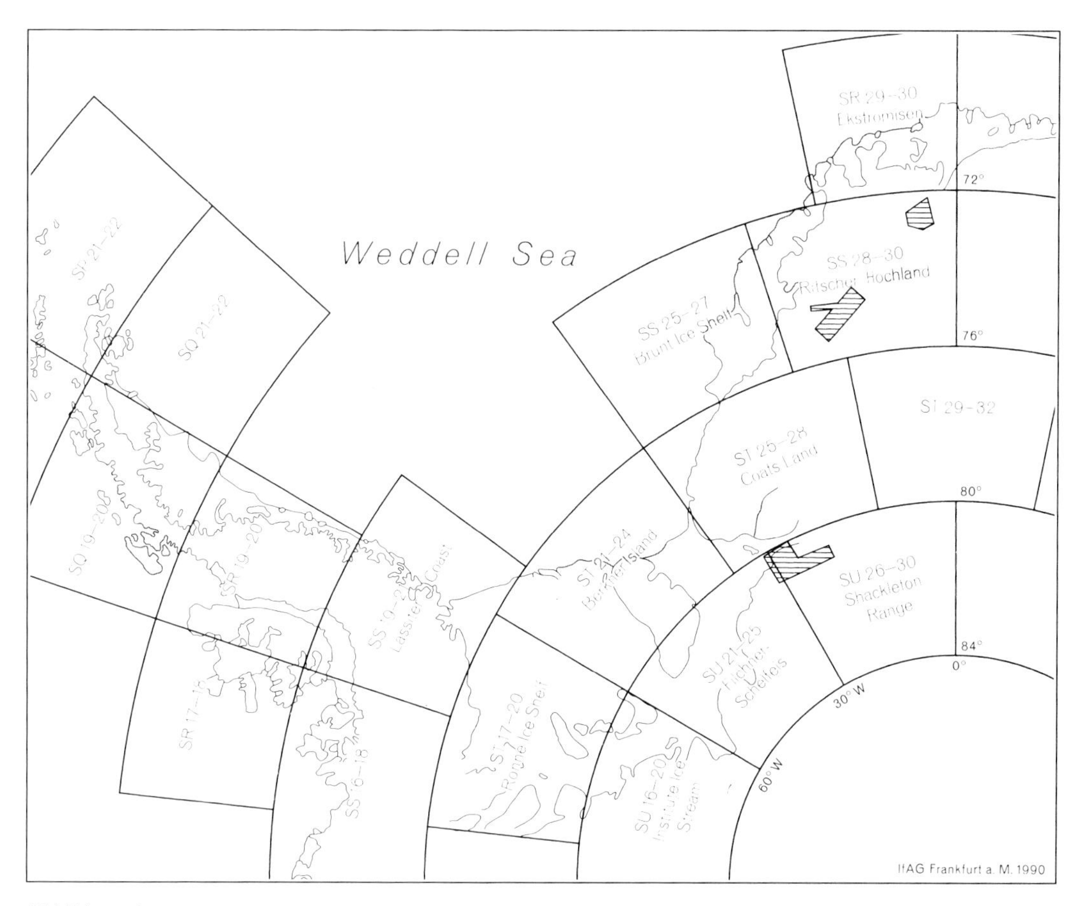

Abbildung 1
Photogrammetrische Aktivitäten des IFAG in der Antarktis
a) Luftbildbefliegungen 1983–1989: Borgmassivet, Neumayersteilwand, H. U. Sverdrupfjella, Heimefrontfjella, Vestfjella, Shackleton Range, Theron Mountains sowie Marguerite Bay, Adelaide Island, Grandidier Channel und Eisfronten Ekströmisen, Filchner-Ronne-Schelfeis (helles Raster)
b) Bereiche, von denen zusätzlich digitale Höhenmodelle, Höhenlinienpläne und Orthophotos vorliegen: Borgmassivet, Heimefrontfjella und Shackleton Range (Schraffur)
Photogrammetric Antarctic activities of IFAG
a) Aerial photo surveys 1983–1989: Borgmassivet, Neumayersteilwand, H.U. Sverdrupfjella, Heimefrontfjella, Vestfjella, Shackleton Range, Theron Mountains, Marguerite Bay, Adelaide Island, Grandidier Channel and icefronts of Ekströmisen, Filchner-Ronne-Schelfeis (light raster)
b) Areas used for production of digital elevation models contourline maps and orthophotos: Borgmassivet, Heimefrontfjella and Shackleton Range (hachure)

sultativmitglieder des Antarktisvertrages Forschung in der Antarktis. In fast ebensovielen Sprachen und in 5 Schriften werden geographische Namen verwendet. Auf international einheitliche Richtlinien für die Vergabe neuer und den Gebrauch bereits vorhandener Namen hat man sich bisher jedoch noch nicht verständigen können.

Unabhängig von bereits vorhandenen Namen werden neue Bezeichnungen vergeben, so daß z. T. Mehrfachbenennungen vorkommen. Die eindeutige Identifizierung von Objekten wird zusätzlich dadurch erschwert, daß es bisher auch üblich war, Namen oder Teile von Namen in die jeweilige Landessprache zu übersetzen. Das hat in vielen Fällen zu Unklarheiten und

Verwirrungen geführt. Folgendes Beispiel mag den Sinn bzw. die Notwendigkeit für den eindeutigen Gebrauch geographischer Namen verdeutlichen:

Während der norwegisch-britisch-schwedischen Expedition 1949–1952 wurde im Norden des Ekströmisen eine Bucht entdeckt, jedoch nicht benannt. Nach einem Besuch des amerikanischen Eisbrechers „Atka“ im Jahr 1955 erhielt diese Bucht den Namen „Atka Iceport“ (United States Board on Geographic Names 1981). In später herausgegebenen norwegischen Karten war der Name „Atkabukta“ verzeichnet. Mit dem Bau der Georg-von-Neumayer-Station 1980/81 wurde die norwegische Bezeichnung ins Deutsche mit „Atkabucht“ übersetzt. In einigen Fällen erfolgte später eine Rückübersetzung der deutschen Bezeichnung ins Englische mit „Atka Bay“ und „Atka Bight“.

Um das Durcheinander zu beenden, hat sich das IFAG – nach eingehender Beratung und Empfehlung durch den „Ständigen Ausschuß für geographische Namen“ (StAGN) und den Landesausschuß SCAR (LaSCAR) – entschlossen, bei der Herausgabe von Karten und anderen Publikationen den Grundsatz „ein Objekt – ein Name“ zu verfolgen (Sievers et al. 1992, Sievers 1993). Nach diesem Prinzip sollen Namen nicht übersetzt, sondern in der Sprache gebraucht werden, in der sie zuerst vergeben bzw. dokumentiert wurden. [2]

Die in der Antarktis verwendeten deutschsprachigen Namen sind bereits in einer Datenbank erfaßt (Schmidt-Falkenberg 1986), deren erste Version in gedruckter Form 1988 (Schmidt-Falkenberg 1988) veröffentlicht wurde und auf den Arbeiten von Brunk (1986) beruht. In Zusammenarbeit mit StAGN und LaSCAR wird diese Datenbank fortgeführt und enthält derzeit rund 700 Einträge. Die zweite, überarbeitete Ausgabe ist im Druck (Sievers 1993).

2.2. Photogrammetrisch-fernerkundliche Arbeiten

Mitarbeiter des Instituts haben seit dem Beitritt zum Antarktisvertrag vier photogrammetrische Bildflugkampagnen in der Antarktis durchgeführt (1983/84, 1985/86, 1986/87, 1988/89) sowie an zwei weiteren Expeditionen (1984/85 und 1991/92) teilgenommen, um Feldvergleichsarbeiten und Festpunktbestimmungen vorzunehmen. Dabei wurden mehr als 10 000 Luftbilder in den Gebirgsbereichen des westlichen Neuschwabenland, im Coats Land und auf der Antarktischen Halbinsel aufgenommen sowie die Schelfeisfronten in der Umgebung der Georg-von-Neumayer-Station und der Filchner-Sommer-Station beflogen (Abb. 1).

Die Luftbildphotographie in der Antarktis wird erschwert durch die besonderen geographischen Gegebenheiten, wie z. B. niedriger Sonnenstand (mit langen dunklen Schatten bei entsprechender Topographie), hohe Reflexion der Schnee- und Eisoberflächen, scharfer Kontrast zwischen Schneeflächen und aperen Bereichen. Die erforderlichen Maßnahmen, um dennoch zu guten Bildern zu gelangen, werden bei Sievers u. Walter (1984) erörtert. Auch die konventionelle photogrammetrische Auswertung wird durch die Eigenschaften der abgebildeten antarktistypischen Objekte sehr erschwert, da z. B. die Schneeoberflächen durch den menschlichen Interpreten als sehr homogene Bereiche empfunden werden, in denen Meßmarken nicht mehr sicher gesetzt werden können. Bei der Höhenbestimmung, basierend auf KOSMOS-KATE-200-Aufnahmen (Bennat u. Boochs 1992), hat sich gezeigt, daß durch den Einsatz der digitalen Korrelation die Auswertemöglichkeiten auch in diesen Arealen verbessert werden können.

Von den beflogenen Gebieten wurden bisher die Regionen Borgmassivet, Heimefrontfjella und Shackleton Range (vgl. Abb. 1) mit einer Fläche von zusammen rund 15 000 km² photogrammetrisch ausgewertet, um digitale Höhenmodelle (DHM) und Orthophotos herzustellen. Insgesamt liegen ca. 100 Höhenlinienpläne in den Maßstäben 1 : 25 000 bzw. 1 : 50 000 vor, die auf Anforderung für geowissenschaftliche Untersuchungen bereitgestellt werden. So entstanden auf der Grundlage der Luftbilder, Orthophotos und Höhenlinienpläne z. B. die geomorphologisch-glaziologischen Kartierungen

[2] Zum besseren Verständnis werden auf den neusten Karten des IFAG (IFAG 1992, 1993 a, 1993 b) in der Legende Gattungsbezeichnungen in mehreren Sprachen erläutert.

des Borgmassivet (Brunk 1989) und der Haskard Highlands in der Shackleton Range (Groen 1993). Die Höhenlinienpläne des Scharffenbergbotnen, Heimefrontfjella, dienten als Basis für geophysikalische und glaziologische Untersuchungen (Herzfeld u. Holmund 1988). In Verbindung mit den Orthophotos wurde vom selben Bereich eine geologische Luftbildkarte erstellt (IFAG 1993 c), die die Ergebnisse der Feldarbeiten der Geologischen Institute der Universitäten Aachen und Göttingen (Jacobs 1991) auf dem Hintergrund eines Orthophotomosaiks darstellt.

Parallel zu den photogrammetrischen Aktivitäten begann die Herstellung von kleinmaßstäbigen Satellitenbildkarten auf der Grundlage von Mosaiken aus NOAA-AVHRR-Daten. Mittels der Karte „Antarktis 110° W – 90° E, 1 : 6 000 000“ (Schmidt-Falkenberg 1983, 1984 a, 1984 b, 1987; Göpfert 1984 a, 1984 b) konnte erstmals mehr als die Hälfte des Kontinents durch ein Mosaik aus 11 Szenen der Aufnahmejahre 1980 bis 1983 dargestellt werden. Erst 1989 wurde in einem Gemeinschaftsprojekt zwischen NOAA, dem U. S. Geological Survey (USGS) und dem National Remote Sensing Centre (NRSC) ein Mosaik der Gesamtantarktis aus 26 NOAA-AVHRR-Szenen fertiggestellt (Merson 1989), das inzwischen als Karte im Maßstab 1 : 5 000 000 (USGS 1991) sowie als digitaler Datensatz verfügbar ist.

Nur für wenige glaziologische Anwendungen ist die Auflösung der NOAA-Daten ausreichend, so z. B. zur Beobachtung der Drift großer Eisberge (Keys et al. 1990) oder auch der Veränderung der Fronten großer Schelfeise. Zur differenzierten Erfassung der Formen und Strukturen innerhalb der Schelfeise und zur Erfassung der großen regionalen glaziologischen Zusammenhänge in den Inlandeisbereichen sind die Bilddaten des Landsat Multispectral Scanner (MSS) wesentlich besser geeignet (Swithinbank 1988). So diente bisher ein noch analog hergestelltes Mosaik aus 70 Landsat-MSS-Szenen als Grundlage für die Interpretation glaziologischer Strukturen im Bereich des Filchner-Ronne-Schelfeises (Swithinbank et al. 1988). Durch die „Glaziologische Karte 1 : 2 000 000 Filchner-Ronne-Schelfeis“ (IFAG 1987) wurden sowohl die topographisch-glaziologischen Kenntnisse über dieses zweitgrößte Schelfeis der Antarktis wesentlich verbessert als auch Anregungen für weitere Untersuchungen gegeben, denen u. a. innerhalb des internationalen „Filchner-Ronne Ice Schelf Programme“ (FRISP) nachgegangen wird.

3. Ziele des GIA

Mit finanzieller Förderung durch das BMFT begann im Jahr 1987 die Einrichtung des „Geowissenschaftlichen Informationssystems Antarktis“ (GIA) mit dem Ziel, sowohl die geowissenschaftliche Analyse von Fernerkundungsdaten zu unterstützen als auch die automationsgestützte Herstellung von Karten zu ermöglichen (Schmidt-Falkenberg 1987, 1990). Da am Anfang die Gewinnung der geodätisch-kartographischen Grundlagen im Vordergrund stand, wurde dieses Informationssystem zunächst als „Geokodiertes Informationssystem Antarktis“ bezeichnet.

GIA soll Informationen über Luftbilder, Paßpunkte, vorhandene Karten, geographische Namen, digitale Höhenmodelle und andere thematische Grundlagen liefern. Die größte Datenmenge wird von Fernerkundungsdaten der unterschiedlichen Sensoren gebildet. So sind bis heute Bilder der Sensoren NOAA AVHRR, Landsat MSS und Thematic Mapper (TM), SPOT HRV, KOSMOS-KATE-200 und ERS-1 SAR im GIA vorhanden.

Zukünftig sollen verstärkt thematische geowissenschaftliche Informationen in das GIA integriert werden, die sowohl aus der Auswertung der vorhandenen GIA-Datenbestände kommen können (s. Kap. 4.1.) als auch von dritter Seite, z. B. durch Geländearbeiten, zur Verfügung gestellt werden.

3.1. GIA-Systemkonzept

Entsprechend den unterschiedlichen Datenarten, die im GIA zu verwalten sind (alphanumerische, Vektor- und Rasterdaten), haben wir uns entschieden, den Datentypen angepaßte Verwaltungssysteme aufzubauen (Abb. 2), die durch Schnittstellen miteinander verbunden sind. GIA besteht also, wie es der Definition

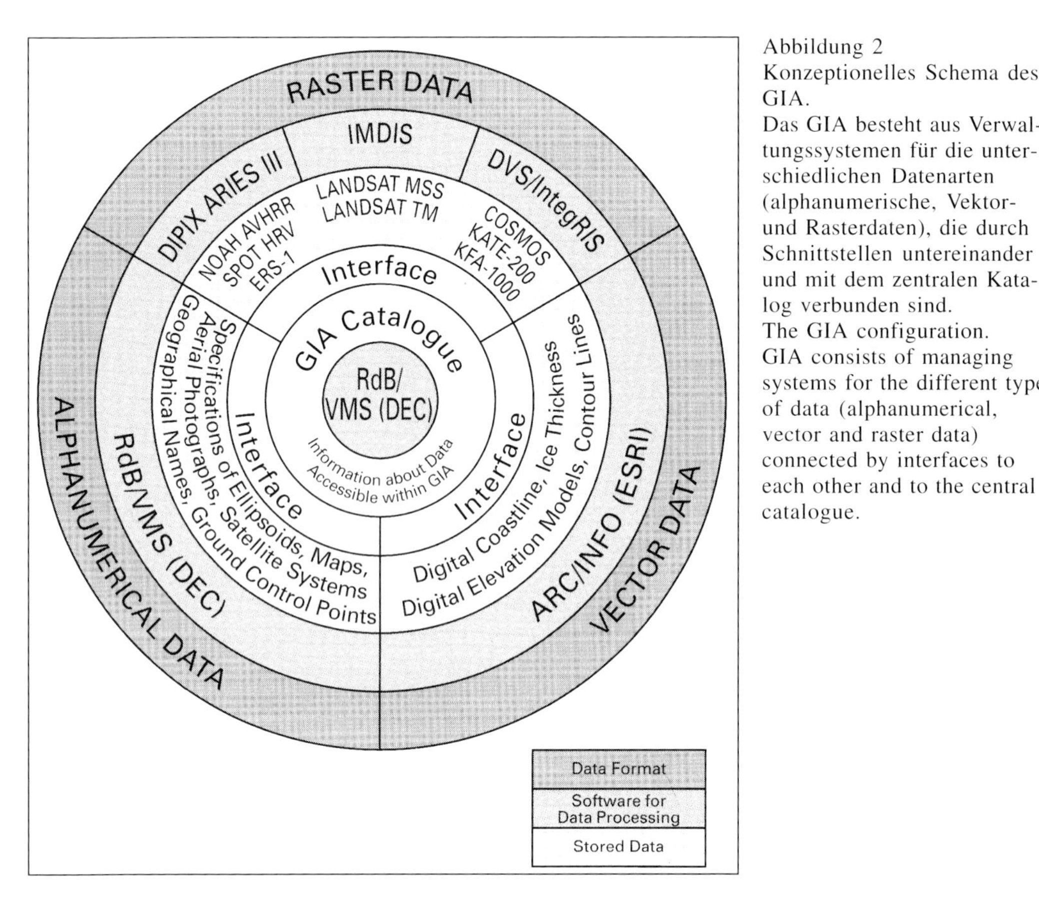

Abbildung 2
Konzeptionelles Schema des GIA.
Das GIA besteht aus Verwaltungssystemen für die unterschiedlichen Datenarten (alphanumerische, Vektor- und Rasterdaten), die durch Schnittstellen untereinander und mit dem zentralen Katalog verbunden sind.
The GIA configuration.
GIA consists of managing systems for the different types of data (alphanumerical, vector and raster data) connected by interfaces to each other and to the central catalogue.

für Geoinformationssysteme von Burrough (1986, S. 7) entspricht, aus der Hardware, einer Softwaresammlung und dem organisatorischen Umfeld.

Die Wahl der Geräteausstattung (Rechner der Firma Digital Equipment mit den Betriebssystemen VMS und UNIX) und Programmsysteme zur Realisierung (Abb. 2) erfolgte in Abstimmung mit dem Informationstechnologie-(IT-)Konzept des IFAG, so daß eine langfristige Fortführung der Arbeiten sichergestellt ist.

Die Datenverwaltung der *alphanumerischen* Information (z. B. Paßpunktbeschreibungen, geographische Namen) wird durch das Datenbankprogramm RdB/VMS der Firma Digital Equipment realisiert, das auch eingesetzt wird, um eine Meta-Datenbank („GIA-Katalog") aufzubauen, die einen allgemeinen Überblick über alle im GIA verfügbaren Informationen liefern soll. Dieser zentrale Katalog wird z. B. auch alle Informationen enthalten, um eine spezielle Satellitenbildszene auszuwählen. Deshalb besteht die Beschreibung aus den Aufnahmeparametern (Sensor, Zeitpunkt, Mittelpunkt- und Eckkoordinaten, Spektralbereiche), einem Verweis auf die abgebildete geographische Region sowie den Aufbereitungszustand der Daten und die Art der Speicherung.

Die *Rasterdaten*bearbeitung erfolgt mit den Bildverarbeitungssystemen ARIES III[3], DVS/IntegRIS und IMDIS. Das System DVS wurde am IFAG auf einer PDP 11/34 programmiert (Weber 1983) und inzwischen für den Einsatz auf VAX-Stations und X-Window-Terminals weiterentwickelt und an der TH Darmstadt zu einem GIS auf Rasterbasis mit der Bezeichnung

[3] Früher: Dipix Technologies, Ottawa, Kanada; seit Anfang 1993 PCI, Ottawa, Kanada.

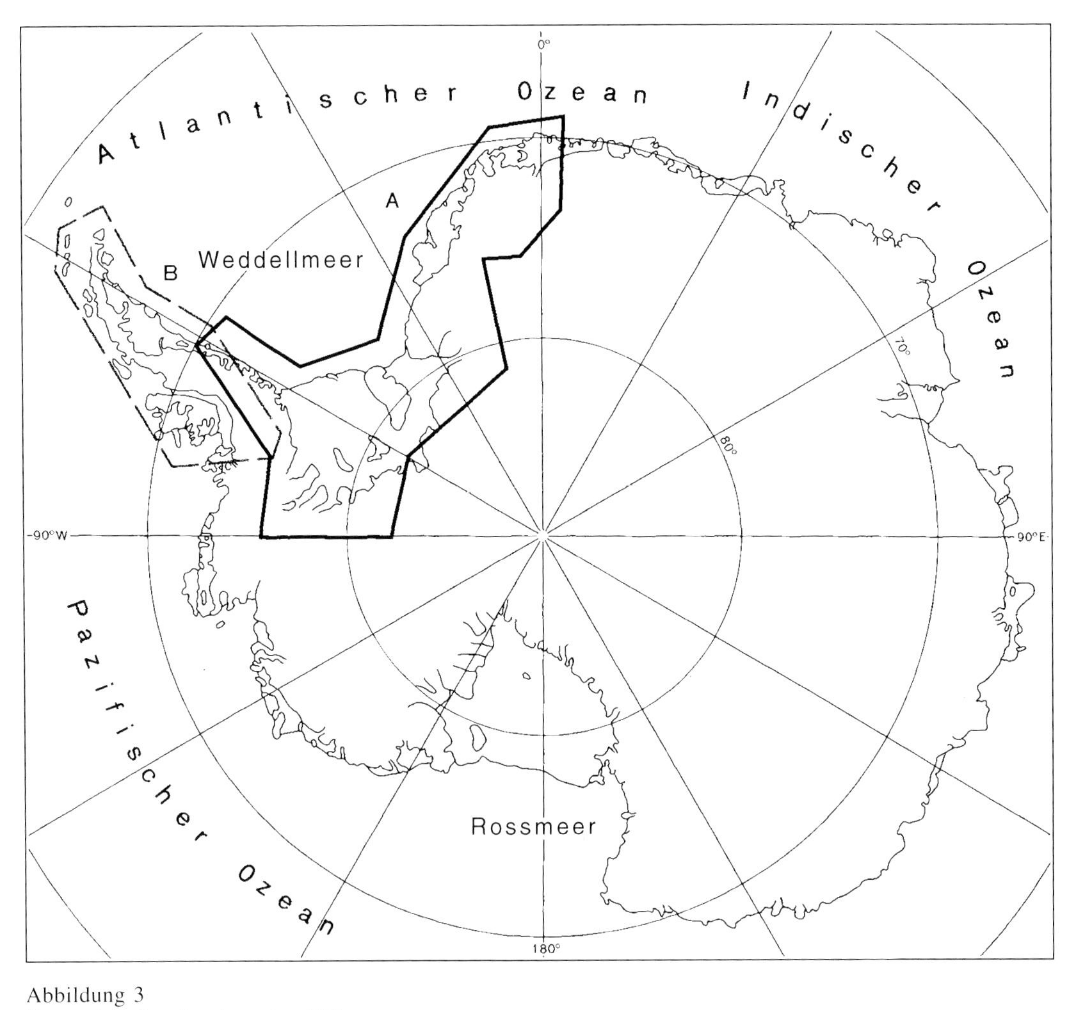

Abbildung 3
Bestand an Landsatdaten im GIA:
Gebiete, die mit Landsat-MSS-Daten (durchgezogene Linie) und mit Landsat-TM-Daten (gerissene Linie) abgedeckt sind
Stock of Landsat data in the GIA:
Areas covered by Landsat MSS (solid line) and by Landsat TM (dashed line)

IntegRIS (GÖPFERT 1991) ausgebaut. IMDIS wurde innerhalb des Projektes GIA u. a. deshalb entwickelt, um in Bilddaten online die Position entweder im Bildsystem (Pixelkoordinaten), in der Kartenprojektion oder aber in geographischen Koordinaten ablesen zu können. Bilddaten können von einem zum anderen Programm übergeben werden, ohne daß Transformationen notwendig sind, da alle drei Systeme die Datenstruktur des ARIES-Systems verwenden. Das System ARIES dient überwiegend zur geowissenschaftlichen Auswertung von multispektralen Satellitenbilddaten, während mit den beiden anderen Systemen vor allem die geometrische und radiometrische Mosaikbildung für die Kartenherstellung durchgeführt wird.

Bei dem großen Umfang an vorhandenen digitalen Satellitenbilddaten, die noch dazu in verschiedenen Bearbeitungszuständen verfügbar sein müssen, ist es nicht mehr möglich, alle Daten ständig online auf Magnetplatten vorrätig zu halten. Da immer nur eine begrenzte Zahl von Szenen in Bearbeitung ist, reicht es aus, diese auf schnellen Magnetplatten verfügbar zu haben. Die restlichen Daten befinden sich im Archiv auf mehreren hundert magneto-optischen Platten (MO-Platten). Lediglich Quick-Looks, die eine Abschätzung der Qualität und die Auswahl der Szene erleichtern, sind online verfügbar. Im GIA-Katalog ist die Information abgelegt, welche Szene wie und wo gespeichert ist. Über mehrere Wechselplattenlaufwerke können jederzeit beliebige Szenenausschnitte entweder direkt sichtbar gemacht oder zur Weiterverarbeitung auf Magnetplatten an den Arbeitsstationen kopiert werden. Gegenüber der Datenhaltung auf Magnetbändern hat sich durch den Einsatz der MO-Platten nicht nur die Zugriffszeit wesentlich verbessert, sondern es wird auch erheblich weniger Lagerplatz benötigt. Während für Magnetbänder ein Umkopieren nach einigen Jahren empfohlen wird, soll die Lebensdauer der magneto-optischen Platten wesentlich höher sein.

Abbildung 4
a) Von der Satellitenbahn abhängige Koordinatensysteme
b) Einheitliches Koordinatensystem der geokodierten Daten (aus SIEVERS et al. 1989)
a) Varying satellite scanning coordinate systems
b) Uniform coordinate system of georeferenced data (SIEVERS et al. 1989)

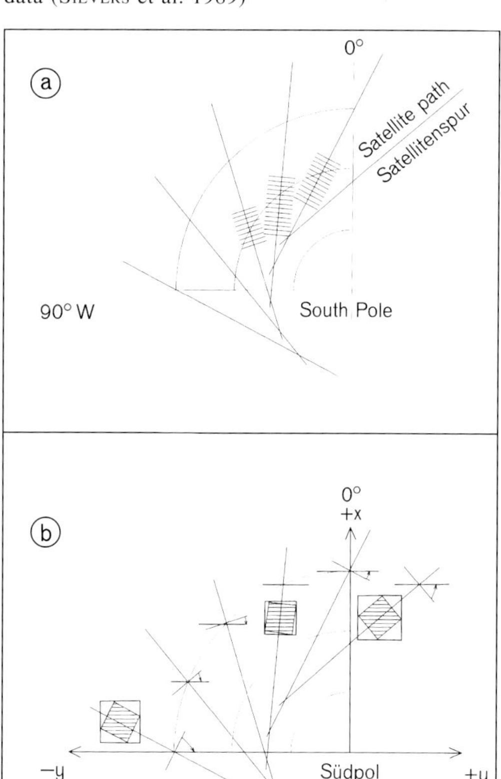

Abbildung 5 (rechts)
IWK Blatteinteilung:
Beim System der Internationalen Weltkarte (IWK) 1 : 1 000 000 wird die Erde zwischen 84° Nord und 80° Süd in Parallelkreiszonen von jeweils 4° Breite durch LAMBERTS konforme Kegelabbildung mit zwei längentreuen Breitenkreisen abgebildet. Die Polkappen sind in polarer stereographischer Projektion darzustellen. Die LAMBERT-Abbildung weist folgende Eigenschaften auf:
- Alle Meridiane werden als Gerade, alle Breitenkreise als Kreisbögen abgebildet. Orthodrome können für Navigationszwecke in ausreichender Näherung als Gerade gezeichnet werden.
- Der Bereich der Antarktis wird durch fünf Kugelzonen (60° S bis 80° S) in LAMBERTS konformer Kegelabbildung erfaßt sowie durch die Polkappe in stereographischer Projektion

(aus BENNAT & SIEVERS 1992).

IMW map sheet subdivision:
The system of the International Map of the World (IMW) at the 1 : 1,000,000 scale divides the Earth between 84° North und 80° South in zones of 4° latitude by using the LAMBERT Conformal Conic Projection with two standard parallels. The polar caps have to be shown in polar stereographic projection. The LAMBERT Projection has the following characteristics:
- All meridians are shown as straight lines, all parallels are represented by circular arcs. For navigational purposes a linear approximation to great circles is adequate.
- The area of Antarctica is covered by five LAMBERT zones (60° S to 80° S) and the polar cap by stereographic projection.

Interpretationsergebnisse und andere Daten im *Vektor*format werden mit dem System ARC/INFO von ESRI verwaltet und stehen dort für die weitere Auswertung zur Verfügung. Bisher sind Daten zum Verlauf der Küstenlinie und zu küstennahen Objekten gespeichert („IFAG/AWI-Küstenlinie"; vgl. 4.1.). Um Bilddaten als Hintergrund für eine Vektorgraphik zu verwenden oder direkt durch Interpretation Vektordaten zu erzeugen, können die Bilddaten im ARIES-Format unter ARC/INFO verwendet werden.

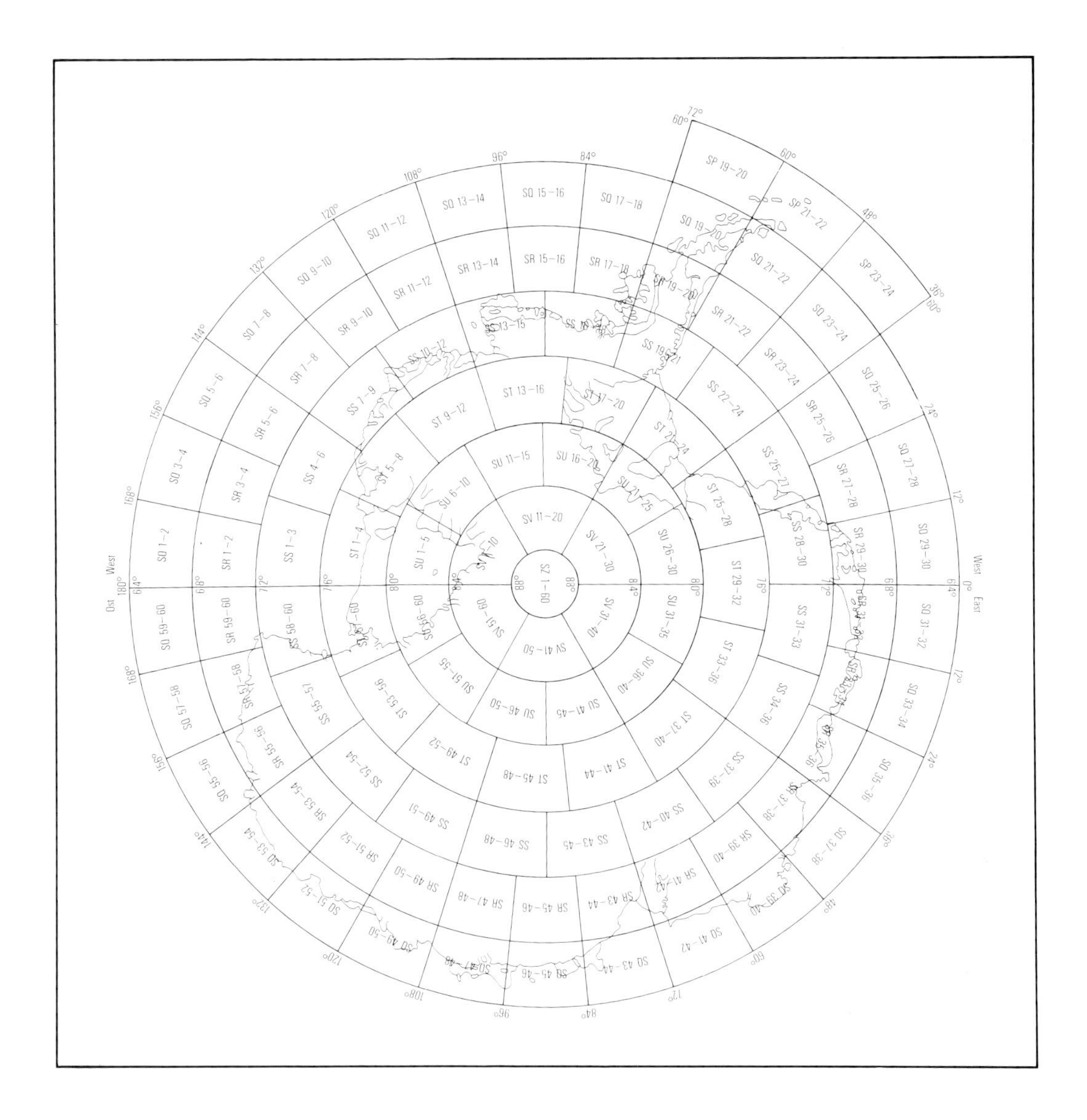

Das Gesamtkonzept des GIA ist erst in Teilbereichen realisiert, da der Aufbau einer topographischen Datenbasis auf der Grundlage von Satellitenbilddaten zunächst im Vordergrund stand.

Zu diesem Zweck wurden ca. 150 Landsat-MSS-Szenen, die das Gebiet vom westlichen Neuschwabenland bis zur Antarktischen Halbinsel abdecken (Abb. 3), beschafft und weiterverarbeitet. Der Bereich der Antarktischen Halbinsel ist vollständig mit 41 Landsat-TM-Szenen erfaßt. Daneben wurden für das GIA 40 KOSMOS-KATE-200-Aufnahmen vom westlichen Neuschwabenland, dem zentralen Filchner-Ronne-Schelfeis und von der Antarktischen Halbinsel sowie einige SPOT-Szenen beschafft. Seit 1992 wird dieser Bestand durch SAR-Aufnahmen des ERS-1 ergänzt.

3.2. *Geokodierung und Bezugssysteme*

Um aus Satellitenbilddaten Karten herzustellen oder um Rasterdaten in ein Geoinformationssystem aufzunehmen, ist es notwendig, sie durch Geokodierung in eine kartographische Projektion zu überführen. Nur so ist gewährleistet, daß jedem Bildelement (Pixel) durch einfache mathematische Operationen ein Koordinatenpaar zugeordnet werden kann.

Erst die Umsetzung in ein einheitliches Bezugssystem ermöglicht die Analyse multitemporaler und multisensoraler Satellitenbildaufzeichnungen durch direkte Überlagerung. An Bord des Satelliten erfolgt die Datenaufzeichnung in einem Koordinatensystem, das durch den Sensor definiert wird (Abb. 4 a). Aufgrund der Konvergenz der Satellitenflugbahnen sind diese Systeme gegeneinander verdreht, so daß Bilder benachbarter Flugbahnen nicht ohne weiteres zusammengefügt werden können. Erst nach der Überführung in ein einheitliches Koordinatensystem (Abb. 4 b) ist eine Mosaikbildung möglich.

3.2.1. Bezugssysteme für Geoinformationssysteme und Karten der Antarktis

Für die digitale Haltung raumbezogener Daten, insbesondere im kontinentalen oder weltweiten Maßstab, erscheint das System der geographischen Koordinaten als ein besonders geeignetes Bezugssystem, das verzerrungsfrei, blattschnitt- und maßstabsunabhängig ist. *Einzelpunkt-* oder *Vektordaten* lassen sich dabei problemlos in jede beliebige ebene Kartenprojektion transformieren. Einige Schwierigkeiten ergeben sich jedoch, wenn *Rasterdaten* in einem geographischen Referenzsystem gehalten werden sollen.

Betrachtet man das geographische Netz (die Längen- und Breitenkreise) auf dem Erdellipsoid als Grenzen einzelner Flächenelemente, so wird damit das „geographische Raster“ gebildet. Dieses zeichnet sich durch ungleich große, krummlinige, nichtmetrische, sphäroidische Maschen aus. Wegen der Konvergenz der Meridiane verringert sich der Flächeninhalt in Abhängigkeit von der geographischen Breite und strebt mit Annäherung an die Pole gegen Null.

Insbesondere in der Antarktis bedeutet die veränderliche Größe der Rastermaschen ein ungleichartiges Genauigkeitsniveau innerhalb des Datenbestandes. Da die einzelnen Rasterelemente nicht eben und nicht rechteckig sind, ist spätestens für die Darstellung auf einem Bildschirm oder in einer Karte eine Transformation in eine Kartenprojektion notwendig.

Daher haben wir uns entschieden, für die Haltung von Rasterdaten im GIA eine Geokodierung in ebene, kartesische Koordinatensysteme durchzuführen (Sievers u. Bennat 1989, Bennat u. Sievers 1992).

Die Wahl der Koordinatensysteme erfolgte nach den Empfehlungen der SCAR Working Group on Geodesy and Geographic Information[4] (SCAR 1980), die für Karten im Maßstab 1 : 1 000 000 die Verwendung der Richtlinien zur Herstellung der Internationalen Weltkarte (IWK) 1 : 1 000 000 vorsehen. Im System der IWK, dem derzeit einzigen weltweit definierten und anerkannten Kartenwerk, wird die Erde zwischen 84° N und 80° S durch Parallelkreiszonen von jeweils 4° Breite in Lamberts *konformer Kegelprojektion* abgebildet. Die Polkappen werden in polarstereographischer Abbildung dargestellt.

Der Blattschnitt (Abb. 5) ist so gewählt, das auf jedem Kartenblatt ungefähr gleich große Flächen abgebildet werden. Innerhalb der einzelnen Parallelkreiszonen (Lambert-Streifen) treten gleiche Verzerrungsverhältnisse auf. Da jeder Lambert-Streifen ein eigenes Projektionssystem darstellt, können benachbarte Kartenblätter jedoch nur innerhalb eines Streifens klaffenfrei zusammengefügt werden.

Für die Speicherung der Rasterinformation bedeutet dies, daß für jeden Lambert-Streifen ein eigenes kartesisches Koordinatensystem existieren muß, das die Ansprache der einzelnen Bildelemente erlaubt.

Die Geokodierung erfolgt bei Szenen, die mehr als einen Streifen abdecken, in beiden Projektionen, so daß auch am südlichen bzw. nördlichen Rand problemlos gearbeitet werden kann (gerasterte Bereiche in Abb. 6). Die Ausgabe in Kartenform hat dann aber wieder den IWK-Konventionen zu entsprechen.

Der gesamte Bestand von Landsat-MSS-Szenen sowie die Landsat-TM-Szenen von der Antarktischen Halbinsel (Abb. 3) liegen inzwischen geokodiert in diesen Systemen mit einer Pixelgröße von 60 m × 60 m (MSS) bzw. 30 m × 30 m (TM) vor.

[4] Früher: Working Group on Geodesy and Cartography.

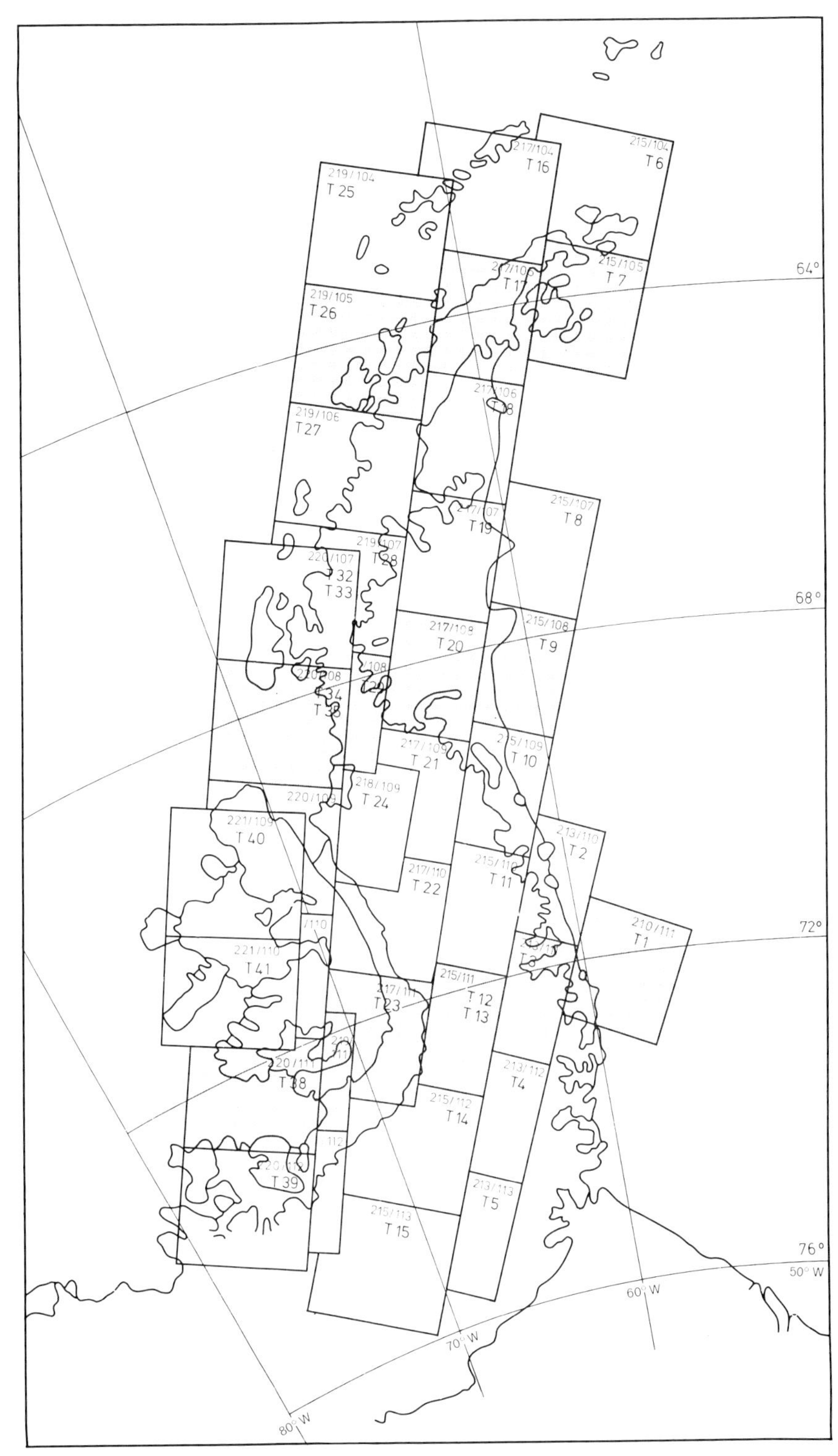

Abbildung 6
Übersicht der am IFAG vorliegenden geokodierten Landsat-TM-Szenen der Antarktischen Halbinsel. Die Skizze zeigt die Lage der 41 TM-Szenen. Die hervorgehobenen Szenen liegen in jeweils zwei LAMBERT-Streifen vor.
Sketch of the georeferenced Landsat TM scenes covering the Antarctic Peninsula available at IFAG.
The sketch map shows the position of the 41 TM scenes. The shaded scenes are georeferenced in two LAMBERT zones.

Hat das Arbeitsgebiet eine Nord-Süd-Ausdehnung von wesentlich mehr als 4° Breite, so wird man für die Bearbeitung und Darstellung einen Maßstab wählen, der normalerweise kleiner als 1 : 1 000 000 ist. Für diese „kleinmaßstäbigen“ Fälle ist deshalb eine weitere Geokodierung der Satellitenbilddaten durchgeführt worden. Dazu wurde die *stereographische Projektion* mit längentreuer Abbildung des 71. Breitenkreises südlicher Breite gewählt und die Pixelgröße auf 240 m × 240 m reduziert.

3.2.2. Geokodierung

Für die Transformation von Bildkoordinaten in Projektionskoordinaten sind parametrische und nichtparametrische Ansätze möglich. Erstere beruhen auf der mathematischen Modellierung der physikalischen Parameter des aufzeichnenden Sensors und der gewünschten Projektion. Nichtparametrische Ansätze nutzen in der Regel Polynomfunktionen, um die Zuordnung zwischen den Bild- und Projektionskoordinaten durchzuführen, ohne physikalische Sensorparameter zu berücksichtigen. In jedem Fall müssen geodätische Festpunkte bestimmt werden, d. h., man sucht in den Satellitenbildern eindeutig identifizierbare Punkte, deren Position im System der gewählten Kartenprojektion aus Karten oder speziellen Paßpunktverzeichnissen (-dateien) bekannt ist. In Mitteleuropa ist es relativ unproblematisch, ausreichend geeignete Punkte in den Satellitenbildern zu lokalisieren. Ganz anders sieht die Situation in der Antarktis aus. An wirklich festen Punkten stehen nur die wenigen eisfreien Gipfel, die das Inlandeis durchragen, die Nunatakker, zur Verfügung. Da Schnee und Eis 98 % der Antarktis bedekken, fehlen über weite Bereiche der Antarktis die Voraussetzungen für die Transformation von einzelnen Szenen in eine Kartenprojektion.

Deshalb muß ein Ansatz gewählt werden, der die Satellitenszenen zu einem Gesamtblock zusammenschließt, um daraus die erforderlichen Entzerrungs- bzw. Transformationsparameter zu bestimmen. Dazu werden im Überlappungsbereich benachbarter Szenen Verknüpfungspunkte gemessen, deren Position in beiden Bildern eindeutig lokalisierbar ist und deren Lage sich zwischen den Aufnahmezeitpunkten nicht verändert hat. Das Verfahren wird Satellitenbildtriangulation genannt.

Die Entzerrung der Satellitenbildszenen mit Hilfe der ermittelten Transformationsparameter erfolgt durch Neuberechnung der Grauwerte der einzelnen Pixel („Resampling“) im System der gewünschten Kartenprojektion. Ist das abgebildete Gebiet stark reliefiert, ist die Einbeziehung eines digitalen Höhenmodells (DHM) in die Neuberechnung notwendig (Abb. 7). Als Faustregel gilt z. B. für Landsat-Bilddaten, daß ein Höhenunterschied von 250 m am linken oder rechten Rand einer Szene zu einer perspektiven Verzerrung von ca. 30 m führt (1 Pixel im TM-Bild).

Vom IFAG wurden bisher einige umfangreiche Satellitenbildtriangulationen durchgeführt. Das größte zusammenhängend triangulierte Gebiet (Filchner-Ronne-Schelfeis und angrenzende Regionen) weist eine maximale Ausdehnung von 2500 × 1500 km auf. Für dieses über weite Bereiche gering strukturierte Gebiet standen insgesamt nur 29 Paßpunkte, hauptsächlich an den Rändern des Blocks, zur Verfügung. Trotz dieser ungünstigen Voraussetzungen wurde eine Standardabweichung von ±125 m erreicht, die aus den Koordinatenwidersprüchen der ca. 1400 verwendeten Verknüpfungspunkte und der Paßpunkte bestimmt wurde (SIEVERS et al. 1989).

Der zweite große Block (Abb. 6) umfaßte 41 Landsat-TM-Szenen der Jahre 1986 bis 1990 und deckt die Antarktische Halbinsel vollständig und nahezu wolkenfrei ab. Die Antarktische Halbinsel besteht aus einem Gebirgszug, der sich über 1600 km in Nord-Süd-Richtung erstreckt und die umgebenden Schelfeisbereiche um bis zu 3200 m überragt. Sie ist stark topographisch gegliedert und weist für antarktische Verhältnisse relativ viele schnee- und eisfreie Gebiete auf.

Um diesen größeren Detailreichtum topographisch-glaziologischer Objekte erfassen zu können, wurden Aufnahmen des geometrisch und radiometrisch höher auflösenden Sensors Thematic Mapper (TM) der Landsat-Satelliten verwendet und durch eine Satellitenbildtriangulation zusammengefügt. Die vorhandenen großen Reliefunterschiede wurden mittels eines digitalen Höhenmodells berücksichtigt, das eine geschätzte Höhengenauigkeit von ±250 m aufweist. Für die Satellitenbildtriangulation wur-

Abbildung 7
Rechenablauf bei der Geokodierung von Fernerkundungsdaten unter Heranziehung eines digitalen Höhenmodells (DHM). Für jede Pixelposition im entzerrten Bild sind durch einfache lineare Zuordnungen die dazugehörenden rechtwinkligen Koordinaten im System der gewählten Kartenprojektion bekannt. Aus einem DHM wird die Höhe des dazugehörenden Geländepunktes ermittelt. Durch die Umkehrung der Formeln für die Kartenprojektion kann dem Geländepunkt dann ein Paar geographischer Koordinaten zugeordnet werden. Aus diesen und der Höhe kann unter Umkehrung der Abbildungsgleichungen der Datenaufzeichnung die Position der Abbildung des Punktes im Raster der Originalszene in Subpixel-Genauigkeit berechnet werden. Mit Hilfe geeigneter Resampling-Verfahren (Nearest Neighbour, Bilinear, Bikubisch) wird dann der dortige Grauwert ermittelt und der ursprünglichen Pixelposition zugeordnet. Dieser Rechenablauf wiederholt sich für jedes Pixel.
Calculation diagram for the geocoding of remote sensing data using a digital elevation model (DEM). For each position of a pixel in the geocoded image a pair of rectangular coordinates is known in the system of the selected map projection. The elevation of the corresponding terrain point has to be determined using a DEM. By reversing the formulas of the map projection a pair of geographic coordinates can be adjoined. Now the position of the corresponding image point in the raster of the raw image can be calculated by reversing the equations of the scanning process. By that a sub-pixel accuracy is available. The gray value of the geocoded pixel can be resampled (using nearest neighbour, bilinear or cubic convolution techniques) and the calculation has to be repeated for every pixel.

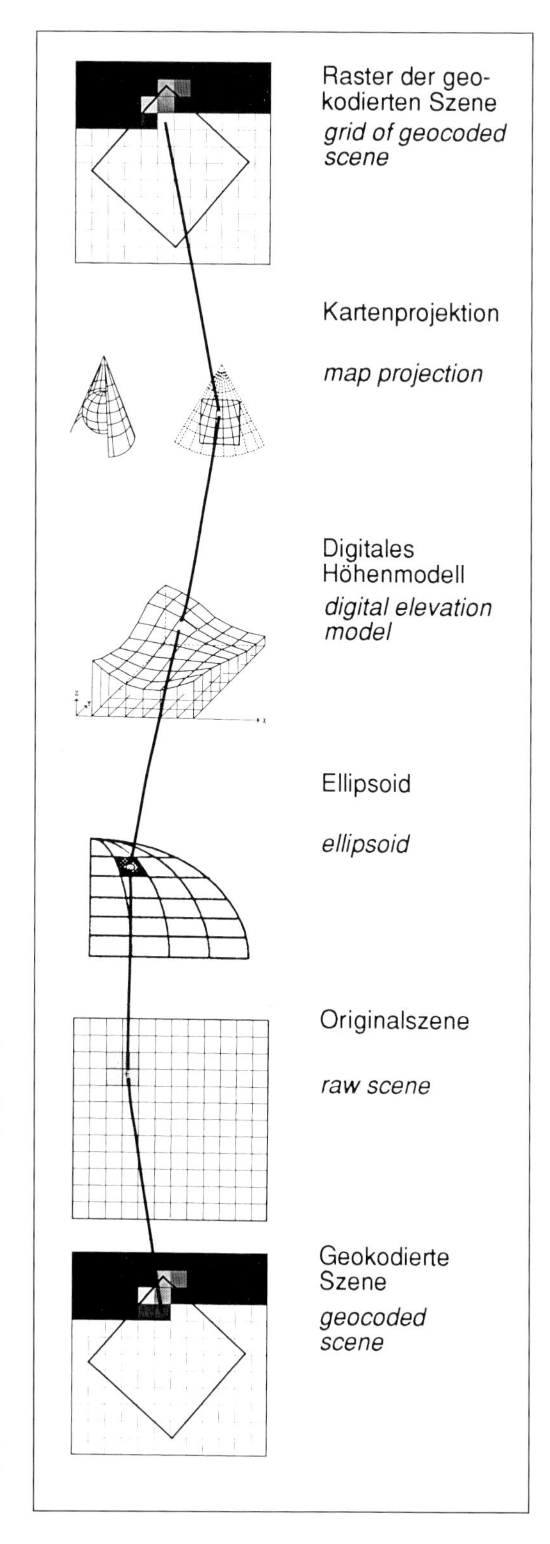

den 78 vom British Antarctic Survey bestimmte Paßpunkte und 433 Verknüpfungspunkte gemessen. Nach der Ausgleichung beträgt die Standardabweichung sx und sy ±75 m für die Koordinaten der Paß- und Verknüpfungspunkte.

3.2.3. Radiometrische Mosaikbildung

Um die MSS-Szenen des Filchner-Ronne-Schelfeises zu einem Bildmosaik zusammenzuschließen, wurde ein radiometrisches Mosaikbildungsverfahren angewendet, das in Zusammenarbeit mit der Technischen Hochschule Darmstadt entwickelt wurde. Der Angleich der Szenen wurde nur für einen Spektralkanal

Abbildung 8
Digital hergestelltes und radiometrisch angeglichenes Mosaik aus 70 Landsat-MSS-Szenen
Result of the radiometric mosaicking with 70 Landsat MSS scenes

durchgeführt und erfolgte in drei Stufen. Zunächst wurden die Grauwerte ausgewählter Objekte auf ein etwa gleiches Niveau angeglichen. Im zweiten Schritt wurde für jede Szene eine flächenabhängige Funktion berechnet, die die Grauwertdifferenzen in der Umgebung radiometrischer Paßpunkte weitestgehend eliminiert. Aufgrund der Erdkrümmung war in jeder Szene ein Abfall der Beleuchtungsstärke um einige Grauwerte von NE nach SW nachweisbar. Bei der Mosaikbildung summierten sich diese Grauwertänderungen auf. Sie wurden im letzten Rechenschritt durch eine flächenhaft wirkende Angleichsfunktion beseitigt. Das Ergebnis (Abb. 8) diente unter anderem als Grundlage für die Herstellung von Satellitenbildkarten im Maßstab 1 : 2 000 000 (IFAG 1992, IFAG 1993 a).

Für die geplante Herstellung mehrfarbiger Karten der Antarktischen Halbinsel aus Landsat-TM-Daten wird das Verfahren nach KÄHLER (1989) für die drei ausgewählten Spektralkanäle 2, 3 und 4 angewendet. Es werden zunächst die Regionen aus Überlappungsbereichen eliminiert, an denen eine Änderung der Situation z. B. durch Wolken, Meereisbedeckung usw. erfolgte. In den verbleibenden Überlappungsbereichen, in denen keine Veränderungen eingetreten sind, berechnet man Summenhistogramme. In einem iterativen Verfahren wird für jede Szene eine Transferfunktion (Grauwertumwandlungstabelle) berechnet, so daß die Differenzen der Summenhistogramme der umgewandelten Bilder gegen Null gehen. An den Grenzen zwischen den einzelnen Szenen können lokale Grauwertangleichungen durch eine gewichtete Mittelung durchgeführt werden.

Die Abbildung 9 zeigt das farbige Mosaik aus 6 TM-Szenen für die LAMBERT-Parallelkreiszone SP mit der Spitze der Antarktischen Halbinsel und den vorgelagerten Inseln. Die mit Schnee und Eis bedeckten Flächen werden in einigen Szenen überstrahlt aufgezeichnet, wobei in Kanal 3 dieser Effekt besonders häufig auftritt. Problematisch ist die geeignete Kombination der ausgewählten Spektralkanäle, um dem Auge einen möglichst vertrauten Anblick zu bieten und durch die Farbgebung möglichst viele Details sichtbar zu machen.

4. Nutzung des GIA für geowissenschaftliche Fragestellungen

4.1. Topographisch-glaziologische Interpretation optischer Fernerkundungsdaten

Eine umfangreiche Auswertung des GIA-Datenbestandes erfolgte in Zusammenarbeit mit dem Alfred-Wegener-Institut (AWI), Bremerhaven, in dem Projekt „IFAG/AWI-Küstenlinie". Für einen Bereich von ca. 2,5 Mio. km², der sich über die küstennahen Regionen vom westlichen Neuschwabenland bis zur westlichen Grenze des Filchner-Ronne-Schelfeises erstreckt, wurden aus den geokodierten Landsat-MSS-Satellitenbildern topographisch-glaziologische Objekte interpretiert, anschließend digitalisiert (HEIDRICH et al. 1992) und in das GIA integriert.

Die IFAG/AWI-Küstenlinie zeichnet sich durch Aktualität und große Homogenität aus und hat für antarktische Verhältnisse auch eine relativ gute Genauigkeit. Die Daten bilden u. a. die Grundlage für ein internationales und interdisziplinäres Kartierprojekt, das die topographisch-glaziologische Beschreibung des Filchner-Ronne-Schelfeises zum Ziel hat. Bisher sind drei thematische Karten erschienen, wobei die zwei letzten auf der digitalen Küstenlinie basieren (IFAG 1987, IFAG 1992, IFAG 1993 a).

Diese Daten wurden als deutscher Beitrag in das internationale Projekt „Antarctic Digital Database" einbezogen, in dem digitale topographische Daten der gesamten Antarktis bereitgestellt werden. Das Projekt wird vom Scientific Committee on Antarctic Research (SCAR) koordiniert. Seit Herbst 1993 steht der gesamte Datensatz auf CD-ROM mit der ARC/VIEW-Software von ESRI zur Verfügung.

In Zusammenarbeit mit der Universität Frankfurt erfolgte auf der Grundlage von Orthophotos, Höhenlinienplänen und einer Geländekampagne die geomorphologisch-glaziologische Kartierung des Borgmassivet (BRUNK 1989). Dabei wurde die Legende der GMK an die antarktischen Verhältnisse angepaßt, und die glaziologischen Objekte wurden integriert. Nach diesem Vorbild wurden in Zusammenarbeit mit der Universität Trier 1993 die Haskard Highlands, Shackleton Range, geomorphologisch-glaziologisch bearbeitet (GROEN 1993).

Der Erfassung glaziologischer Strukturen und ihrer Darstellung auf Satellitenbildkarten diente ein gemeinsames Projekt mit der Bayerischen Akademie der Wissenschaften und der Fachhochschule München (WINTGES et al. 1991). Die zwei bearbeiteten Kartenblätter zeigen die Region des Filchnerschelfeises und der Herzog-Ernst-Bucht, die 1911/12 durch die deutsche Expedition unter FILCHNER aufgesucht wurde.

Für das zentrale Filchner-Ronne-Schelfeis erfolgt in Verbindung mit der Forschungsstelle

Abbildung 9
Mosaik aus 6 Landsat-TM-Szenen des nördlichen Teils der Antarktischen Halbinsel (LAMBERT-Parallelkreiszone SP, 60°–64° S)
Mosaic of 6 Landsat TM scenes of the northern part of the Antarctic Peninsula (LAMBERT zone SP, 60°–64° S)

für Physikalische Glaziologie der Universität Münster ein Vergleich der im Satellitenbild sichtbaren Strukturen mit Radarecholotmessungen. So können Störungen in den Radarprofilen duch die im Bild sichtbaren Spaltenfelder erklärt werden. Aus dem Vergleich multitemporaler Satellitenbildaufnahmen kann flächenhaft die Fließgeschwindigkeit des Schelfeises bestimmt werden, so daß die glaziologische Modellbildung durch diesen wichtigen Parameter ergänzt wird. Die gemeinsame Auswertung von Satellitenbild und Radarecholotprofilen liefert auch Hinweise auf Änderungen des Verhältnisses von marinem zu meteorischem Eis. Dadurch werden die Modellvorstellungen über die Strömungsverhältnisse unter dem Eis verbessert.

4.2. Nutzung der Radardaten des ERS-1

Durch die SAR-Daten des ERS-1 stehen, unabhängig von der Wolkenbedeckung und der Jahreszeit, hochauflösende Beobachtungen zur Verfügung, die dadurch gut für regelmäßige Bestandsaufnahmen geeignet sind. Jedoch weisen Radarsensoren völlig andere Abbildungseigenschaften als optische Sensoren auf, die das an der Erd- bzw. Objektoberfläche reflektierte Licht aufzeichnen. Dagegen dringen Radarwellen je nach Struktur des Materials unterschiedlich tief in das Objekt ein. Ohne Kenntnis der Materialeigenschaften ist keine eindeutige Ausssage möglich, welche Schichtobergrenze abgebildet wird. Damit ist eine sichere Klassifizierung z. B. der Schnee- und Eiseigenschaften nur bei zeitgleichen In-situ-Messungen oder mit zusätzlichen optischen Fernerkundungsdaten möglich. Während bei passiven Sensoren die Aufnahmerichtung unabhängig von der Beleuchtungsrichtung ist, stimmen bei den aktiven SAR-Systemen beide Richtungen überein. Das führt zu völlig anderen, ungewohnten Abbildungsperspektiven mit großen Verzerrungen in reliefiertem Gelände. Bei sehr steilen, in Beleuchtungsrichtung exponierten

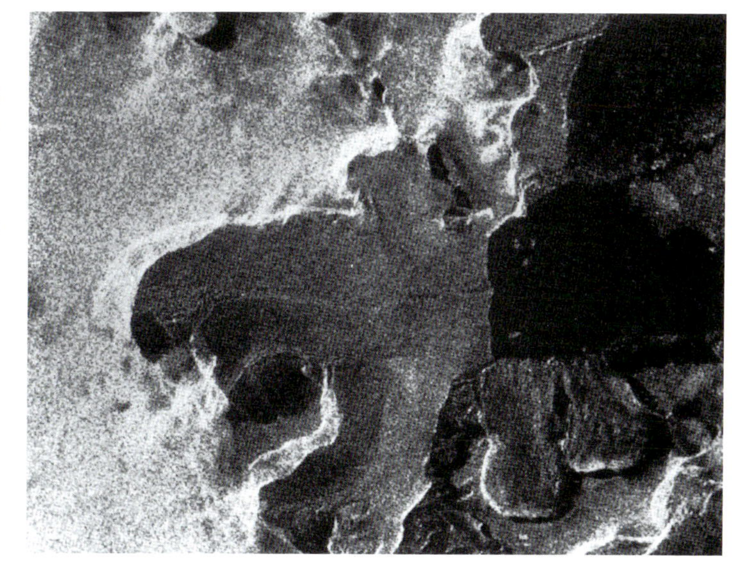

Abbildung 10
Testgebiet Coley Glacier, James Ross Island (ERS-1-SAR.GEC-Szene vom 18. Juli 1992, Orbit 5264, Frame 4923)
Test area "Coley Glacier", James Ross Island (ERS-1 SAR.GEC scene of 18 July 1992, orbit 5264, frame 4923)

Abbildung 11
Testgebiet Coley Glacier, James Ross Island (Landsat-TM-Szene vom 29. Februar 1988)
Test area "Coley Glacier", James Ross Island (Landsat TM image of 29 February 1988)

Hängen kann es zusätzlich zur Mehrfachreflexion des Radarsignals kommen („Multi-Path-Effekt"; siehe z. B. GREEN et al. 1992). Für die Korrektur dieser Einflüsse wären hochauflösende digitale Höhenmodelle (DHM) notwendig, die jedoch für die Antarktis fehlen.

Neben dem Rauschen (Speckle-Effekt) erschwert auch die meist notwendige Reduzierung von 16 auf 8 Bit die Interpretation.

Der Vergleich von SAR und optischen Satellitenbilddaten wird dadurch eingeschränkt, daß nur in Ausnahmefällen zeitgleiche Aufnahmen vorhanden sind. Die in den Abbildungen 10 und 11 dargestellten Szenen stammen aus unterschiedlichen Jahren und Jahreszeiten. Beide Szenenausschnitte zeigen die Umgebung des Coley Glacier, James Ross Island, der in einer karartig eingetieften Bucht nach Osten strömt. Die umrahmenden, steil abfallenden Wände sind mehrere hundert Meter hoch und z. B. in dem Landsatbild (Abb. 11) deutlich auch durch die Schatten erkennbar. Im SAR-Bild des ERS-1 wird der

Gletscher von Osten beleuchtet. Dadurch treten Verzerrungen und Mehrfachreflexionen auf, die die Position von Hangfuß und Hangoberkante vertauschen. Sowohl Hangfußbereich wie Hangoberkante zeichnen sich durch wesentlich hellere Grauwerte aus, die, für sich allein betrachtet, keinen Rückschluß auf das abgebildete Objekt zulassen. Erst durch Hinzunahme der entsprechenden Landsataufnahme werden die geometrischen Verhältnisse deutlich.

Zahlreiche blaue Flecken im Landsatbild können als Blaueisfelder gedeutet werden. An den entsprechenden Positionen im SAR-Bild sind diese Oberflächenformen nicht überall erkennbar. Im Landsatbild (Aufnahme Ende des Südsommers) wird das Küstengebiet nördlich des Coley Glacier schnee- und eisfrei abgebildet, während die SAR-Aufnahme (Mitte Südwinter) keine Differenzierung in den Grauwerten zeigt. Es ist davon auszugehen, daß das Gebiet im Winter mit einer Schneeschicht bedeckt ist, die gegenüber den angrenzenden Gletscheroberflächen ein gleiches Rückstreuverhalten aufweist.

Damit würde auch erklärt, warum die Mittelmoräne des Coley Glacier im SAR-Bild wesentlich schlechter erkennbar ist als im Landsatbild. Sollte in SAR-Aufnahmen des Südsommers hier eine Differenzierung der Grauwerte auftreten, könnten SAR-Daten zukünftig sogar zur Beobachtung der Schneedeckendynamik eingesetzt werden.

5. Ausblick

Im Projekt GIA stand bisher die Erfassung der Lage von topographisch-glaziologischen Objekten im Vordergrund. Durch Weiterentwicklung der Auswertetechnologie von Fernerkundungsdaten sollen zukünftig die Problemkreise „Höhe“ mit der Bereitstellung von digitalen Höhenmodellen (DHM) hoher Genauigkeit und „Bildverstehen“, in dem die automationsgestützte und damit reproduzierbare Erkennung von Objekten angestrebt wird, stärker berücksichtigt werden.

Hochauflösende DHM werden für die Untersuchung von Veränderungen der Eismassen benötigt. Nur mit exakten Höhendaten können Akkumulation oder Ablation der Eiskappe und der Schelfeise festgestellt werden. Eine wichtige zukünftige Aufgabe für Photogrammetrie und Fernerkundung ist daher die flächenhafte Ermittlung der Geländehöhe in der Antarktis, wobei verschiedene Sensoren und Verfahren kombiniert werden müssen, wie z. B. die Radaraltimetrie (Ihde et al. 1993), Shape from Shading (Sievers et al. 1993), Interferometrie (Hartl et al. 1993), aber auch klassisch-photogrammetrische Verfahren und deren Weiterentwicklung für die Nutzung von optischen Fernerkundungsdaten (Bennat u. Boochs 1992).

Für die Kartierung von Veränderungen ist anzustreben, die Interpretation topographisch-glaziologischer Objekte aus Fernerkundungsdaten zu objektivieren. Bisher ist die Qualität stark abhängig von der Erfahrung des Auswerters. So kann sich innerhalb einer größeren Kartierung die Sicherheit, mit der Objekte erkannt werden, und z. T. auch die Zuordnung zu vorgegebenen Klassen verändern. Vielfach sind interaktive Entscheidungen nicht oder nur schwer nachvollziehbar. Daher besteht eine weitere Aufgabe darin, die Interpretationsverfahren zu automatisieren bzw. zunächst Verfahren zu entwickeln, die die Interpretation von Fernerkundungsdaten erleichtern und dadurch sicherer machen.

Durch beide Forschungsziele und die damit zu gewinnenden Informationen sowie durch die Integration externer Daten werden notwendige Erkenntnisse über die Massenbilanz der antarktischen Inland- und Schelfeise und damit wichtige Beiträge zur Beobachtung der globalen Umweltveränderung erwartet.

Literatur

BENNAT, H. (1992):
Der Stand der kartographischen Erfassung der Antarktis.
Nachrichten aus dem Karten- und Vermessungswesen, Reihe I, **107**: 113–126.

BENNAT, H., u. J. SIEVERS (1992):
Bezugssysteme für Karten und digitale Geographische Informationssysteme der Antarktis.
Nachrichten aus dem Karten- und Vermessungswesen, Reihe I, **107**: 23–48.

BENNAT, H., u. F. BOOCHS (1992):
Eignung von KOSMOS-KATE-200-Aufnahmen des westlichen Neuschwabenlandes, Antarktis, zur Gewinnung von Höhenmodellen durch digitale Korrelation.
Nachrichten aus dem Karten- und Vermessungswesen, Reihe I, **107**: 97–111.

BINDSCHADLER, A. R., & P. L. VORNBERGER (1990): AVHRR imagery reveals Antarctic ice dynamics.
EOS, **71** (23): 741–742.

BINDSCHADLER, A. R., & T. A. SCAMBOS (1991): Satellite-image-derived velocity field of an Antarctic ice stream.
Science, **252** (4): 242–246.

BMFT (1986):
Antarktisforschungsprogramm der Bundesrepublik Deutschland.
4. Aufl., BMFT, Bonn.

BRUNK, K. (1986):
Kartographische Arbeiten und deutsche Namengebung in Neuschwabenland, Antarktis.
Dt. Geodät. Komm., Reihe E, **24** (Teil I und II).

BRUNK, K. (1989):
Geomorphologisch-glaziologische Detailkartierung des arid-hochpolaren Borgmassivet, Neuschwabenland, Antarktis.
Ber. Polarf., **66**: 1–101.

BUD'KO, V. M. (1985):
Geologic interpretation of Antarctica's mountainous regions with space imagery.
Mapping Sciences and Remote Sensing, **22** (1): 27–33.

BUD'KO, V. M., & Y. N. KAMENEV (1985):
An initial attempt at interpreting the structure of mountainous areas in western Antarctica with space imagery.
Mapping Sciences and Remote Sensing, **22** (2): 106–113.

BURROUCH, P. A. (1986):
Principles of geographic information systems for land resources assessments.
Oxford.

DOAKE, C. S. M., & D. G. VAUGHAN (1991):
Rapid disintegration of the Wordie Ice Shelf in response to atmospheric warming.
Nature, **350** (6316): 328–330.

GIOVINETTO, M. B., BENTLEY, C. R., & C. BULL (1989): Choosing between some incompatible regional surface-mass-balance data sets in Antarctica.
Antarctic Journal of the United States, **24** (1): 7–13.

GÖPFERT, W. (1984 a):
Digital image mapping of Antarctica using NOAA-7 AVHRR imagery.
Nachrichten aus dem Karten- und Vermessungswesen, Reihe II, **42**: 11–16.

GÖPFERT, W. (1984 b):
NOAA-7 AVHRR Satellitenbildkarten der Antarktis.
Int. Arch. d. Photogrammetrie und Fernerkundung, Band XXV, PART A 34, Kommission III: 320–325.

GÖPFERT, W. (1991):
Ein raumbezogenes Informationssystem für Raumordnung und Umweltplanung auf der Grundlage rechnergestützter Kartographie und Fernerkundung.
Kartographische Nachrichten, **41** (1): 1–9.

GREEN, I. J., LANCASHIRE, D. C., & F. G. SAWYER (1992):
ERS-1 SAR: The first step towards spaceborne active mircowave environmental monitoring.
Selper, **8** (2): 50–54. Santiago de Chile.

GROEN, P. (1993):
Geomorphologische Kartierung der Haskard Highlands, Shackleton Range, Antarktis.
Diplomarbeit am Geographischen Institut der Universität Trier [unveröffentlicht].

HARTL, PH., REICH, M., THIEL, K. H., & Y. XIA (1993): SAR interferometry applying ERS-1 – some preliminary test results. ESA SP 359, Proceedings of the First ERS-1 Symposium: Space at the service of our environment, 4–6 November 1992, Cannes, France: 219–222.

HEIDRICH, B., SIEVERS, J., SCHENKE, W., u. M. THIEL (1992): Digitale topographische Datenbank Antarktis. Die Küstenregionen vom westlichen Neuschwabenland bis zum Filchner-Ronne-Schelfeis interpretiert aus Satellitenbilddaten. Nachrichten aus dem Karten- und Vermessungswesen, Reihe I, **107**: 127–140.

HERZFELD, U. C., & P. HOLMLUND (1988): Geostatistical analyses of radio-echo data from Scharffenbergbotnen, Droning Maud Land, East Antarctica. Zeitschrift für Gletscherkunde und Glaziologie, **24** (2): 95–110.

IFAG (1987): Glaziologische Karte 1 : 2 000 000 Filchner-Ronne-Schelfeis.

IFAG (1992): Satellitenbildkarte 1 : 2 000 000 (mit Höhenlinien) Filchner-Ronne-Schelfeis.

IFAG (1993 a): Topographische Karte (Satellitenbildkarte) 1 : 2 000 000 Filchner-Ronne-Schelfeis.

IFAG (1993 b): Topographische Karte (Satellitenbildkarte) 1 : 1 000 000 Ekströmisen, SR 29–30.

IFAG (1993 c): Geologische Karte (Luftbildkarte) 1 : 25 000 Scharffenbergbotnen 11 18 W 74 37 Heimefrontfjella, Antarktis.

IHDE, J., SCHIRMER, U., REINHOLD, A., & J. ECK (1993): Some results of the derivation of ice sheet elevations in Antarctica from ERS-1 altimeter data. ESA SP 359, Proceedings of the First ERS-1 Symposium: Space at the service of our environment, 4–6 November 1992, Cannes, France: 241–245.

JACOBS, J. (1991): Strukturelle Entwicklung und Abkühlungsgeschichte der Heimefrontfjella (westliches Dronning Maud Land/Antarktika). Berichte zur Polarforschung, **97**.

KÄHLER, M. (1989): Radiometrische Bildverarbeitung bei der Herstellung von Satellitenbildkarten. Dt. Geodätische Kommission, Reihe C, **348**.

KEYS JNR., H., JACOBS, S. S., & D. BARRETT (1990): The calving and drift of iceberg B-9 in the Ross Sea, Antarctica. Antarctic Science, **2** (3): 243–257.

LUCCHITTA, B. K., ELIASON, E. M., & S. SOUTHWORTH (1985): Multispectral digital mapping of Antarctica with Landsat images. Antarctic Journal of the United States, **19** (5), 1984: 249–250.

LUCCHITTA, B. K., & H. M. FERGUSON (1986): Antarctica: measuring glacier velocity from satellite images. Science, **234**: 1105–1108. New York.

LUCCHITTA, B. K., BOWELL, J.-A., EDWARDS, K. L., ELIASON, E. M., & H. M. FERGUSON (1987): Multispectral Landsat images of Antarctica. U. S. Geological Survey Bulletin, **1696**. Washington.

LUCCHITTA, B. K., FERGUSON, H. M., SCHAFER, F. J., FERRIGNO, J. G., & R. S. WILLIAMS JNR. (1989): Antarctic glacier velocities from Landsat images. Antarctic Journal of the United States, **24**: 106–107.

LUCCHITTA, B. K., BERTOLINI, L. M., FERRIGNO, J. G., & R. S. WILLIAMS JNR. (1992): Monitoring the dynamics of the Antarctic coastline with Landsat images. Antarctic Journal of the United States, **26** (5): 316–317.

MACDONALD, T. R., FERRIGNO, J. G., WILLIAMS JNR., R. S., & B. K. LUCCHITTA (1989): Velocities of Antarctic outlet glaciers determined from sequential Landsat images. Antarctic Journal of the United States, **24**: 105–106.

MASSOM, R. (1991):
Satellite remote sensing of polar regions – applications, limitations and data availabilty. London.

MERSON, R. H. (1989):
An AVHRR mosaic image of Antarctica. Int. Journal of Remote Sensing, **10** (4 & 5): 669–674.

ORHEIM, O., & B. K. LUCCHITTA (1987):
Snow and ice studies by thematic mapper and multispectral scanner Landsat images. Annals of Glaciology, **9**: 109–118.

ORHEIM, O., & B. K. LUCCHITTA (1988):
Numerical analysis of Landsat Thematic Mapper images of Antarctica: surface temperatures and physical properties.
Annals of Glaciology, **11**: 109–120.

ORHEIM, O., & B. K. LUCCHITTA (1990):
Investigating climate change by digital analysis of blue ice extent on satellite images of Antarctica.
Annals of Glaciology, **14**: 211–215.

PAECH, H.-J. (1992):
Die DDR-Antarktisforschung – eine Retrospektive.
Polarforschung, **60** (3), 1990: 197–218 [erschienen 1992].

SCAR (1980):
Standard symbols for use on maps of Antarctica.
Division of National Mapping, Canberra.

SCHMIDT-FALKENBERG, H. (1983):
Ausschnitt aus der Antarktis-Satellitenbildkarte „Neuschwabenland".
Geogr. Rundschau, **35** (3): 108–109.

SCHMIDT-FALKENBERG, H. (1984 a):
Deutsche Beiträge zur Kartographie der Antarktis mittels Photogrammetrie und Fernerkundung.
Z. f. Vermessungswesen, **109** (4): 141–154.

SCHMIDT-FALKENBERG, H. (1984 b):
German contributions to the cartography of Antarctica by means of photogrammetry and remote sensing.
Nachrichten aus dem Karten- und Vermessungswesen, Reihe II, **42** (Teil I und II): 29–48.

SCHMIDT-FALKENBERG, H. (1986):
Digitale Namendatenbank Antarktis als Teil einer Landschaftsdatenbank Antarktis.
Internationales Kartographisches Jahrbuch 1986: 139–148.

SCHMIDT-FALKENBERG, H. (1987):
Die Fernerkundungskartographie in der Antarktisforschung.
Münchner Geogr. Abh., B **4**: 67–85.

SCHMIDT-FALKENBERG, H. [Hrsg.] (1988):
Digitale Namendatenbank Antarktis.
1. Ausgabe.
Institut für Angewandte Geodäsie.

SCHMIDT-FALKENBERG, H. (1990):
Der Einsatz von Photogrammetrie und Fernerkundung in der Antarktisforschung.
Institut für Photogrammetrie und Ingenieurvermessung der Universität Hannover, **13**: 231–242.

SIEVERS, J. [Hrsg.] (1993):
Verzeichnis deutschsprachiger geographischer Namen der Antarktis.
2. Ausgabe. Nachrichten aus dem Karten- und Vermessungswesen, Sonderheft.

SIEVERS, J., u. H. WALTER (1984):
Photogrammetrie 1983/84 im westlichen Neuschwabenland.
Berichte zur Polarforschung, **19**: 156–164.

SIEVERS, J., & H. BENNAT (1989) :
Reference systems for maps and geographic information systems of Antarctica.
Antarctic Science, **1** (4): 351–362.

SIEVERS, J., GRINDEL, A., & W. MEIER (1989):
Digital satellite image mapping of Antarctica.
Polarforschung, **59** (1/2): 25–33.

SIEVERS, J., GROSFELD, K., HINZE, H., RITTER, B., SCHENKE, H. W., u. F. THYSSEN (1992):
Die Topographische Karte und Satellitenbildkarte 1 : 500 000 Ekströmisen, Antarktis – Karten zur Schelfeiskinematik.
Nachrichten aus dem Karten- und Vermessungswesen, Reihe I, **107**: 49–54.

SIEVERS, J., HARTMANN, R., KOSMANN, D., REINHOLD, A., & K.-H. THIEL (1993): Utilisation of ERS-1 data for mapping of Antarctica.
ESA SP 359, Proceedings of the First ERS-1 Symposium: Space at the service of our environment, 4–6 November 1992, Cannes, France: 247–251.

SWITHINBANK, C. (1983): Towards an inventory of the great ice sheets. Geografiska Annaler, **65 A** (3–4): 289–294.

SWITHINBANK, C. (1988): Antarctica.
In: WILLIAMS JNR., R. S., & J. G. FERRIGNO [Eds.]: Satellite image atlas of glaciers of the world: Antarctica.
Washington, D.C. = USGS Professional Paper, 1386-B.

SWITHINBANK, C., BRUNK, K., & J. SIEVERS (1988): A glaciological map of Filchner-Ronne Ice Shelf, Antarctica.
Annals of Glaciology, **11**: 150–155.

SWITHINBANK, C., & B. K. LUCCHITTA (1986): Multispectral digital image mapping of Antarctic ice features.
Annals of Glaciology, **8**: 159–163.

SWITHINBANK, C., & C. LANE (1976): Antarctic mapping from satellite imagery. Remote sensing of the terrestrial environment.
Procceedings of the 28th Symposium of the Colston Research Society, Univ. Bristol, England: 212–221.

United States Board on Geographic Names (1981): Geographic names of the Antarctic. United States, Department of the Interior (Ed.: F. G. ALBERTS), Washington.

USGS (1991): Antarctica. Miscelleaneous Investigation Series Map I-2284. 1 : 5 000 000.
US Geological Survey, Reston.

WEBER, W. (1983): Ein Datenverwaltungssystem für digitale Rasterkarten.
Nachrichten aus dem Karten- und Vermessungswesen, Reihe I, **91**: 77–95.

WINTGES, T., SCHMIDT, H., REINWARTH, O., HEIDRICH, B., u. J. SIEVERS (1991): Glaziologisch bearbeitete Satellitenbildkarten 1 : 250 000 des Filchner-Schelfeises, Antarktis.
Kartographische Nachrichten, **41** (1): 9–17.

SAR-Interferometrie: Grundlagen und Anwendungsbeispiele

PHILIPP HARTL, KARL-HEINZ THIEL, XIAOQING WU u. YE XIA

Summary:
SAR interferometry: fundamentals and applications

The "Interferometric SAR" (INSAR) method allows to determine digital elevation models. The "Differential INSAR" (D-INSAR) can be used to measure spatial variations at the order of a few centimetres and less. Large deformation fields and slow surface motion can thus be detected, which is of very much interest for a number of geoscientific and practical applications. The fundamentals of SAR-interferometry and a few applications are described. Emphasis is on preliminary results of INSAR application in Antarctic research.

Zusammenfassung:

Die Methode des Interferometrischen SAR (INSAR) dient der Bestimmung digitaler Elevationsmodelle. Die differentielle INSAR-Technik (D-INSAR) erlaubt die Bestimmung räumlicher Veränderungen von der Größenordnung weniger Zentimeter und darunter. Dadurch lassen sich großräumige Deformationsfelder und langsame Oberflächenbewegungen erfassen, die in zahlreichen geowissenschaftlichen und praktischen Anwendungen von Interesse sind. Die methodischen Grundlagen der SAR-Interferometrie und Anwendungsbeispiele werden beschrieben und erste vorläufige Ergebnisse der Anwendung in der Antarktisforschung vorgestellt.

1. Einleitung

1.1. Die interferometrische SAR-Technik INSAR

Die Radar-Interferometrie (INSAR) ist eine extrem leistungfähige Satelliten-Fernerkundungsmethode zur flächendeckenden Bestimmung digitaler Elevationsmodelle der Erdoberfläche. Mikrostrukturelle Informationen, wie etwa die Baumhöhen von Wäldern, die Gebäudehöhen in Siedlungsbereichen, die Tiefen von Kies- und Tagebau-Kohlegruben usw. können damit erstaunlich genau aus Satellitenhöhen erfaßt werden. Die horizontale Auflösung (Pixel) kann in der Größenordnung von 20 m und besser liegen.

Im Vergleich mit den satellitengestützten optischen Stereoaufnahmetechniken (auf der Basis der photographischen Kamera und des elektrooptischen Scanners) bietet die Radar-Interferometrie den Vorteil, daß sie auch für extrem homogene Flächen (Wüsten, Eisflächen usw.) Geländemodelle akquirieren kann, wo dies also für die optischen Verfahren sehr schwierig wird, weil kaum geeignete Paßpunkte in den Bildern identifizierbar sind. Und selbstverständlich ist die Radartechnik weitestgehend unabhängig vom Wettergeschehen und von der Tages- und Nachtzeit einsetzbar. Schon aus diesen Gründen wird die INSAR-Technik in der Zukunft wachsende Bedeutung gewinnen.

1.2. *Die differentielle INSAR-Technik (D-INSAR)*

In der Form der „Differentiellen SAR-Interferometrie D-INSAR" bietet diese neue Methode der Fernerkundungstechnik aber noch zusätzliche und wirklich einmalige Möglichkeiten, die für verschiedenste Monitoring-Aufgaben von ganz besonderer Bedeutung sind: D-INSAR kann nämlich unter Hinzuziehung einer weiteren, dritten SAR-Szene lokale vertikale und horizontale Verschiebungen detektieren, die sich in Teilbereichen der Bildszene in der Zeit zwischen der zweiten und dritten Bildaufnahme ereignet haben.

Diese Methode ist so sensitiv, daß sie räumliche Veränderungen von der Größenordnung weniger Zentimeter und darunter erfassen kann. Dadurch lassen sich z. B. großräumige Deformationsfelder, die durch Erdbeben verursacht werden, Aufwölbungen der Erdoberfläche in vulkanischen Regionen, die Ausbrüchen vorangehen, ferner Verschiebungen in geologischen Verwerfungszonen, Hangrutschungen, Landdeformationen (Hebungen und Senkungen der Erdoberfläche aufgrund von Grundwasser-, Ergas-, Erdöl-, Kohle- und Erzgewinnung usw.) identifizieren und quantifizieren.

Auch die differentiellen Bewegungen von Eismassen, die etwa in den polaren Gebieten oder in Teilregionen von Gletschern auftreten, sowie die klimatisch bedingten Veränderungen in den Permafrostregionen können damit erfaßt werden. Ferner werden kleine Änderungen der effektiven Höhe von Ackerflächen aufgrund von Feldbearbeitungen meßbar und für die Fernüberwachung landwirtschaftlicher Aktivitäten nutzbar.

Im „Bonner Experiment" wurde ein quantitativer Nachweis für diese hohe Empfindlichkeit geliefert (COULSON 1993, HARTL u. THIEL 1993): Höhenänderungen der Positionen von Corner-Reflektoren um 1 cm wurden in der interferometrischen Auswertung mit Hilfe von ERS-1-SAR-Daten deutlich erkannt und auf 7 bzw. 9 mm geschätzt. Die Höhenänderungen einzelner Felder infolge von Verdichtung der Ackeroberfläche im Rahmen der Frühjahrsbearbeitung wurden ebenfalls in diesem ERS-1-Experiment erfaßt.

1.3. *Historie*

Die satellitengestützte INSAR-Methode zur Fernerkundung der Erde ist seit einigen Jahren bekannt. Sie wurde ursprünglich in den USA am *J*et *P*ropulsion *L*aboratory (JPL) in Pasadena/Kalifornien (GRAHAM 1974, ZEBKER u. GOLDSTEIN 1985, GOLDSTEIN et al. 1988, GABRIEL et al. 1989) unter Nutzung von SEASAT-SAR-Daten entwickelt. Aber erst im Rahmen der ERS-1-Mission können im größeren Stil und in der oben angedeuteten Vielfalt die Anwendungsmöglichkeiten fortentwickelt, experimentell studiert und demonstriert werden. Damit verbunden sind natürlich viele neue Erkenntnisse und Anregungen, die von einer Reihe von Wissenschaftlergruppen aus Europa und Amerika stammen.

Die INSAR- und D-INSAR-Methoden sind so vielversprechend, daß sie als die wohl größte Überraschung in der generell so erfolgreichen ERS-1-Mission angesehen werden können. Die ESA, durch die erstaunlichen Ergebnisse einiger Wissenschaftlerteams alarmiert, hat sofort reagiert und noch 1992 eine neue Arbeitsgruppe „FRINGE" ins Leben gerufen, für die schon etwa 30 Institute weltweit ihre Mitarbeit bzw. ihr Interesse angemeldet haben. Ihre Aufgabe ist es, Methoden und Forschungsergebnisse rasch zu verbreiten und der praktischen Anwendung zuzuführen. Die ESA veranstaltet zu diesem Zweck Workshops (ESRIN/ERS, 1992) und stellt den Nutzern geeignetes ESA-SAR-Datenmaterial bereit.

Auch das internationale *C*ommittee on *E*arth *O*bserving *S*ensors (CEOS) hielt am JPL noch im Dezember 1992 einen Workshop zur Interferometrie ab, und zwar infolge der erstaunlichen Erkenntnisse über die Nutzbarkeit der ERS-1-Daten für die Interferometrie (und der zusätzlichen Möglichkeiten der flugzeuggestützten INSAR-Technik, auf die aber hier nicht weiter eingegangen werden kann). Auf dieser CEOS-Arbeitstagung wurden weitere Pläne für die satellitentechnische Entwicklung erörtert. Unter anderem wurde dort diskutiert, eventuell den französischen Satelliten SPOT-5 sowohl für die optische Stereo- als auch für die Radar-Interferometrie auszustatten. Auch der Vorschlag, der im Vorfeld dieses Workshops bereits in Europa in Erwägung gezogen wurde, die ERS-1- und ERS-2-Mission simultan im Tandem für die Interferometrie zu betreiben, fand dort lebhaftes Interesse und wird übrigens innerhalb der ESA z. Z. sehr ernsthaft diskutiert.

1.4. Ziel

Ziel der vorliegenden Veröffentlichung ist es,

a) die Grundlagen der INSAR- und D-INSAR-Methode zu beschreiben,

b) einige der bisher erzielten Forschungsergebnisse zu veröffentlichen, die am Institut für Navigation im Rahmen der OEA-Förderung durch den BMFT erarbeitet worden sind,

und

c) in einem Ausblick darzulegen, welche Forschungsarbeiten auf dem Gebiet der SAR-Interferometrie nun im Zusammenhang mit der Antarktisforschung derzeit anstehen.

Zu a): Die INSAR-Methode unterscheidet sich von den optischen Verfahren der Fernerkundung relativ stark. Daher ist ein Einstieg in diese Technik für viele Nutzer der optischen Fernerkundungsmethoden nicht ganz einfach. Dies gilt um so mehr, als die INSAR-Literatur nicht leicht zu lesen ist. Zwei sehr unterschiedliche Beschreibungsweisen herrschen in den Veröffentlichungen vor, wovon sich die eine primär an Fachleute aus der Radar(prozessor)technik, die andere primär an Fachleute aus der Geophysik wendet (z. B. PRATI et al. 1990). Außerdem sind die geometrischen Darstellungen in den beiden Fällen unterschiedlich. Die Gleichungen unterscheiden sich deshalb auch vom Ansatz her.

Die vorliegende Beschreibung wendet sich vorwiegend an Leser, die aus der optischen Fernerkundungstechnik kommen. Die physikalischen Hintergründe der SAR-Technik werden nur insoweit beschrieben, als dies unbedingt für das Verständnis der INSAR-Methode erforderlich ist. Es wird bewußt davon ausgegangen, daß den Nutzer der SAR-Fernerkundung in der Regel die komplizierten Vorgänge der SAR-Datenvorverarbeitung nicht zu interessieren brauchen, weil ihm ohnehin in der Regel die aufbereiteten Intensitätsbilddaten zur Verfügung stehen. Ähnlich wird es auch in der Zukunft bezüglich der INSAR-Datennutzung sein. Daher kann man auch bei der Beschreibung der interferometrischen SAR-Methoden auf die physikalischen und prozeßtechnischen Details verzichten, die erforderlich sind, ehe man die sog. SLC-Daten („*S*ingle *L*ook *C*omplex") aus den SAR-Rohdaten erhält.

Zu b): In der Polarforschung ist die SAR-Interferometrie ganz besonders nutzbringend, weil die Daten weitestgehend wetterunabhängig akquiriert werden können. Die INSAR-Methode kann auch für sehr homogene Regionen digitale Geländemodelldaten liefern, für die es nur wenige optische Paßpunkte gibt und für die die stereooptischen Verfahren daher nur schwierig anzuwenden sind.

Mit Hilfe der D-INSAR-Methode können – wie oben bereits erwähnt – extrem kleine Bewegungsvorgänge erfaßt werden. Zeitliche Veränderungen der Rückstreueigenschaften aufgrund geringer Variationen der Oberflächenbeschaffenheit (Pflanzenwuchs, Niederschläge, Schneestürme usw.) verursachen deutliche Signalveränderungen und führen einerseits zu besonderen Problemen, lassen sich aber andererseits teilweise auch zur Klassifizierung oder zur Oberflächenanalyse bzw. zu Prozeßstudien verwenden.

Für die Methodenentwickler sind die polaren Regionen sehr wertvolle Anwendungsziele, weil dort manche Probleme als dominante Effekte auftreten, die in anderen Gebieten der Erde nur Effekte zweiter Ordnung darstellen (nichtparallele Bahnsegmente, größere Bahnungenauigkeiten, diverse Bewegungen auf der Erdoberfläche mit unterschiedlichen Zeitskalen, meteorologische Einflüsse, vor allem Schneestürme usw.).

Zu c): Es ist zu erwarten, daß den praktischen Nutzungsmöglichkeiten der interferometrischen Methoden in den nächsten Jahren weltweit besondere Aufmerksamkeit gewidmet wird. Die ESA-Missionen von ERS-1 und ERS-2, die kanadische Mission RADARSAT usw. werden viele Gelegenheiten bieten, die speziell auch für die Polarforschung viele neue Erkenntnisse liefern werden. Es sind dafür aber eine Reihe wissenschaftlicher und technischer Probleme zu lösen, von denen einige im Ausblick beschrieben werden sollen.

2. Grundprinzip der SAR-Interferometrie

Für die Interferometrie sind zwei SAR-Aufnahmen vom gleichen Gebiet erforderlich. Diese müssen aus Satellitenpositionen S_1 und S_2 akquiriert worden sein, die eng benachbart zueinander sind. Die Distanz zwischen S_1 und S_2, also die interferometrische Basislinie, kann im Falle von ERS-1 maximal eine Länge von 1000 m haben (Abb. 1). Das SAR-Bildpaar muß aufeinander geometrisch gut angepaßt und dann gemeinsam prozessiert werden. In der vorliegenden Abbildung wird der kleine Versatz der beiden Szenen nicht besonders dargestellt; die Verschneidung der Bildpaare ist natürlich etwas kleiner als jede Einzelszene (Randeffekt).

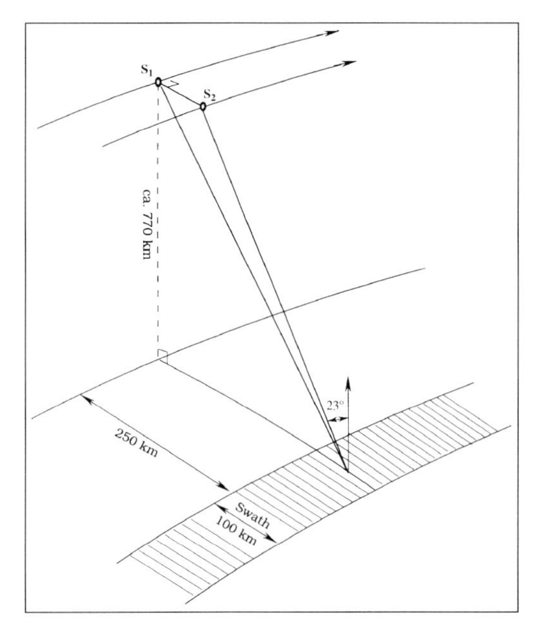

Abbildung 1
INSAR-Geometrie. Es werden SAR-Bilddaten derselben Szene verknüpft, die von den Positionen S_1 bzw. S_2 aus im zeitlichen Abstand einer Bahnwiederholperiode akquiriert worden sind.
INSAR geometry. Linking of SAR image data of the same scene taken from positions S_1 and S_2 one orbit repeat cycle apart.

2.1. *Grunddaten*

Für die „*I*nterferometrische *P*rozessierung" (IP) dienen nicht die „normalen SAR-Intensitätsdaten" (PRI), die üblicherweise für die SAR-Fernerkundung genutzt werden, sondern die SLC-Daten, die für die ERS-1-Mission als Standardprodukte verfügbar sind (SCHREIER 1993, S. 29). Genauer gesagt, die IP-Eingangsdaten stammen aus der normalen SAR-Verarbeitungskette, werden aber dort eine Stufe vor den üblicherweise in der SAR-Fernerkundung genutzten PRI-Daten gewonnen. Sie sind als (I, Q)-Wertepaare pixelweise abgelegt und stellen den Sinus- und Kosinusanteil des Echosignals dar. Analog zu einer komplexen Zahlendarstellung mit Realteil (I = *I*n Phase) und Imaginärteil (Q = *Q*uadrature Phase) erhält man daraus den Betrag, d. h. die Amplitude F_1 und die relative Phase ϕ_1 des Echos:

$$F_1 = (I^2 + Q^2)^{1/2} \quad \text{u.} \quad \phi_1 = \arctan Q/I \qquad (1).$$

Der Index 1 ist auf die Satellitenaufnahme von S_1 bezogen. Die Phasenverschiebung bezieht sich auf die Verzögerung des empfangenen Echos gegenüber dem Sendesignal. Sie ist für den Fall einer Zweiwegstrecke (Sender – rückstreuendes Ziel – Empfänger) gegeben durch

$$\phi_1 = 4\pi R_1 / \lambda + \phi_0 \qquad (2).$$

In Gleichung 2 entspricht der erste Term dem modulo 2π-Wert der doppelten Schrägentfernung R_1 zwischen SAR-Sensor und Zielpunkt oder 2π mal dem Hin- und Rückweg des Echosignals, ausgedrückt in Vielfachen der Wellenlänge λ. Eine solche Strecke kann sehr genau über die Phasenmessung bestimmt werden, allerdings nur modulo 2π. Das Problem dieser Mehrdeutigkeit muß gelöst werden und spielt – wie wir später sehen werden – eine wesentliche Rolle in der Interferometrie.

Der zweite Term ϕ_0 berücksichtigt die Phasenverschiebung, die das rückstreuende Signal des Zieles gegenüber dem einfallenden Signal hat. ϕ_0 ist eine Objekteigenschaft des einzelnen Streuelements (wie der Rückstreukoeffizient auch, aber sogar noch spezieller als dieser) und für jedes Pixel unterschiedlich.

Was bishlang für die SLC-Daten der SAR-Aufnahmen aus Position S_1 gesagt wurde, gilt natürlich analog auch für S_2. Daher darf, falls wegen der annähernd gleichen Satellitenposition dasselbe ϕ_0 vorausgesetzt werden kann, für die Phasendifferenz $(\phi_1 - \phi_2)$ folgendes angenommen werden:

$$\phi_0 = \phi_1 - \phi_2 = 4\pi (R_1 - R_2) / \lambda \quad (3).$$

Stillschweigend wurde hierbei aber auch noch angenommen, daß die Bildaufnahmen in einem Zeitraum nacheinander erfolgten, in dem sich die Rückstreueigenschaften des Zieles nicht geändert haben. Wäre eine solche Änderung in der Zeit zwischen den beiden SAR-Aufnahmen aufgetreten, so ergäbe sich ein ϕ-Wert, der die tatsächlichen geometrischen Verhältnisse nicht korrekt wiedergibt. Diese Tatsache könnte sich fallweise entweder als eine Dekorrelation oder als eine Phasenverschiebung äußern, wobei letztere als „scheinbare Höhenänderung" interpretiert werden kann (und z. B. ein Maß für die Änderung der Bodenfeuchte darstellen könnte).

2.2. Interferometrische Auflösung und Pixelauflösung

Damit hinsichtlich der Auflösung keine falschen Vorstellungen entstehen, sei folgendes noch verdeutlicht:

- Für die Radarbilddaten zweier Bildpaare, die aus eng benachbarten Satellitenpositionen akquiriert worden sind, kann man Pixel für Pixel eine relative Entfernungsdifferenz auf Bruchteile von Zentimetern genau über die SLC-Daten berechnen. Diese Differenz ergibt, wie später beschrieben wird, mit einem Umrechnungsfaktor versehen, die Elevation des Pixels über der Referenzebene. Die Genauigkeit dafür liegt im Bereich einiger Meter. Eine dritte SAR-Aufnahme, die in die so gewonnene dreidimensionale Szene genauso eingepaßt wird wie die zweite Szene in die erste, kann dazu dienen, die lokale Veränderung einzelner Pixel im Vergleich zum Gesamtverband zu ermitteln. Dies geschieht direkt ohne einen zusätzlichen Umrechnungsfaktor und hat daher eine Empfindlichkeit im Zentimeterbereich und darunter.
- Man gewinnt also durch die Interferometrie eine Information über die Lage des Pixels. Die Pixelgröße selbst wird, wie bei SAR-Systemen generell üblich, in Azimutalrichtung durch die synthetische Apertur (4 m) und in Slant-Range-Richtung durch die komprimierte Impulslänge und die Abtastung (7,9 m) bestimmt.
- Die zeitliche Auflösung von Veränderungen (die detektierbare Geschwindigkeit der Pixelbewegungen) ist natürlich auch abhängig von der Bahnwiederholrate. Bei einer 3-Tagesperiode können daher Bewegungen der Größenordnung < 1 cm/Tag bestimmt werden.
- Die zeitlich getrennte Akquisition von SAR-Aufnahmen hat im übrigen Vor- und Nachteile. Als Vorteile kann man ansehen, daß bei allen Aufnahmen immer exakt das gleiche Aufnahme- und Verarbeitungssystem genutzt wird. Außerdem wird die Basislinie im Verlauf der Satellitenmission unterschiedlichste Längen annehmen und damit diverse Höhenauflösungen bieten können, teilweise allerdings auch solche, die sich nicht besonders gut für die SAR-Interferometrie eignen. Die Basislänge ist beim ERS-1 fast immer innerhalb der Schwankungsbreite von rund 1 km, weil die Projektleitung dafür sorgt, daß nach einem solchen Versatz quer zur Satellitenbahn wiederum ein Bahnkorrekturmanöver auf die Nominalspur durchgeführt wird.
- Eine gute interferometrische Auswertung von Bildpaaren erfordert selbstverständlich gute Bahnbestimmungsdaten.
- Nachteilig sind im übrigen die Fehlereinflüsse, die sich aufgrund von Schwankungen hinsichtlich der Satellitenorientierung ergeben können, ferner die möglichen Veränderungen der Atmosphäreneinflüsse (Signal-Laufzeitverzögerungen), die Einflüsse aufgrund zeitlicher Änderungen der SAR-Parameter sowie die Veränderungen der Rückstreueigenschaften des abzubildenden Geländes, z. B. durch Niederschläge, Vegetationswachstum, usw.

2.3. Geometrische Anpassung zweier SAR-Szenen (Registration)

Eine besonders wichtige Aufgabe ist die nachträgliche Synchronisation bzw. Anpassung der beiden SAR-Szenen aufeinander. Es muß ja

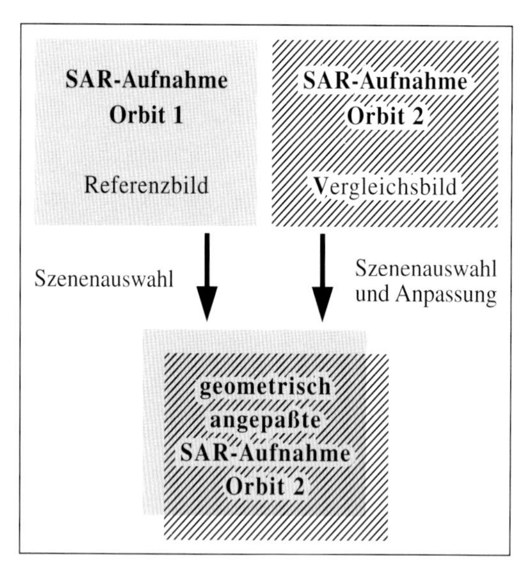

Abbildung 2
Szenenanpassung: Die interferometrische Prozessierung verknüpft pixelweise die SAR-Daten vom Typ SLC.
Scene fitting: Interferometric processing links the SLC type SAR data pixel by pixel.

davon ausgegangen werden, daß die Satellitenbahnen relativ zufälligen, zeitlich und örtlich variablen Bahneinflüssen von einer Aufnahmezeit bis zur nächsten unterliegen. Es treten daher fallweise unterschiedliche Verschiebungen in der Schrägentfernung (Orbitabstand, Querabstand) und im Azimut (Unterschied im Aufnahmezeitpunkt) auf (Abb. 2).

Unter der vereinfachenden Annahme von weitgehend parallelen Orbits erhalten wir als die einfachste Möglichkeit der Bildanpassung die folgenden Möglichkeiten:

- reine Verschiebung in azimutaler Richtung oder
- reine Verschiebung in Richtung Schrägentfernung oder
- Verschiebung in beiden Richtungen und mit einem linear veränderlichen Anteil bei der Schrägentfernung zur Berücksichtigung der unterschiedlichen Größe der Pixel sowie des linearen Anteils der azimutalen Veränderungen aufgrund der Abweichung der Orbits von der Parallelität.

2.3.1. Bildanpassungsschritte

Die Anpassung der beiden Szenen erfolgt in der Regel in mehreren Schritten, nämlich durch

- Auswahl der Teilszenen mit möglichst guter Übereinstimmung,
- Grobanpassung mittels Intensitätsbild auf maximalen Korrelationswert bei angestrebter Genauigkeit von 1 Pixel,
- Feinanpassung mittels Phaseninformation. Das hier eingesetzte Verfahren beruht auf der Interpolation zwischen den Pixeln eines Bildes und dem Aufsuchen der maximalen Korrelation zwischen den beiden Szenen. Über eine bereichsweise Anpassung von Teilszenen wird der Rechenaufwand sinnvoll begrenzt. Die Anpassung der Gesamtszene erfolgt dann über geeignete Interpolation zwischen den Teilszenen. Die Genauigkeit der Anpassung sollte besser als 1/10 Pixel sein.

Die erzielte Genauigkeit der Szenenanpassung bestimmt die Qualität des Interferogramms (s. u.). Schlechte Anpassungen liefern verschmierte oder meist gar keine Interferogramme. Die Qualität der Anpassung ist direkt im Rauschanteil des Phasendifferenzbildes, also dem Interferogramm, zu erkennen.

2.3.2. Bildanpassungskriterien

Die Qualität der Bildanpassung kann z. B. nach den beiden folgenden Kriterien geprüft werden:

- Average fluctuation function (Lin et al. 1992)

$$f = \sum\sum (|\phi_{i+1,j} - \phi_{i,j}| + |\phi_{i,j+1} - \phi_{i,j}|) / 2 \qquad (4)$$

  ($\phi_{i,j}$ = Phasendifferenz zwischen benachbarten Pixeln)
- Minimierung des Signal- zu Rauschleistungsverhältnis (SNR) beim Interferogramm (Gabriel et al. 1990, Prati et al. 1990).

2.4. Kohärenz der SAR-Szenen

Die SAR-Interferometrie kann nur unter bestimmten Voraussetzungen gute und korrekte Resultate liefern.

- Die Amplitude des Echosignals muß ausreichend groß sein.
- Es darf keine Veränderung im Gelände zwischen den Aufnahmezeitpunkten der SAR-Szenen geben.
- Die räumlichen Rückstreueigenschaften der reflektierenden Oberfläche müssen eindeutige Höhenzuordnungen für jedes Pixel zulassen.

Um die obengenannten Voraussetzungen zu überprüfen, wird die Kohärenzfunktion γ definiert:

$$\gamma = \frac{E[S_1 \cdot S_2]}{\sqrt{E[|S_1|^2] \cdot E[|S_2|^2]}} \quad (5).$$

Einfluß auf diese Funktion haben:

- die Länge der Basislinie (Dekorrelation aufgrund unterschiedlicher Einfallswinkel),
- das Signal- zu Rauschleistungsverhältnis,
- die Anzahl der aufsummierten Pixel („Multilook"),
- die zeitlichen Dekorrelationseffekte aufgrund physikalischerVeränderungen der Rückstreuobjekte durch Niederschlag, Frost/Tau-Zyklen, Veränderung der Oberflächenbedeckung sowie bei „Volumenstreuern", z. B. Wald, aufgrund der Veränderungen der Dichteverteilung der Streuelemente (Äste, Zweige, Blätter usw.).

Nach ROCCA (PRATI et al. 1990) hängt der Höhenfehler, der bei INSAR entsteht, von der Kohärenzfunktion γ ab:

$$\sigma_n = \frac{\lambda H \tan\theta}{2\pi B} \sqrt{\frac{1 - |\gamma|}{2|\gamma|}} \quad (6).$$

Die Abbildung 3 gibt den Zusammenhang zwischen der DEM-Genauigkeit, der Basislänge und dem SNR an.

2.5. *Interferogramm einer Szene*

Wie bereits mehrfach erwähnt, ist die Phase eines Pixels ein Maß für die Entfernung zwischen SAR-Sensor und Objekt. Wird von zwei parallelen Orbits dasselbe Objekt erfaßt, so kann entsprechend der in der Abbildung 4 angegebenen Geometrie die Höhe des Objektes aus der Differenz der Schrägentfernungen bestimmt werden:

$$r = R_2 - R_1 \quad \text{und} \quad \phi = \frac{4\pi r}{\lambda} \quad (7).$$

Mit Hilfe der Annahme, daß die beiden Schrägentfernungen parallel und die beiden Orbits nur horizontal zueinander versetzt sind, erhalten wir dann

$$\phi = \frac{4\pi}{\lambda} B\sin\theta = \frac{4\pi B}{\lambda} \sqrt{1 - \left(\frac{H}{R_1}\right)^2} \quad (8).$$

Diese Phasendifferenz, modula 2π, definiert – als Funktion des Ortes dargestellt – das Interferogramm. Die eigentliche Berechnung erfolgt dann über die Multiplikation der Szene 1 mit der konjugiert komplexen Szene 2, Pixel für Pixel.

Die Änderung der Phasendifferenz in einer Ebene in der Umgebung des Punktes P ist eine Funktion verschiedener Parameter, wie Schrägentfernungen, Basislänge, Wellenlänge usw. Die Beurteilung eines echten Interferogramms ist nur möglich, wenn man die Auswirkungen der einzelnen Parameter auf das Interferogramm kennt. Aus diesem Grund werden im folgenden Abschnitt einige Beispiele vorgestellt und diskutiert.

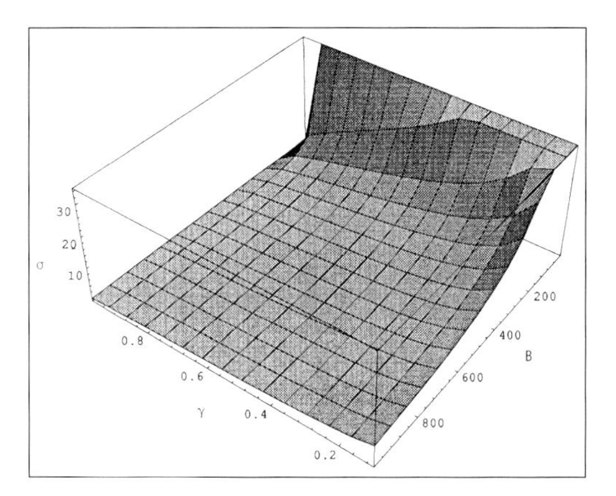

Abbildung 3
Genauigkeit in Abhängigkeit von Basislänge B und Kohärenz γ
Dependence of accuracy on base length B and coherence γ

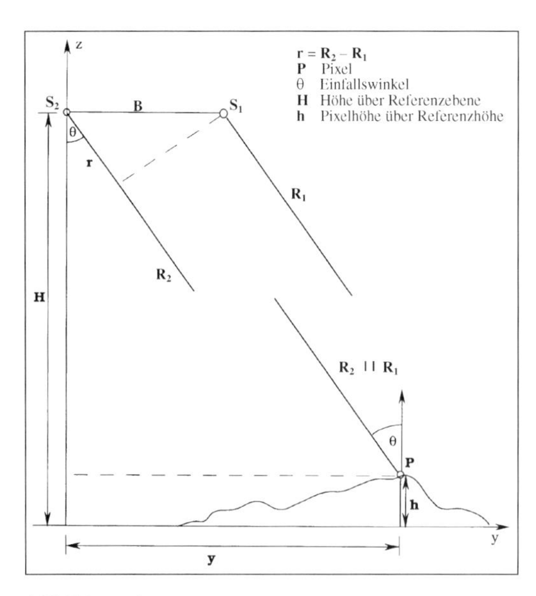

Abbildung 4
Die geometrische INSAR- und Phasenbeziehung für den vereinfachten Fall: Die Erdoberfläche wird durch eine Referenzebene dargestellt. Die Satellitenhöhe H ist für beide Positionen S_1 und S_2 dieselbe. Die Satellitenbahnen verlaufen parallel zueinander im Abstand B. Die Basislänge B ist sehr klein im Vergleich zur Schrägentfernung R, so daß die Vektoren $\mathbf{R}_1$ und $\mathbf{R}_2$ parallel zueinander verlaufen.
Geometric INSAR and phase relationships for the simplified case: The Earth's surface is presented by a reference plane. Satellite height H for positions S_1 and S_2 is identical. Satellite tracks are parallel to each other at distance B. Base length B is very small in comparison to slant range R, so that vectors $\mathbf{R}_1$ and $\mathbf{R}_2$ run parallel to each other.

3. Interferogramme

3.1. Interferogramm einer Ebene

Die partielle Ableitung der Gleichung 8 nach der Schrägentfernung liefert uns die Änderung in der Phasendifferenz, wie sie bei einer Ebene in einem Slantrange Image entstehen.

$$\Delta\phi = \frac{\delta\phi}{\delta R}\Delta R$$

$$= \left(\frac{4\pi B}{\lambda}\frac{H^2}{R^2\sqrt{R^2-H^2}}\right)\Delta R$$

$$= BK\Delta R \qquad (9)$$

und

$$K = \frac{4\pi H^2}{\lambda R^2\sqrt{R^2-H^2}}$$

$$= \frac{4\pi\cos\theta}{\lambda R\tan\theta} \qquad (10).$$

3.1.1. Abstand der Interferenzlinien ($\Delta\phi = 2\pi$) in der Ebene

In der Umgebung von P ist K eine Konstante. Die Phase des Interferogramms ändert sich deshalb kontinuierlich, kann aber nur „modulo 2π" bestimmt werden, wie oben bereits erwähnt. Die

Abbildung 5
Das Interferogramm gibt Linien konstanter Phasendifferenz an. Der Abstand zweier Interferenzlinien ist umgekehrt proportional zur Basis B. Das Interferenzbild („fringe image") ist 20 × 30 km groß, B = 30 m.
The interferogram shows the lines of constant phase difference. The distance between two interference lines is inversely proporational to basis B. The fringe image size is 20 × 30 km, B = 30 m.

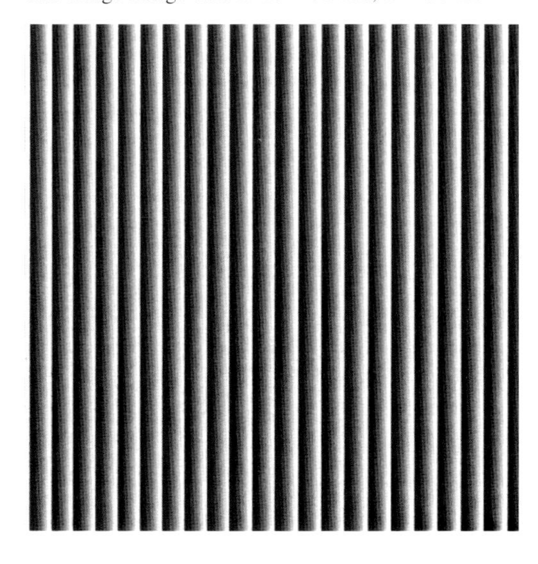

Abbildung 6
Interferogramm für den ebenen Fall, aber für nicht-parallele Satellitenbahnen
Interferogram for the level case, but for non-parallel satellite tracks

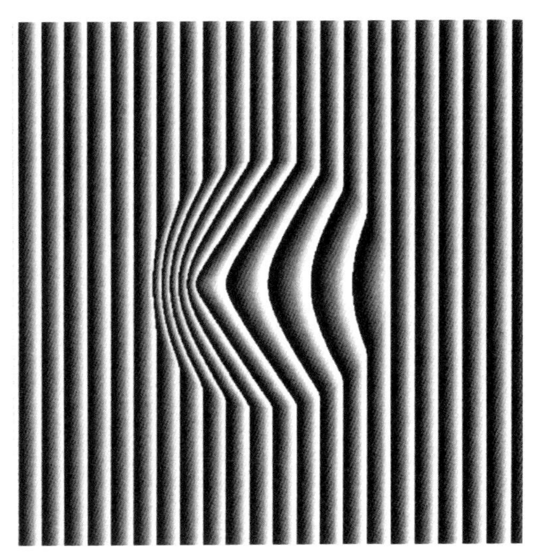

Abbildung 8
Interferogramm für den Fall, daß sich im Zentrum des Bildes ein Berg in Form eines Kegels befindet mit einer Höhe von 1200 m (B = 30 m)
Interferogram for the case that a cone-shaped mountain 1,200 m high occupies the centre of the image (B = 30 m)

Abbildung 7
Interferogramm für den ebenen Fall, aber unter der Voraussetzung, daß sich die beiden Satellitenbahnen windschief kreuzen
Interferogram for the level case, but on the condition that satellite tracks cross at oblique angles

Abbildung 9
Phasenbild, das sich aus der Szene von Abbildung 8 ergibt, wenn man das Interferogramm der flachen Erde subtrahiert
Phase image derived from the scene of Fig. 8 by subtracting the interferogram of the flat earth

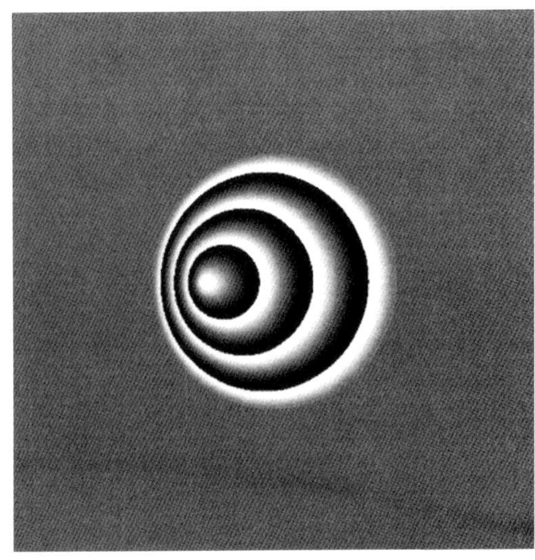

entsprechende Periodenlänge in Richtung der Schrägentfernung ergibt sich nach Gleichung 9

$$\Delta R_{2\pi} = \frac{2\pi}{KB} \quad (11).$$

In Abbildung 5 ist das Interferogramm der Ebene dargestellt, das nur durch die Veränderungen in der Schrägentfernung verursacht wird. Die Interferenzlinien (Fringes) sind die Orte konstanter Phasendifferenz $\phi = N \cdot 2\pi$, wobei N die ganzen Zahlen durchläuft. Der Abstand zweier Interferenzlinien entspricht daher einer Längendifferenz r von einer halben Wellenlänge. Durch Abzählen der dazwischenliegenden Interferenzlinien kann man daher die Mehrdeutigkeit lösen (vorausgesetzt, das Interferenzmuster ist deutlich ausgeprägt). Man benötigt aus diesem Grunde im Prinzip nur die absoluten (3D-) Koordinaten für eine Referenzposition, um dann über die Fringe-Auszählung die korrekten r-Werte auch für die Gesamtszene abzuleiten.

Die Auswirkung nichtparalleler Orbits ist in Abbildung 6 dargestellt. Je nach Winkellage der beiden Bahnen ändert sich die Basislänge vom Anfang bis zum Ende der Szene um einen Betrag ΔB. Diese Veränderung verursacht zusätzlich Fringes (d. h. Interferenzlinien) in Azimutrichtung, die sich den Fringes in Slantrange-Richtung überlagern (wie leicht durch partielle Ableitung der Gleichung 8 nach der Basis ermittelt werden kann).

$$\Delta\phi_A = \left(\frac{4\pi}{\lambda} \sin\theta\right) \Delta B \quad (12).$$

Wie im Vergleich zwischen den Abbildungen 5 und 6 zu ersehen ist, bewirkt die Nichtparallelität eine Neigung der Fringes.

Überkreuzen sich die (windschiefen) Satellitenbahnen, dann werden die Fringemuster komplizierter, wie in Abbildung 7 gezeigt wird.

Befinden sich in der Ebene Erhöhungen oder Vertiefungen, so wird der Verlauf des Interferenzmusters durch diese Höhenveränderung gestört. Eine solche Störung ist in Abbildung 8 dargestellt. Auf die Ebene ist ein Kegel plaziert, der eine deutliche Verschiebung bei den Fringes verursacht.

Hier wird auch der Unterschied in den Abbildungseigenschaften zwischen Radar- und optischem Bild deutlich. Die dem Satelliten zugewandte Kegelseite bildet sich verkürzt ab, während die abgewandte Seite gedehnt erscheint. Wird das Interferogramm der Ebene abgezogen, so bleibt das gesuchte Muster, das die Höheninformation enthält, übrig (Abb. 9). Dieses ist ein „Phasenbild", das generell für die Bestimmung der Höhe verwendet wird.

Je nach Anforderung wird die Referenzfläche verschieden präzise ermittelt: Zieht man von dem Interferenzbild das Interferogramm der Referenzebene ab, dann genügt dies nur für relativ kleine Flächen. Für größere Szenen zieht man das Interferenzbild der kugelförmigen Erdoberfläche ab, für größere Ansprüche das des Ellipsoids. Man erhält dann über das Phasenbild das digitale Geländemodell über dieser Referenzfläche, falls es sich um die nackte Erdoberfläche handelt.

Bebaute oder bewachsene Regionen, die das Interferogramm erfaßt, liefern als Phasenbild dann das digitale Elevationsmodell DEM.

3.1.2. Berechnung der Höhe aus der Phasendifferenz

Da die Geländehöhe h klein gegenüber der Satellitenhöhe H ist, gilt

$$\begin{aligned} \Delta\phi &= \frac{\delta\phi}{\delta H} h \\ &= -\frac{4\pi}{\lambda} \left(\frac{BH}{R\sqrt{R^2 - H^2}}\right) h \\ &= \frac{KB}{\cos\theta} h \end{aligned} \quad (13)$$

und damit für h

$$\begin{aligned} h &= -\frac{\Delta\phi\lambda}{4\pi \left(\frac{BH}{R\sqrt{R^2 - H^2}}\right)} \\ &= -\frac{\Delta\phi\cos\theta}{KB} \end{aligned} \quad (14).$$

Weil die Phase ϕ und somit auch der Wert von $\Delta\phi$ nur im Bereich von $0 - 2\pi$ gemessen wird, kann die Höhe nur in einem eingeschränkten Bereich eindeutig bestimmt werden. Dieser Bereich ergibt sich mit $\Delta\phi = 2\pi$ zu

$$h_{2\pi} = -\frac{2\pi\lambda}{4\pi\left(\frac{BH}{R\sqrt{R^2 - H^2}}\right)}$$

$$= -\frac{\lambda R \sqrt{R^2 - H^2}}{2BH}$$

$$= -\frac{\lambda R \tan\theta}{2B} \qquad (15).$$

Bei ERS-1 erhalten wir in Abhängigkeit der Basislänge für den eindeutigen Höhenbereich $h_{2\pi}$ Werte von wenigen Metern bis tausend Meter. (Bei einer Basislänge von 100 m beträgt der Eindeutigkeitsbereich ca. 93 m.)

3.1.3. Lösung der Phasenmehrdeutigkeiten (unwrapping)

Der maximale Höhenbereich von $h_{2\pi}$ liefert ein Höhenmodell, in dem alle Erhöhungen und Vertiefungen auf diesen Bereich reduziert werden. Wird der Höhenwert $h_{2\pi}$ überschritten, so wird die Höhe modula $h_{2\pi}$ dargestellt (Abb. 10). Die dadurch verursachten Mehrdeutigkeiten im Höhenbild müssen gelöst werden, um zu einem fehlerfreien digitalen Höhenmodell zu gelangen.

Bei ungestörten Interferenzmustern und mit der Annahme, daß die Phasendifferenz zwischen zwei benachbarten Pixeln stets kleiner als π ist, kann entlang eines beliebig ausgewählten Weges die Höhe aufintegriert werden. Kontrollen lassen sich durch die Überprüfung geschlossener Höhenlinien vornehmen.

Abbildung 10
Effekt der Mod-2π-Phasenmessung (Wrapping)
Effect of mod 2π phase measuring (wrapping)

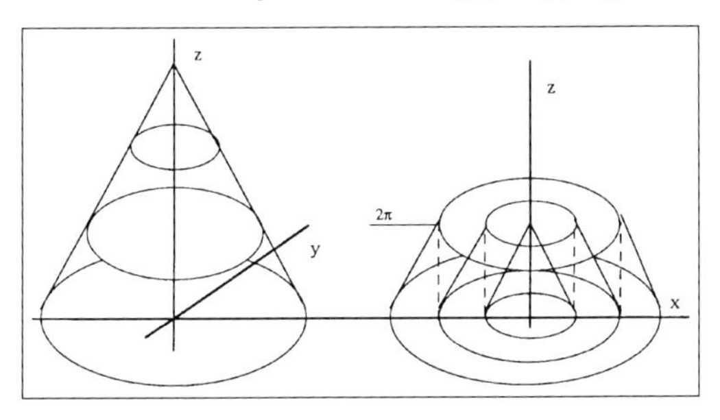

Im echten SAR-Interferogramm ergeben sich aber einige Schwierigkeiten durch Störungen mit Unterbrechung der Muster, die nur durch besondere Verfahren gelöst werden können. Diese Störungen werden hauptsächlich verursacht durch fehlende Phaseninformation (z. B. wegen der ständigen Phasenschwankungen auf der bewegten Wasseroberfläche oder durch die fehlende Kohärenz aufgrund von Veränderungen in der zweiten Szene, z. B. durch die Vegetation, ferner aufgrund von Layover- und Shadowing-Effekten infolge zu großer Steigung bzw. Höhenveränderung zwischen zwei benachbarten Pixeln usw.).

Sind solche Störungen vorhanden, bereitet die Lösung der Mehrdeutigkeiten meist erheblichen Aufwand. Es können vor allem die folgenden Methoden eingesetzt werden:

- Ein einfacher Algorithmus zur Minimierung der Phasendifferenz benachbarter Pixel, indem 2π adddiert oder subtrahiert wird. Dieses Verfahren kann nur bei sauberen Interferenzmustern sinnvoll angewendet werden. Gestörte Gebiete werden bei der Bearbeitung ausgeblendet.
- Identifikation von „ghost lines“ (PRATI et al. 1990): Die Integration über einen geschlossenen Weg muß bei ungestörten Daten 0 ergeben. Dies kann sich auch bei zweimaligem Überschreiten von „ghost lines“ ergeben. Weicht die Summe von 0 ab, wird der Bereich auf ein Minimum eingeengt und als „singulärer Punkt“ erklärt. Die korrekte Verknüpfung singulärer Punkte führt zu einem richtigen Höhenbild.
- Verwendung der Kantendetektion bei den Fringes, um im Phasendifferenzbild fortlaufende Fringes zu verfolgen (LIN et al. 1992). Fringes dürfen nur am Bildrand enden, ansonsten müssen sie geschlossen sein.
- Nutzung zweier Bildpaare mit unterschiedlicher Basislänge. Die geeignete Verknüpfung der unterschiedlichen Bereiche von $h_{2\pi}$ ermöglicht die Ausdehnung des Eindeutigkeitsbereichs bei der Höhe. Hier begrenzt hauptsächlich das SNR im Interferogramm die volle Ausschöpfung des Bereichs. Zur Verbesserung des Interferogramms können die Daten mit einem Filter nochmals geglättet werden, wobei auf die Höhendynamik in dem betroffenen Gebiet geachtet werden muß.

– Kombination von zwei Phaseninterferogrammen

$$h_1 = (N_1 * 2\pi + \phi_1)\, k_1$$

$$h_2 = (N_2 * 2\pi + \phi_2 + \phi_0)\, k_2 \qquad (16)$$

(N_1, N_2 = Integerwerte; ϕ_0 = Phasen-Biasterm; k_1, k_2 = Umrechnungsfaktoren in Abhängigkeit der Basislänge).

Ziel ist es, durch geeignete Wahl der Integer $N_{1/2}$ und ϕ_0 die Höhenwerte h_1 und h_2 gleich groß zu machen. Dieses Verfahren kann noch durch Einbeziehung der unmittelbaren Umgebung eines Pixels stabilisiert werden.

4. Differentielle INSAR-Technik

Für die differentielle INSAR-Technik werden in der Regel drei oder mehr SAR Aufnahmen vom selben Gebiet benötigt. Daraus werden mindestens zwei Phaseninterferogramme berechnet. Die Phaseninterferogramme entsprechen hier direkt der Höheninformation des Geländes. Die Differenz zwischen beiden Phaseninterferogrammen muß bei unverändertem Gelände einen konstanten Phasenwert über das gesamte Bild ergeben (abgesehen von Gebieten ohne Kohärenz usw.). Zeigen sich aber deutliche Abweichungen, so kann an diesen Stellen mit Veränderungen der Geländeoberfläche gerechnet werden.

Die Empfindlichkeit der differentiellen INSAR-Technik beruht darin, daß die Höhenveränderung bei der zweiten Szene direkt in eine Entfernungsänderung bei der Schrägentfernung R_2 und damit in eine Phasenänderung übergeht. Bei der Berechnung des Interferogramms wird dieser Phasensprung als eine Höhe interpretiert und verursacht damit einen Fehler im Höhenbild. Dieser Fehler kann in Abhängigkeit von der Basislänge dann sehr große Werte annehmen (Basislänge 10 m und Höhenverschiebung um 2 cm ergibt einen Höhenfehler von ca. 380 m).

Wenn die Höhenveränderungen größer als eine halbe Wellenlänge sind, so wird nur der Rest modulo $\lambda/2$ aus der Phasenmessung erkannt. Wir treffen also auch hier wieder auf das Problem der Lösung der Phasenmehrdeutigkeiten von Abbildung 11.

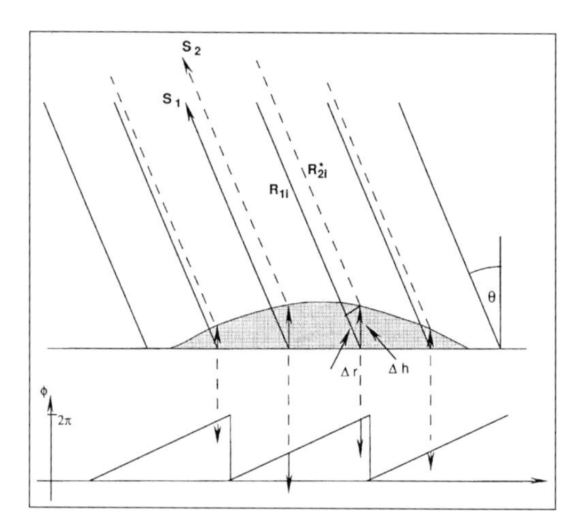

Abbildung 11
D-INSAR-Methode
D-INSAR method

Sind Kenntnisse von der Topographie des Geländes vorhanden, so kann auch bereits mit einem Phaseninterferogramm eine Veränderung bzw. Bewegung erkannt werden, z. B. wenn in einer Ebene deutliche Fringes auftreten.

Da alle Änderungen, wie Laufzeitvariationen der Atmosphäre, Oszillatordriften usw., einen gleichen Effekt aufweisen, aber für eine Szene weitgehend von gleicher Größe sind, ergibt sich ein unbekannter Offset, der aber immer durch das Anbinden an eine bekannte Höhe in der Szene entfernt werden kann:

$$\Delta r = \Delta h \cos\theta$$

$$R^*_{2i} = R_{2i} - \Delta r$$

$$\Delta R = R_{2i} - R_{1i}$$

$$\Delta R^* = R^*_{2i} - R_{1i} = R_{2i} - R_{1i} - \Delta r = \Delta R - \Delta r$$

$$\phi^* = \frac{4\pi}{\lambda}(\Delta R - \Delta r) = \phi - \frac{4\pi}{\lambda}\Delta r = \phi - \Delta\phi$$

$$\Delta\phi = \frac{4\pi}{\lambda}\Delta r \qquad (17).$$

Eine Höhenänderung von 2 cm verursacht demnach einen Phasensprung von $\Delta\phi \approx 230°$. Dies entspräche nach der INSAR-Berechnung einem topographischen Höhenunterschied von ca. 37 m bei einer Basislänge von 100 m. Abbildung 12 a zeigt ein Interferogramm, das den Vorgang einer Absenkung simuliert. Zieht man

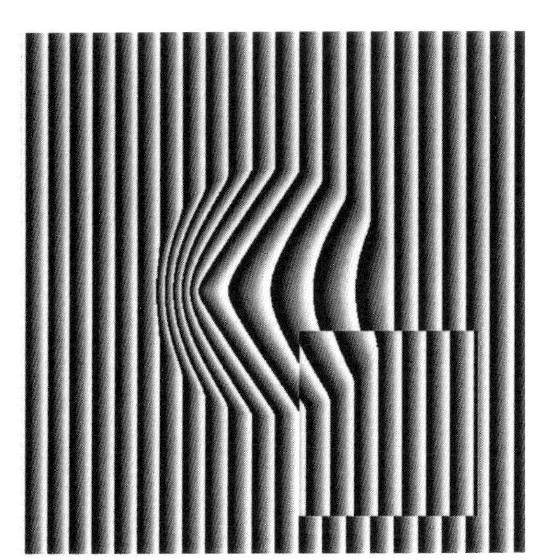

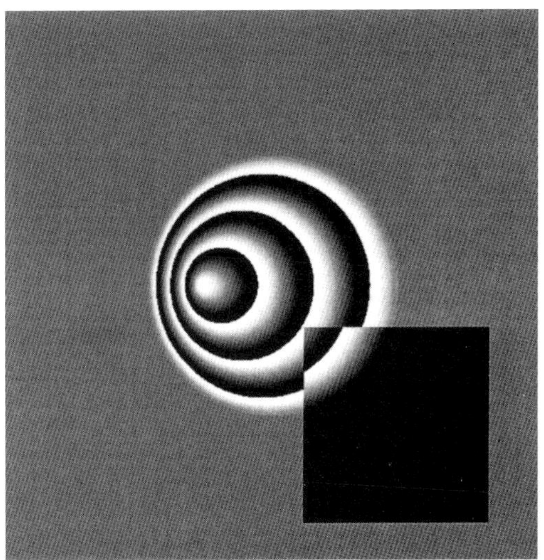

Abbildung 12 a Abbildung 12 b
Interferogramm von Abbildung 5 für den Fall, daß sich in dem eingezeichneten Quadrat in der Zeit zwischen den beiden Aufnahmen eine Absenkung der Oberfläche ereignete
Interferogram of Fig. 5 for the case that subsidence took place within the square between the taking of the two scenes

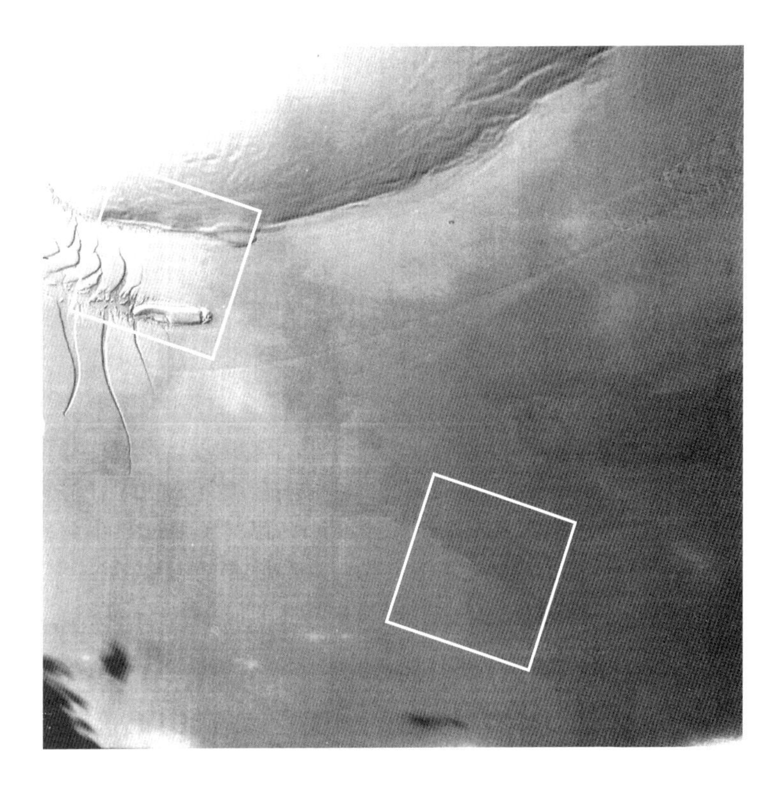

Abbildung 13
Antarktisszene TM-Bild
TM scene, Antarctic

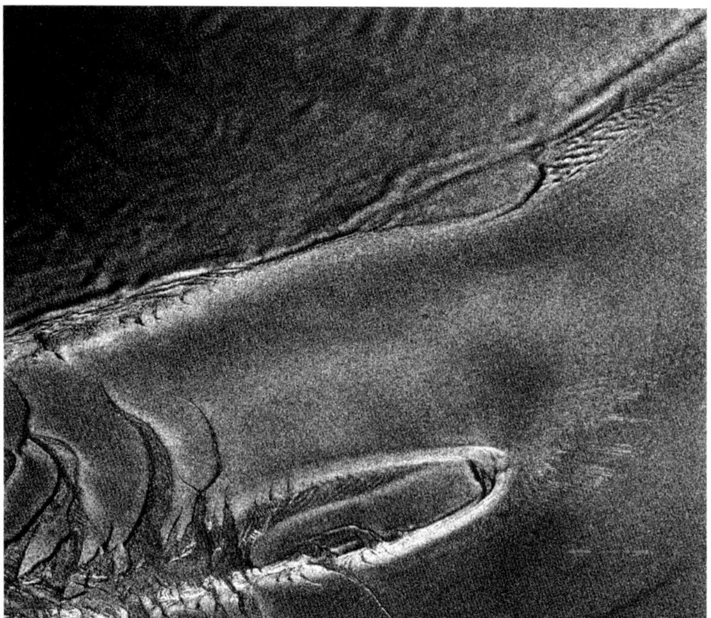

Abbildung 14
SAR-Bild der Szene „Hemmen Ice Rise" von Abbildung 13
SAR image of scene "Hemmen Ice Rise" of the area shown in Fig. 13

a)
Intensität
Intensity

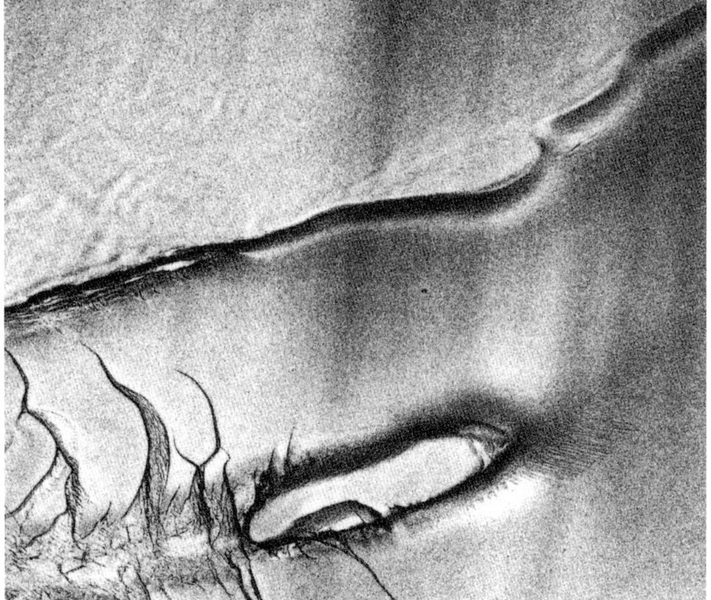

b)
Kohärenz
Coherence

das Interferogramm der Referenzebene ab, dann ergibt sich die Darstellung der Abbildung 12 b.

Die so simulierte Höhenänderung könnte auch nichtgeometrischer Natur sein, nämlich bedingt durch die bodeninhärente Änderung der Rückstreuphase aufgrund der wechselnden Feuchtigkeit, Bodenfeuchtigkeitsänderung, Vegetation usw.

Bleibt das Rückstreuverhalten der Oberfläche erhalten und sind die Veränderungen klein oder haben einen kontinuierlichen Übergang, so können die Verschiebungen nach der differentiel-

c)
Phasenbild
Phase image

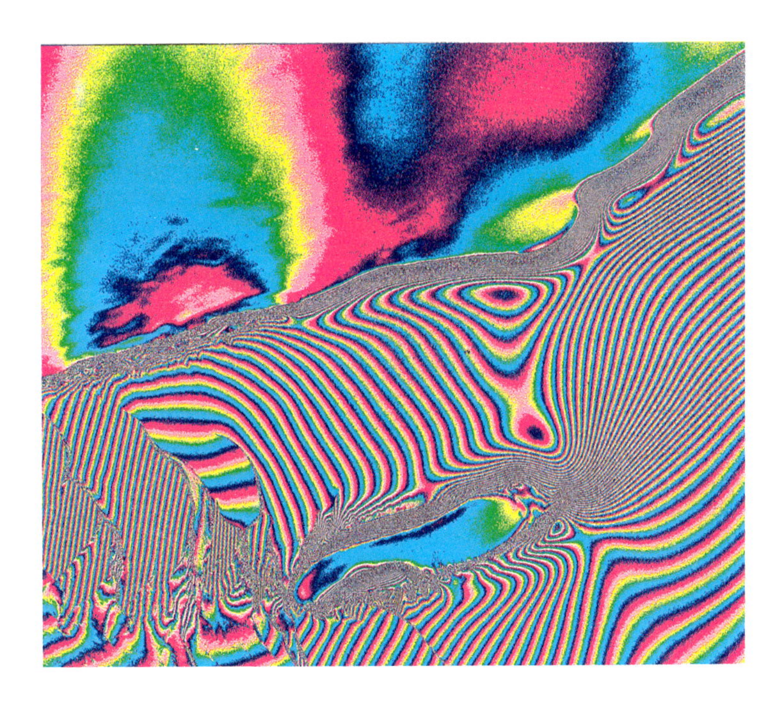

len Methode bestimmt werden. Ein Beispiel hierfür wurde von MASSONET et al. (1993) bei einem Erdbeben in Kalifornien gegeben.

5. Antarktis

Im Rahmen des OEA-Programms förderte das BMFT die Entwicklung und Nutzung der SAR-Interferometrie am Institut für Navigation. Über einige Ergebnisse und Probleme soll daher im folgenden berichtet werden.

Dabei werden zwei Regionen in den Vordergrund der Beschreibung gerückt: das Testgebiet direkt auf dem Ronne Iceshelf, welches extrem homogene Verhältnisse aufweist und in dem das IFAG dankenswerterweise die von uns konstruierten Corner-Reflektoren aufbaute und deren Positionen mit Hilfe von GPS bestimmte. Als zweites Gebiet betrachten wir die Gegend um Hemmen Ice Rise, ebenfalls auf dem Ronne Iceshelf, aber nahe zum Berkner Island und zum offenen Meer. In dem Thematic-Mapper-Bild von Abbildung 13 sind beide Regionen gekennzeichnet. Im Testgebiet sind kaum Signaturen erkennbar. Das trifft übrigens auch für das entsprechende SAR-Intensitätsbild zu. Deshalb konnte im Testgebiet eine Grobanpassung des INSAR-Bildpaares nur über die CR erreicht werden. Nach der Bildanpassung zeigt sich aber doch ein sehr deutliches Interferenzmuster, das für die Höhenbestimmung Verwendung finden konnte. Bei einem zweiten Bildpaar konnte, bedingt durch die Veränderungen der Oberflächenbeschaffenheit, kein Intereferenzmuster erzeugt werden. Jedoch ist nicht ausgeschlossen, daß durch die Degradation der Kohärenz Rückschlüsse auf die Schneebeckung möglich werden. Bislang fehlen jedoch längere Meßreihen, die eine realistische Modellierung zulassen.

Ganz anders sind die Verhältnisse in der Gegend um Hemmen Ice Rise: Dort treffen wir auf deutlichere topographische Strukturen und außerdem auf sehr komplexe Effekte, da das Eis als Volumenstreuer, die Eisbewegungen mit regional unterschiedlichen Geschwindigkeiten, Hebungen und Senkungen durch die Gezeiten sowie Bruchzonen für das Interferenzbild von Einfluß sind. Hier strömt das Schelfeis entlang dem Berkner Island und gegen die Insel Hemmen Ice Rise. In der weitgehend ebenen Fläche des Schelfeises zeigen sich aber sehr deutliche Interferenzmuster, die nur durch die Veränderungen interpretiert werden können. In der Abbildung 14 sind Intensitäts-, Kohärenz- und

Phasenbild dargestellt. Die Kohärenz im Gesamtbild ist sehr hoch, mit Ausnahme der Rand- und Bruchzonen. Für die Analyse werden derzeit weitere SAR-Szenen bearbeitet, da nur so die Separation und Interpretation der diversen Effekte möglich wird.

6. Ausblick

Die jetzigen Forschungsergebnisse bieten eine Basis, die hohe Leistungsfähigkeit und vielfältige Nutzung der interferometrischen SAR-Technik positiv zu beurteilen. Eine Reihe von Einsatzmöglichkeiten wird mit Hilfe von ERS-1, ERS-2 und Radarsat in den nächsten Jahren möglich weden. Aber es sind noch erhebliche Forschungs- und Entwicklungsarbeiten zu leisten, ehe das Potential dieser Technik voll ausgeschöpft und in operationelle Anwendungen überführt werden kann. Anstehende Aufgaben betreffen die großflächige Bearbeitung im Batchbetrieb zur Generierung der digitalen Elevationsmodelle in den verschiedenen Maßstäben, ferner die simultane Ausnutzung vieler SAR-Bildfolgen für die Separierung der unterschiedlichen Effekte, die sich im Interferogramm äußern (eindeutige Parametrisierung) und die globale Nutzung für diverse Monitoring-Aufgaben, u. a. im Bereich der Desasterforschung.

Danksagung

Dieses Vorhaben wird als OEA-Teilprojekt 9 POL0052 im Rahmen des „Ozean, Eis, Atmosphäre"-Gemeinschaftsprojektes vom BMFT gefördert.

Die ESA stellte die SAR-Daten des ERS-1 für dieses Projekt zur Verfügung. Durch die Kollegen aus den anderen OEA-Teilprojekten und aus dem PIPOR-Projekt erhielten wir wertvolle Unterstützung. Allen sei an dieser Stelle gedankt.

Literatur

Carande, R. E. (1992): Dual Baseline and Frequency Along-Track Interferometry. Proceedings of IGARSS '92, Houston: 1585–1588.

Carmona, C., Massonnet, D., & M. Rossi (1993): An Earthquake Test Site Studied by Differential Interferometry. International Symposium – From Optics to Radar, SPOT and ERS-Applications. Paris.

Coulson, S. (1993): ERS-1-SAR-Interferometry. International Symposium – From Optics to Radar, SPOT and ERS-Applications, Paris, 10–13th May, 1993.

ESRIN/ERS Missions Section ERS-1-Fringe (1992): Proceedings of 1st Workshop. ESA ESRIUN, Frascati, 12th October, 1992.

Gabriel, A. K., & R. M. Goldstein (1988): Crossed Orbit Interferometry: Theory and Experimental Results from SIR B. Int. Journal Remote Sensing, **9** (5): 857–872.

Gabriel, A. K., Goldstein, R. M., & H. A. Zebker (1989): Mapping Small Elevation Changes Over Large Areas: Differential Radar Interferometry. Journal of Geophysical Research, **94** (B8): 9183–9191.

Gabriel, A. K., Goldstein, R. M., & H. A. Zebker (1990): Method for detecting surface motions and mapping small terrestrial or planetary surface deformations with synthetic aperture radar. patent.

Goldstein, R. M., Zebker, H. A., & C. L. Werner (1988): Satellite radar interferometry two-dimensional phase unwrapping. Radio Science, **23** (4): 713–720.

Graham , L. C. (1974): Synthetic Interferometer Radar for Topographic Mapping. Proceedings of the IEEE, **62** (6): 763–768.

GRAY, A. L., MATTAR, K. E., & P. J. FARRIS-MANNING (1992): Airborne SAR-Interferometry for Terrain Elevation. Canada Centre for Remote Senisng (CCRS) Ottawa, K1A 0Y7 (IEEE).

HARTL, P. (1991): Application of Interferometric SAR-Data of the ERS-1-Mission for High Resolution Topographic Terrain Mapping. GIS, (2): 8–14.

HARTL, P., u. K.-H. THIEL (1993 a): Bestimmung von topographischen Feinstrukturen mit interferometrischem ERS-1-SAR. Zeitschrift für Photogrammetrie und Fernerkundung, **3**: 108–114.

HARTL, P., & K.-H. THIEL (1993 b): Fields of Experiments in ERS-1 SAR Interferometry in Bonn and Napex. International Symposium – From Optics to Radar, SPOT and ERS-1 Applications, Paris, 10th–13th May, 1993.

HIROSAWA, H., & N. KOBAYASHI (1986): Terrain height measurement by synthetic aperture radar with an interferometer. Int. J. Remote Sensing, **7** (3): 339–348.

KUEHN, C. E., HIMWICH, W. E., CLARK, T. A., & C. MA (1991): An evaluation of water vapor radiometer data for calibration of the wet path delay in very long baseline interferometry experiments. Radio Science, **26** (6): 1381–1391.

LI, F., & R. M. GOLDSTEIN (1990): Studies for multibaseline spaceborne interferometric synthetic aperture radars. IEEE Geoscience and Remote Sensing, **28** (1): 88–97.

LIN, Q., VESECKY, J. F., & H. A. ZEBKER (1991): Topography Estimation with Interferometric Synthetic Aperture Radar Using Fringe Detection. Proceedings of IGARSS '91, Espoo: 2173–2176.

LIN, Q., VESECKY, J. F., & H. A. ZEBKER (1992): Registration of Interferometric SAR Images. Proceedings of IGARSS '93, Houston: 1579–1581.

LIN, Q., VESECKY, J. F., & H. A. ZEBKER (1992): New approaches in interferometric SAR data processing. IEEE Transactions on Geoscience and Remote Sensing, **30** (3): 560–567.

MASSONET, D., ROSSI, M., CARMONA, C., ADRAGNA, F., PELTZER, G., FEIGL, K., & T. RABAUTE (1993): The Displacement Field of the Landers Earthquake Mapped by Radar Interferometry. Nature, **364**: 138–142.

MOCCIA, A., & S. VETRELLA (1992): A tethered interferometric synthetic aperture radar (SAR) for a topographic mission. IEEE Transactions on Geoscience and Remote Sensing, **30** (1): 10–109.

PRATI, C., & F. ROCCA (1990): Limits to the resolution of elevation maps from stereo SAR images. Int. J. Remote Sensing, **11** (12): 2215–2235.

PRATI, C., ROCCA, F., & A. M. GUARNIERI (1989): Effects of Speckle and Additive Noise on the Altimetric Resolution of Interferometric SAR (ISAR) Surveys. Proc. IGARSS '89 Symp., Vancouver, 2469–2472.

PRATI, C., ROCCA, F., GUARNIERI, A.M., & E. DAMONTI (1990): Seismic migration for SAR focusing: Interferometrical applications. IEEE Geoscience and Remote Sensing, **28** (4): 627–639.

RODRIQUEZ, E., & J. M. MARTIN (1992): Theory and design of interferometric synthetic aperture radars. IEEE Proceedings – F, Radar and Signal Processing, 1, **39** (2): 147–159.

SCHREIER, G. [Ed.] (1993): SAR Geocoding: Data and Systems. Karlsruhe.

SEYMOUR, M. S., & T. E. SCHEUER (1992): Aspects of Terrain Height Estimation Using Interferometric SAR. Proceedings of IGARSS '92, Houston: 1573–1575.

SHINOHARA, H., HOMMA, T., NAGATA, H., NOHMI, H., HIROSAWA, H., & S. MASUDA (1992):
Simulation of Interferometric Synthetic Aperture Radar Images.
Proceedings of IGARSS '92, Houston: 1592–1594.

VIERGEVER, M. A. (1991):
Pore Water Pressures and Subsidence in Long Term Observations, Land Subsidence. Proceedings of the Fourth International Symposium on Land Subsidence: 575–584

ZEBKER, H. A., & R. M. GOLDSTEIN (1985):
Topographic mapping from interferometric Synthetic Aperture Radar observation. Proc. IGARSS '85, Amherst, Mass. (New York: IEEE): 113–117.

ZEBKER, H. A., MADSEN, S. N., & J. MARTIN (1992):
The TOP-SAR Interferometric Radar Topographic Mapping Instrument. Digest IGARSS '92, Houston, Texas.

ZEBKER, H. A., & J. VILLASENOR (1992):
Decorrelation in Interferometric Radar Echos.
IEEE Transactions on Geoscience and Remote Sensing, **30**: 950–959.

Verwendung der ERS-1-Radaraufnahmen zur Erzeugung digitaler Höhenmodelle der Antarktischen Halbinsel

THOMAS FIKSEL u. ROLF HARTMANN

Summary:
Use of ERS 1 radar images for creating Digital Elevation Models of the Antarctic Peninsula

Information on terrain surface shape (Digital Elevation Models/DEM) is of special interest for remote sensing, geography, geology, meteorology and other applications. In the present case ERS-1 microwave sensor data (SAR) are used to produce DEMs for the Antartic Peninsula with Shape-from-Shading method. The principle of Shape-from-Shading is to use the grey level-to-incidence angle relationship of SAR images for calculating an elevation model. A new approach and a software-system are being developed for improving existing DGMs and for geocoding SAR images. Improvement of a DGM translates into maps with a higher resolution. The method described is applied to test areas on James Ross Island. The results show that Shape-from-Shading is able to provide elevation information at a 20 m pixel raster with highly resolved details and to suppress noise errors.

Zusammenfassung:

Informationen über die Erdoberfläche in Form eines digitalen Geländemodells (DGM) haben für die Geographie, Geologie, Meteorologie und andere Anwendungen besondere Bedeutung. Es werden die Radar-Sensor-Daten (SAR – *S*ynthetic *A*perture *R*adar) des ERS-1-Satelliten verwendet, um von der Antarktischen Halbinsel mit Hilfe der Methode „Shape-from-Shading" digitale Höhenmodelle zu bestimmen. Das Prinzip dieser Methode besteht darin, Beziehungen zwischen dem Grauwert eines SAR-Bild-Pixels und seinem Anstiegswinkel zu verwenden, um daraus ein Höhenmodell zu berechnen. Eine neue Methodik und ein Softwaresystem werden entwickelt mit dem Ziel, vorhandene DGM zu verbessern und SAR-Bilder zu geocodieren. Verbesserung eines DGM bedeutet, eine höhere Auflösung zu erhalten. Die beschriebene Methode wird auf Testgebiete der Jame-Ross-Insel angewendet. Die Resultate zeigen, daß das Shape-from-Shading geeignet ist, Höhen in einem 20-m-Pixel-Raster mit hoch aufgelösten Details zu erhalten und Rauschfehler zu unterdrücken.

1.
Einleitung

Informationen über die terrestrische Oberfläche in Form eines digitalen Geländemodells (DGM) haben eine besondere Bedeutung für die Geographie, Geologie, Meteorologie und andere Anwendungen. Speziell für schwer zugängliche Regionen, wie Polargebiete der Erde oder andere Planeten, ist mit Hilfe von satellitengestützten Radaraufnahmen eine effektive Technik gegeben, um DGM zu erzeugen.

Es werden die Radar-Sensor-Daten (SAR – *S*ynthetic *A*perture *R*adar) des ERS-1-Satelliten verwendet, um von der Antarktischen Halbinsel mit Hilfe der Methode „Shape-from-Shading" vorhandene digitale Höhenmodelle zu verbessern, vor allem in der Hinsicht, höher aufgelöste Modelle zu erhalten sowie Fehler zu beseitigen.

Das Grundprinzip der „Shape-from-Shading"-Methode besteht darin, die Beziehungen zwischen dem Grauwert eines SAR-Bild-Pixels und dem in diesem Punkt bestehenden Anstiegswinkel zu bestimmen und, ausgehend von einer Anfangshöhe, weiter Höhenwerte zu berechnen.

Für die Verfahrensentwicklung wurde als ein Testgebiet die James-Ross-Insel ausgewählt. Hierfür stehen SLC-SAR-Daten der ESA und vom Institut für Angewandte Geodäsie bereitgestellte DGM geringerer Auflösung im 480 × 480-m-Raster sowie eine Landsat-TM-Szene zur Verfügung.

Das diesem Bericht zugrunde liegende Vorhaben wurde mit Mitteln des Bundesministers für Forschung und Technologie unter dem Förderkennzeichen 03PL508A unterstützt. Die Verantwortung für den Inhalt dieser Veröffentlichung liegt bei den Autoren.

2. Verfahren

2.1. Mathematische Grundlagen

In der Literatur sind bereits mehrfach Algorithmen zur Anwendung der Methode „Shape-from-Shading" dargestellt worden. Im folgenden wird diese Methode daher nur so weit beschrieben, wie sie im Rahmen diese Artikels angewendet wird. Für die detaillierte Darstellung sei der interessierte Leser auf BRUCKSTEIN (1988), GUIDON (1989), ELACHI (1988), HARTMANN (1992), HARTMANN (1993), SIEVERS (1992) und THOMAS (1990) verwiesen.

Es werden folgende Bezeichnungen verwendet:

$S = ((s_{ij}))$ SAR-Bild
$i = 1, ..., n$ Range-Richtung
$j = 1, ..., m$ Azimutrichtung

$A = ((a_j))$ Anfangshöhenwerte
$j = 1, ..., m$

$R(\cdot)$ Reflectance Map (funktionaler Zusammenhang zwischen dem Grauwert s_{ij} des SAR-Bildes und dem Anstieg im Pixel ij)

$H = ((h_{ij}))$ Höhenmodell
$i = 1, ..., n$
$j = 1, ..., m.$

Eine Berechnung des Höhenmodells aus dem SAR-Bild ergibt sich aus

$$h_{ij} = a_j + \sum_{l=1}^{i} R(s_{lj}) \quad (1).$$

Formel (1) berücksichtigt allerdings nicht den Umstand, daß die vom Radar beobachtete Oberfläche inhomogen ist. Das heißt, in Abhängigkeit von der Oberfläche (z. B. Fels, Gletscher, nasser Schnee, trockener Schnee, Wasser usw.) wird sich der funktionale Zusammenhang zwischen Grauwert und Anstieg ändern. Es ist daher notwendig, das SAR-Bild zu klassifizieren, d. h., jeder zu einem „gleichartigen" Gebiet gehörende Grauwert s_{ij} bekommt eine Klassenzuordnung k_{ij}. Es seien

$K = ((k_{ij}))$
Klassenzerlegung des SAR-Bildes S

$R_k(\cdot)$ Reflectance Map der Klasse k.

Die Formel (1) erhält damit folgende Gestalt

$$h_{ij} = a_j + \sum_{l=0}^{i} R_{k_{lj}}(s_{lj}) \quad (2).$$

Eine weitere Modifikation besteht darin, daß das SAR-Bild S in Frequenzkomponenten S', S'', ..., zerlegt wird, so daß

$$s_{ij} = s'_{ij} + s''_{ij} + ... \quad (3).$$

Für jede einzelne Komponente werden nach (1) bzw. (2) jeweils die zugehörigen Höhen h'_{ij}, h''_{ij}, ... bestimmt, und die Höhe h_{ij} erhält man dann durch

$$s_{ij} = h'_{ij} + h''_{ij} + ... \quad (4).$$

Die Frequenzzerlegung erfolgt mit Hilfe von

$$f_{ij}^{st} = \frac{1}{(s+1)(t+1)} \sum_{l=-s/2}^{s/2} \sum_{k=-t/2}^{t/2} s_{i+l,j+k} \quad (5).$$

Für gewählte Filterweiten s > u und t > v ergibt sich eine Zerlegung in zwei Komponenten mit

$$s'_{ij} = f_{ij}^{st}, \qquad s''_{ij} = f_{ij}^{uv} - s'_{ij}.$$

Die Komponente s' enthält dann den mittelfrequenten Anteil, die Komponente s'' den hochfrequenten Anteil.

2.2. *Anfangswertbereitstellung und Bestimmung der Reflectance Map*

Anfangswerte kann man einmal an Küstenlinien erhalten. Ausgehend von diesen, werden Höhen mit den Formeln (1) bzw. (2) berechnet. Man startet zunächst in einem SAR-Bild, welches Küsten enthält. Da sich die SAR-Bilder meist überschneiden, erhält man dann auch für Bilder, die keine Küsten haben, Anfangswerte. Dieses Vorgehen ist allerdings nur bedingt nutzbar. Einmal ist die Summation mittels (1) oder (2) nur in Range-Richtung oder entgegengesetzt möglich, und in dieser Richtung muß nicht notwendig eine Küste sein. Zum anderen erfordert das beschriebene Vorgehen eine „ideale" Reflectance Map und auch, daß die Grauwerte nur vom Geländerelief und von der jeweiligen Klasse abhängen. Die praktischen Erfahrungen zeigen leider, daß dies nicht so ist. Schwierigkeiten gibt es bei der Klasseneinteilung (die Klasse selbst ist nicht homogen) und auch dabei, daß weitere Störeinflüsse auf die Radarreflexion wirken und damit den Grauwert s_{ij} beeinflussen. Mit wachsendem i wird der Fehler in der berechnete Höhe immer größer. Ein Ausweg aus dieser Situation ist die Nutzung von Vergleichswerten, die aus DGM mit geringerer Auflösung gewonnen werden. Es seien

$$V = ((v_{ij})) \quad \text{Vergleichshöhenmatrix}$$
$$i = 1, \ldots, n$$
$$j = 1, \ldots, m,$$

wobei die Matrix schwach besetzt ist, d. h., für die meisten Paare ij hat v_{ij} keinen Wert. Die Höhe berechnet sich nun aus

$$h_{ij} = v_{ij} + \sum_{l=i_i}^{i} R_{lj}\,(s_{lj}) \qquad (6),$$

wobei i_i der größte Index < i ist, für den $v_{i_i j}$ einen Wert hat.

Die Reflectance Map bestimmt man derart, daß in einem homogenen Gebiet (z. B. in der Klasse k) ausgehend von einem Anfangsvergleichswert $b^j_A = v_{i^j_A,j}$ gleiche Grauwerte entlang der Range-Richtung bis zu einem Endvergleichswert $b^j_E = v_{i^j_E,j}$ gezählt und in einer Matrix $C = ((c_{qp}))$ abgelegt werden. Man wiederholt diese Anzahlbestimmung P-mal und stellt nun das folgende Gleichungssystem auf:

$$\begin{aligned} b_A^{j+1} + c_{1,1}x_1 + c_{2,1}x_2 + \Lambda + c_{Q,1}x_Q &= b_E^{j+1} \\ b_A^{j+2} + c_{1,2}x_1 + c_{2,2}x_2 + \Lambda + c_{Q,2}x_Q &= b_E^{j+2} \\ &\vdots \\ b_A^{j+P} + c_{1,P}x_1 + c_{2,P}x_2 + \Lambda + c_{Q,P}x_Q &= b_E^{j+P}, \end{aligned} \qquad (7)$$

wobei $c_{q,p}$ die Anzahl von Grauwerten mit dem Wert q im Range j + p, $1 \leq p \leq P$ zwischen i_A^{j+P} und i_E^{j+P} ist.

Der Wert P ist so zu wählen, daß P > Q ist. Günstig erscheint $P = 3 * Q$. Das System (7) stellt ein lineares Ausgleichssystem dar, das mit der Standardformel gelöst werden kann. Die Lösung $X = (x_q)$; q = 1, ..., Q stellt die Funktionswerte der Reflecantance Map Rk (·) für die Argumente (entspricht Grauwert) q dar, das heißt, $x_q = R_k(q)$.

2.3. *Modifikation und Aufbereitung der Vergleichswerte*

Aus dem oben beschriebenen Verfahren wird implizit deutlich, daß die verschiedenen Bilder und Vergleichskarten „genau übereinander" passen müssen, d. h., das vorliegende DGM ist in das Koordinatensystem des SAR-Bildes zu transformieren. Danach werden aus dem DGM Höhenlinien gefiltert und beide zur Überlagerung gebracht. Die Überlagerung muß sehr genau erfolgen, da aus der bildpunktgenauen Arbeitsweise der „Shape-from-Shading"-Methode Verschiebungen von nur einigen Pixeln große Auswirkungen haben können.

In der praktischen Anwendung zeigte sich allerdings, daß die pixelgenaue Überlagerung nicht ohne spezielle Anpaßoperationen möglich ist. Zur Korrektur des DGM wird das TM-Bild herangezogen. Auch hier ist es zunächst notwendig, daß das DGM und das TM im selben Koordinatensystem vorliegen. Die Korrektur des DGM erfolgt an der Küstenlinie exakt und in Inlandgebieten bei offensichtlichen Fehlern heuristisch. Zu letzteren ergänzen sich das SAR- und das TM-Bild durch nichtidentische

Schatten. Das TM-Bild wird hauptsächlich zur Klassifikation benutzt. Diese Operationen sind nur möglich, wenn gleichzeitig mehrere Informationsebenen ausgewertet werden können.

3. Resultate

Das beschriebene Verfahren wurde auf das Testgebiet James-Ross-Insel angewendet. Für dieses Gebiet stehen Single-Look-Complex-SAR-Daten der ESA zur Verfügung. Diese Daten wurden so aufbereitet, daß die Auflösung nominell 20×20 m pro Bildpunkt beträgt. Vom Institut für Angewandte Geodäsie sind für dieses Gebiet eine Landsat-TM-Aufnahme und ein digitales Geländemodell (DGM) im Raster 480×480 m bereitgestellt worden.

Mit einem selbst entwickelten Softwaresystem wurden die folgenden Bearbeitungsschritte durchgeführt:

1. Transformation des DGM und des TM-Bildes in das Koordinatensystem der SLC-SAR-Daten.
2. Extraktion von Höhenlinien aus dem erhaltenen DGM.

Abbildung 2
Klassifizierung von Gebieten der James-Ross-Insel: weiß – Meer, grau – Schnee, dunkelgrau – See, schwarz – Fels/Gletscher
Classification of areas of James Ross Island: white – ocean, grey – snow, dark grey – lake, black – rock/glacier

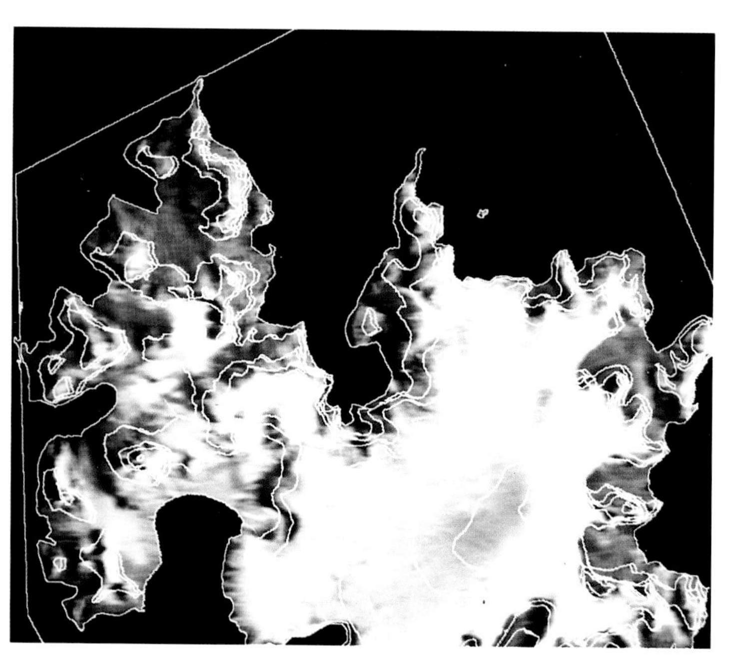

Abbildung 1
SAR-Bild, überlagert mit DGM-Höhenlinien in SAR-Koordinaten nach Transformation, Küstenlinienkorrektur und niederfrequenter Fehlerkorrektur
SAR image overlayed with DEM contour lines in SAR coordinates after coordinate transformation, coastline correction and low frequency error correction

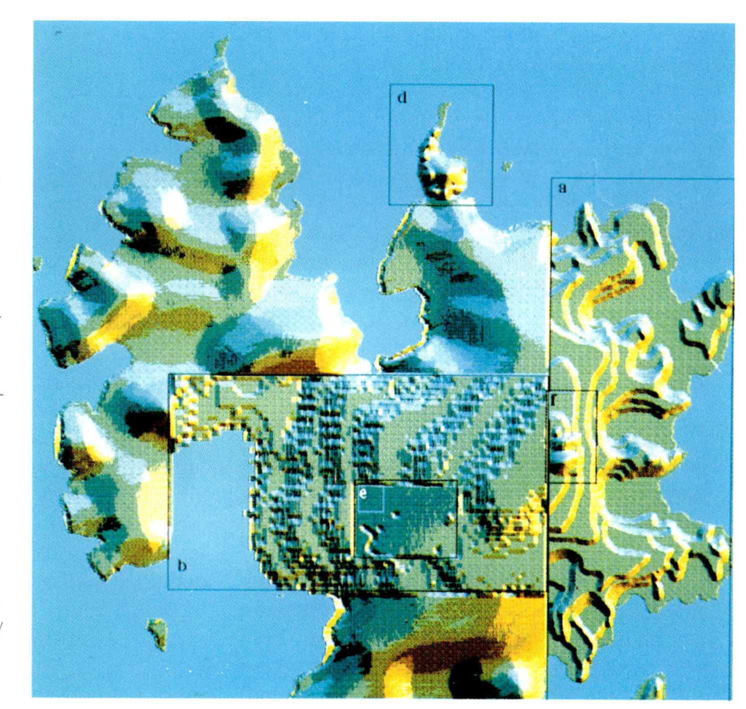

Abbildung 3
DGM der James-Ross-Insel
a) digitale Formlinien
b) 480-m-DGM des IFAG
c) durch Interpolation geglättete Formlinien
Durch „Shape-from-Shading" bestimmte DGM-Komponenten mittels
d) hoher und mittlerer Frequenzanteile
e) Ausschluß hoher Frequenzanteile
f) mittlerer Frequenzanteile und komplizierter Anfangswertsituation
DEM of James Ross Island
a) digitized form lines
b) 480 m DEM from IFAG
c) smoothed form line interpolation
Extracted by Shape-from-Shading DEM components in
d) the mid and high frequency domain
e) the high frequency domain
f) the mid frequency domain with complicated initial value situation

3. Überdeckung des erhaltenen Höhenlinienbildes mit dem SLC-SAR-Bild.
4. Interaktive Korrektur der Höhenlinien unter Einbeziehung der Landsat-TM-Aufnahme, speziell Korrektur der Küstenlinie.

Das Ergebnis dieser vier Bearbeitungsschritte ist in Abbildung 1 dargestellt.

5. Klassifizierung des SAR-Bildes mit Hilfe des TM-Bildes.

Es wurden vier Klassen verwendet: Meer, See, Schnee und Fels/Gletscher. Die erhaltene Karte ist in Abbildung 2 zu sehen.

Zur Anwendung der Methode „Shape-from-Shading" sind drei Gebiete ausgewählt worden, die einmal steilere Berg-/Talregionen und zum anderen lokale Täler und Gipfel sowie den nicht sehr steilen höchsten Gipfel der Insel enthalten. Zwei der Gebiete liegen in der Klasse Schnee und eines in der Klasse Fels/Gletscher.

6. Zerlegung des SAR-Bildes in Frequenzkomponenten.
7. Bestimmung der Reflectance Map, „Shape-from-Shading"-Prozessierung, verbunden mit interaktiver Verfeinerung der Reflectance Map.

Der sechste Bearbeitungsschritt wurde für jedes gewählte Gebiet einzeln durchgeführt. In Abbildung 3 sind die erhaltenen Resultate in das Ausgangs-DGM eingepaßt.

Die Bearbeitung und die Resultate zeigen, daß es möglich ist, digitale Höhenmodelle in einem 20 × 20-m-Raster zu bestimmen, d. h., man erhält besser aufgelöste Karten, die mehr Details als bisher vorhandene zeigen.

Allerdings benötigt die Methode dazu Anfangs- und Vergleichswerte. Zudem ist eine pixelgenaue Überdeckung zwischen SAR-Bild und den Vergleichswerten notwendig. Erforderliche Korrekturen sind dann wiederum nur mit Hilfe optischer Bilder möglich.

Weiter zeigt sich, daß „Shape-from-Shading" besser in alpinen Gebieten als in ebenen bzw. Gebieten mit wenig Höhenänderung geeignet ist, da in letzteren Gebieten die zufälligen Einflüsse auf den Grauwert einen höheren Anteil als in den alpinen haben.

Weitere Arbeiten werden sich mit der Verbesserung des Softwaresystems befassen, mit dem Ziel, die Bearbeitungsschritte in höherem Maße automatisiert zu gestalten. Außerdem laufen Untersuchungen zu Ermittlung von Höhenvergleichswerten unabhängig von vorhandenen Höhenmodellen, zur geeigneten Wahl der Klassifizierung und zu deren Teilautomatisation sowie der Berücksichtigung von Layover in den SAR-Bildern.

Das Ziel besteht im weiteren darin, für zwei Inseln (James Ross und Adelaide) Höhenmodelle im 20 × 20-m-Raster mit den SLC-SAR- und für die Antarktische Halbinsel mit Hilfe von SAR-Quicklook-Daten im 100 × 100-m-Raster zu bestimmen.

Literatur

BRUCKSTEIN, A. M. (1988):
On Shape from Shading, Computer Vision. Graphics and Image Processing, **44**: 139–154.

ELACHI, C. (1988):
Spaceborne Radar Remote Sensing: Applications and Techniques. IEEE PRESS, New York.

GUIDON, B. (1989):
Development of a Shape from Shading Technique for the Extraction of Topographic Models from Individual Spaceborne SAR Images. Proc. of IGARSS, **2**: 597–602.

HARTMANN, R. (1992):
SAR shape-from-shading für ein besiedeltes alpines Gebiet. In: Tagungsband: 8. Nutzerseminar des Fernerkundungsdatenzentrums der DLR. Oberpfaffenhofen, 35–39. = DLR-Mitt., 92–09.

HARTMANN, R., & W. WINZER (1993):
Radar mapping James Ross Island, Antarctica. GIS Europe, Special Issue in preparation.

SIEVERS, J., HARTMANN, R., KOSMANN, D., REINHOLD, A., & K.-H. THIEL (1992):
Utilization of ERS-1 Data for Mapping of Antarctica. Conference Proceedings of First ERS-1 Workshop, Cannes.

THOMAS, J., KOBER, W., & F. LEBERL (1989):
Multiple-Image SAR Shape-from-Shading. Proc. of IGARSS, **2**: 592–596.

Einsatz von optischen und ERS-1-SAR-Daten zur Erfassung der Geologie im Südpatagonischen Massiv

HARALD MEHL, WOLFGANG REIMER u. HUBERT MILLER

Summary:
Use of optical and ERS-1 SAR data for studying the geology of the South Patagonian Massif

With the successful launch of the first European Remote Sensing Satellite ERS-1 a new technology generation of satellites was started. In addition to cloud and sunlight independence, ERS-1 can measure many parameters not detectable by existing satellite systems, including surface roughness, soil moisture and material properties. This paper overviews first results comparing ERS-1 and Landsat-TM data concerning aspects of radar image enhancement techniques and the restitution of linear and circular features. – The central and northern part of the South Patagonian Massif was chosen as investigation area to analyse the different stress fields which existed in Mesozoic and Cenozoic times. Postjurassic tectonic data of the South Patagonian Massif are rare. The areal extent and isolated situation of the test area call for the application of remote sensing data. It can be stated that lineament mapping as a first step to detailed tectonic field work will be improved by using supplementary ERS-1 SAR imagery. In addition to Landsat-TM data there are new lineation patterns detectable which dont complete those derived from TM data but also accentuate absolutely new ones. – This also allows a more precise characterization of lineament structures, especially in cloud- and soil-covered areas where the lack of other data reduces tectonical analysis. An on-going evaluation of all data will lead to a better understanding of the stress field which controlled the break-up of Gondwana. Further methodical work on ERS-1 SAR radar data will be useful to elaborate even physical parameters for the discrimination of different lithological units.

Zusammenfassung:

Mit dem erfolgreichen Start des ersten europäischen Satelliten ERS-1 wurde eine neue technologische Generation von Fernerkundungssatelliten begründet. Neben seiner Unabhängigkeit vom Wetter und von den Beleuchtungsverhältnissen registriert ERS-1 zahlreiche Parameter, die durch bisherige Satellitensysteme nicht erkannt wurden, wie z. B. Oberflächenrauhigkeit, Bodenfeuchte und Materialeigenschaften. Dieser Aufsatz gibt einen Überblick zu Ergebnissen vergleichender Untersuchungen zur Wiedergabe linearer und zirkularer Merkmale durch ERS-1- und Landsat-TM-Daten unter Einbeziehung von Bildverarbeitungstechniken. – Der zentrale und der nördliche Teil des Südpatagonischen Massivs wurden als Untersuchungsgebiet gewählt, um die verschiedenen Streßfelder zu analysieren, die im Mesozoikum und Känozoikum existierten. Postjurassische tektonische Daten des Südpatagonischen Massivs sind rar. Die Ausdehnung und die isolierte Lage des Testgebietes erfordern die Anwendung von Fernerkundungsdaten. Es kann festgestellt werden, daß die Lineamentkartierung als erster Schritt zur detaillierten tektonischen Feldarbeit durch die ergänzende Benutzung von ERS-1-SAR-Bildern verbessert wird. Über die Landsat-TM-Daten hinaus sind hier neue Lineamente zu erkennen, die nicht nur die von den TM-Daten abgeleiteten komplettieren, sondern auch grundsätzlich neu sind. – Die SAR-Bilder erlauben außerdem eine genauere Charakterisierung von Lineamentstrukturen insbesondere in bewölkten und vegetationsbestandenen Gebieten, wo der Mangel an konventionellen Daten die tektonische Analyse einschränkt. Eine weitergehende Auswertung aller Daten wird sicher zu einem vertieften Verständnis jener Streßfelder beitragen, die das Auseinanderbrechen Gondwanas bedingten. Weitere methodische Arbeiten mit ERS-1-SAR-Daten sollten von Nutzen sein, um sogar physikalische Parameter zu gewinnen, die für eine Unterscheidung lithologischer Einheiten von grundlegender Bedeutung sind.

1. Einleitung

Ziel der Untersuchungen ist die regionale Erfassung von tektonischen Großstrukturen in Patagonien zum Zweck des besseren Verständnisses der Zusammenhänge bei der Aufspaltung des Gondwana-Kontinents im Bereich Antarktika–Südamerika. Patagonien ist aufgrund seines vielseitigen Vulkanismus und seiner Gliederung in zerrungsbedingte Becken und Hochgebiete vor und nach dem Auseinanderbrechen Gondwanas von hochrangigem Interesse für eine Klärung dieses Sachverhalts. Wesentliche, für das Mesozoikum und Känozoikum Patagoniens typische Gesteinsserien, wie kalkalkaline ignimbritische Vulkanite und basaltische Laven, sind hier – zusammen mit ihren jeweiligen Bruchmustern – aufgeschlossen.

Die Entlegenheit und Unwegsamkeit des Massivs erfordert den Einsatz von Fernerkundungsdaten. Auf der Basis ausgewählter Bilddatenprodukte und zusammen mit einer eingehenden Geländekontrolle können neue Aussagen für die Art und Zeit des Gondwana-Zerfalls erarbeitet werden.

Die vorliegende Arbeit stellt Auswertemethoden auf der Basis von Satellitendaten vor, mit deren Hilfe sowohl tektonische als auch lithologische Interpretationen möglich sind. Für die Bildverarbeitungen wurden ERS-1-SAR- und Landsat-TM-Daten herangezogen. Die Kombination unterschiedlicher Fernerkundungssysteme ist nicht nur wegen der relativen Wetterunabhängigkeit bzw. der Unabhängigkeit von Beleuchtungsverhältnissen der Mikrowellensensoren von Bedeutung. Durch die Einbeziehung von ERS-1-SAR-Daten in die Untersuchungen ist eine deutliche Verbesserung hinsichtlich der Erkennbarkeit tektonischer Strukturelemente erreichbar. Da das Rückstreuvermögen in ariden und semiariden Räumen in erster Linie von der Oberflächenrauhigkeit und den Materialeigenschaften beeinflußt wird, lassen sich unterschiedliche Verwitterungsformen gut erfassen.

Wir danken dem BMFT (BMBF) für die finanzielle Unterstützung.

2. Arbeitsgebiet

2.1. Geographie und Lage

Das Südpatagonische Massiv liegt zwischen dem 47. und 50. Breitengrad südlicher Breite im argentinischen Bundesstaat Santa Cruz. Das morphologisch hauptsächlich als Tafellandschaft erscheinende Gebirge baut sich überwiegend aus vulkanischen Gesteinen auf. Die durchschnittliche Höhe beträgt 700 bis 800 m NN, einzelne Höhenzüge können über 1000 m Höhe erreichen. Morphologisch grenzt sich damit das Gebirge deutlich von seinen benachbarten geologischen Struktureinheiten ab. Im Norden wird das Südpatagonische Massiv vom Verlauf des Río Deseado und im Süden vom Río Chico begrenzt. Nach Westen geht das Massiv ungefähr auf der Linie des 72. Längengrades westlicher Länge in den andinen Gebirgsbau über, gegenüber dem keine scharfe lithologische Grenze besteht. Nach Osten fällt das Gebirgsrelief zum Atlantischen Ozean hin ab und endet hier mit den für das südliche Patagonien typischen Steilküsten.

Das Arbeitsgebiet (Abb. 1) liegt im zentralen Teil des Südpatagonischen Massivs und umfaßt

Abbildung 1
Lage des Arbeitsgebietes
Study area

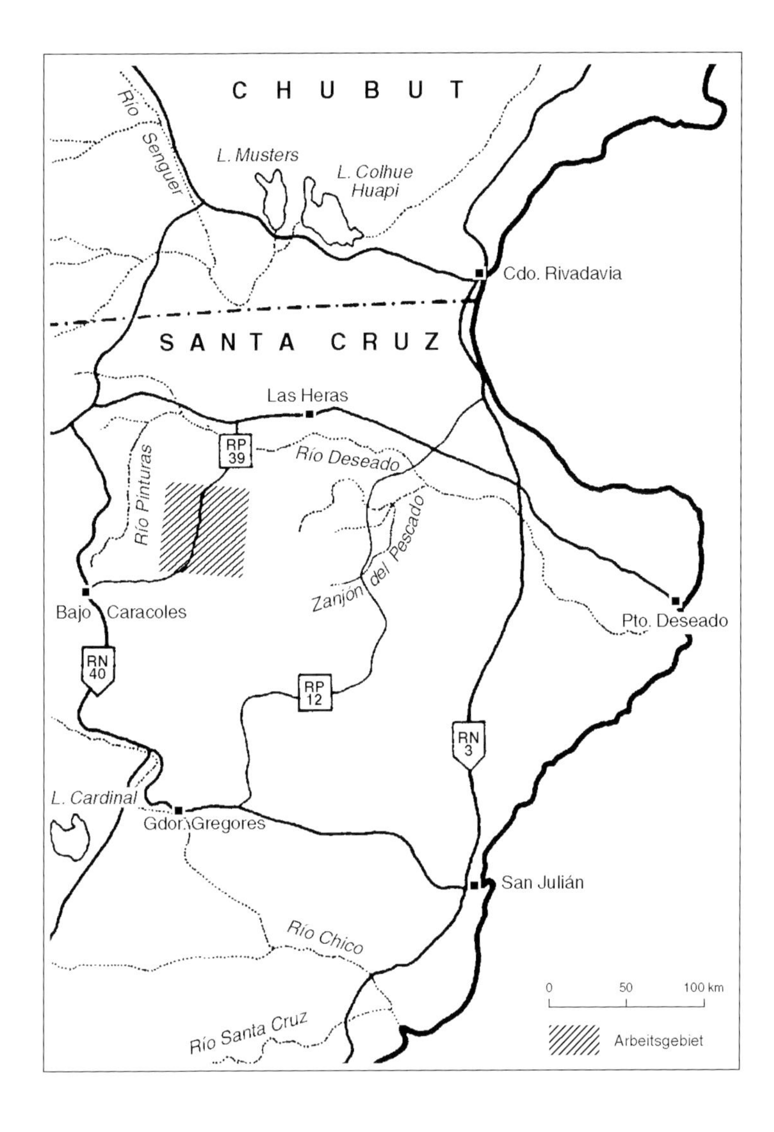

eine Fläche von ca. 2500 km². Von Norden her ist es über Las Heras auf der Ruta Provincial 39 in Richtung Bajo Caracoles zu erreichen. Von dieser das Arbeitsgebiet in etwa N–S durchziehenden Hauptstraße führen kleinere Fahrspuren zu den Estancias. Die südliche Hälfte des Arbeitsgebietes umfaßt den westlichen Einzugsbereich der Laguna Mirasol mit dem Cañadón del Agua und dem Cañadón de las Yeguas. Die nördliche Hälfte gehört zum südlichen Einzugsgebiet des Arroyo Pirámides.

Die klimatischen Bedingungen vor Ort verhindern die Entwicklung tiefgründiger Böden und das Wachstum einer geschlossenen Pflanzendecke. Vielfach häuft sich nur dort der Bewuchs, wo Grundwasser zutage tritt und wo die wenigen wasserführenden Bäche und Lagunen den Ufersaum durchfeuchten.

Eine wichtige Rolle für die Verteilung der Bodenfeuchte spielt der vorwiegend aus Westen wehende Wind. Wie in Einzelfällen besonders auf den Radarbildern gut zu erkennen ist, wird entlang der Lagunen die Feuchtigkeit aus der Luvseite fast völlig ausgeblasen. Die Leeseite hingegen zeigt einen langgezogenen Feuchtigkeitsschleier, der im Gelände auch von einem erhöhten Grad an Bodenbewuchs nachgezeichnet wird.

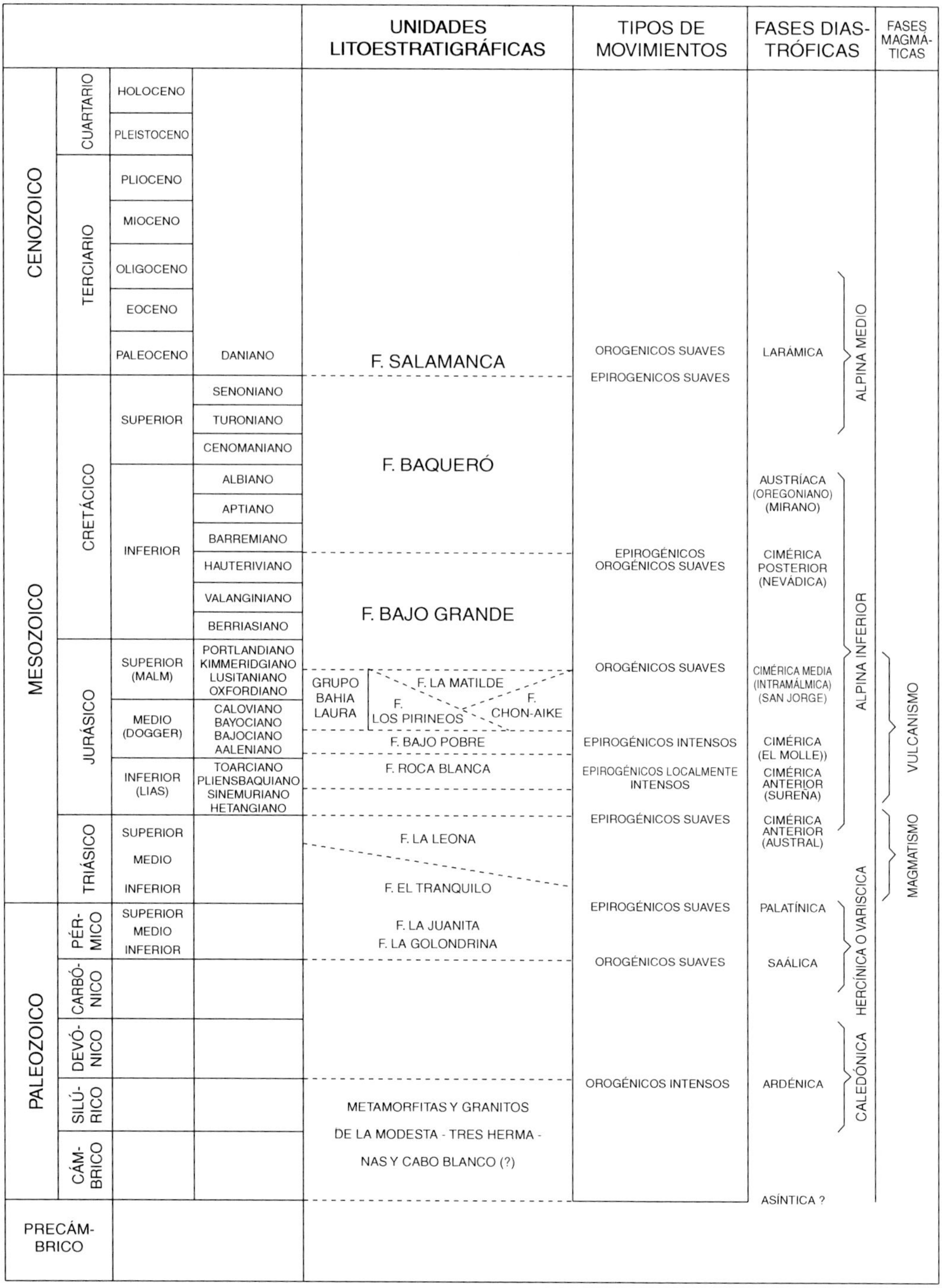

				UNIDADES LITOESTRATIGRÁFICAS	TIPOS DE MOVIMIENTOS	FASES DIASTRÓFICAS	FASES MAGMÁTICAS
CENOZOICO	CUARTARIO	HOLOCENO					
		PLEISTOCENO					
	TERCIARIO	PLIOCENO					
		MIOCENO					
		OLIGOCENO				ALPINA MEDIO	
		EOCENO					
		PALEOCENO	DANIANO	F. SALAMANCA	OROGENICOS SUAVES	LARÁMICA	
MESOZOICO	CRETÁCICO	SUPERIOR	SENONIANO		EPIROGENICOS SUAVES		
			TURONIANO				
			CENOMANIANO	F. BAQUERÓ			
		INFERIOR	ALBIANO			AUSTRÍACA (OREGONIANO) (MIRANO)	
			APTIANO				
			BARREMIANO				
			HAUTERIVIANO		EPIROGÉNICOS OROGÉNICOS SUAVES	CIMÉRICA POSTERIOR (NEVÁDICA)	
			VALANGINIANO	F. BAJO GRANDE		ALPINA INFERIOR	
			BERRIASIANO				
	JURÁSICO	SUPERIOR (MALM)	PORTLANDIANO KIMMERIDGIANO				
			LUSITANIANO OXFORDIANO	GRUPO BAHIA LAURA: F. LA MATILDE, F. LOS PIRINEOS, F. CHON-AIKE	OROGÉNICOS SUAVES	CIMÉRICA MEDIA (INTRAMÁLMICA) (SAN JORGE)	VULCANISMO
		MEDIO (DOGGER)	CALOVIANO BAYOCIANO BAJOCIANO				
			AALENIANO	F. BAJO POBRE	EPIROGÉNICOS INTENSOS	CIMÉRICA (EL MOLLE))	
		INFERIOR (LIAS)	TOARCIANO PLIENSBAQUIANO	F. ROCA BLANCA	EPIROGÉNICOS LOCALMENTE INTENSOS	CIMÉRICA ANTERIOR (SUREÑA)	
			SINEMURIANO HETANGIANO				
	TRIÁSICO	SUPERIOR		F. LA LEONA	EPIROGÉNICOS SUAVES	CIMÉRICA ANTERIOR (AUSTRAL)	MAGMATISMO
		MEDIO					
		INFERIOR		F. EL TRANQUILO			
PALEOZOICO	PÉRMICO	SUPERIOR		F. LA JUANITA	EPIROGÉNICOS SUAVES	PALATÍNICA	
		MEDIO		F. LA GOLONDRINA		HERCÍNICA O VARISCICA	
		INFERIOR					
	CARBÓNICO				OROGÉNICOS SUAVES	SAÁLICA	
	DEVÓNICO					CALEDÓNICA	
	SILÚRICO			METAMORFITAS Y GRANITOS DE LA MODESTA - TRES HERMANAS Y CABO BLANCO (?)	OROGÉNICOS INTENSOS	ARDÉNICA	
	CÁMBRICO						
						ASÍNTICA ?	
PRECÁMBRICO							

Abbildung 2
Stratigraphische Gliederung nach De Giusto et al. (1980)
Stratigraphic subdivision after De Giusto et al. (1980)

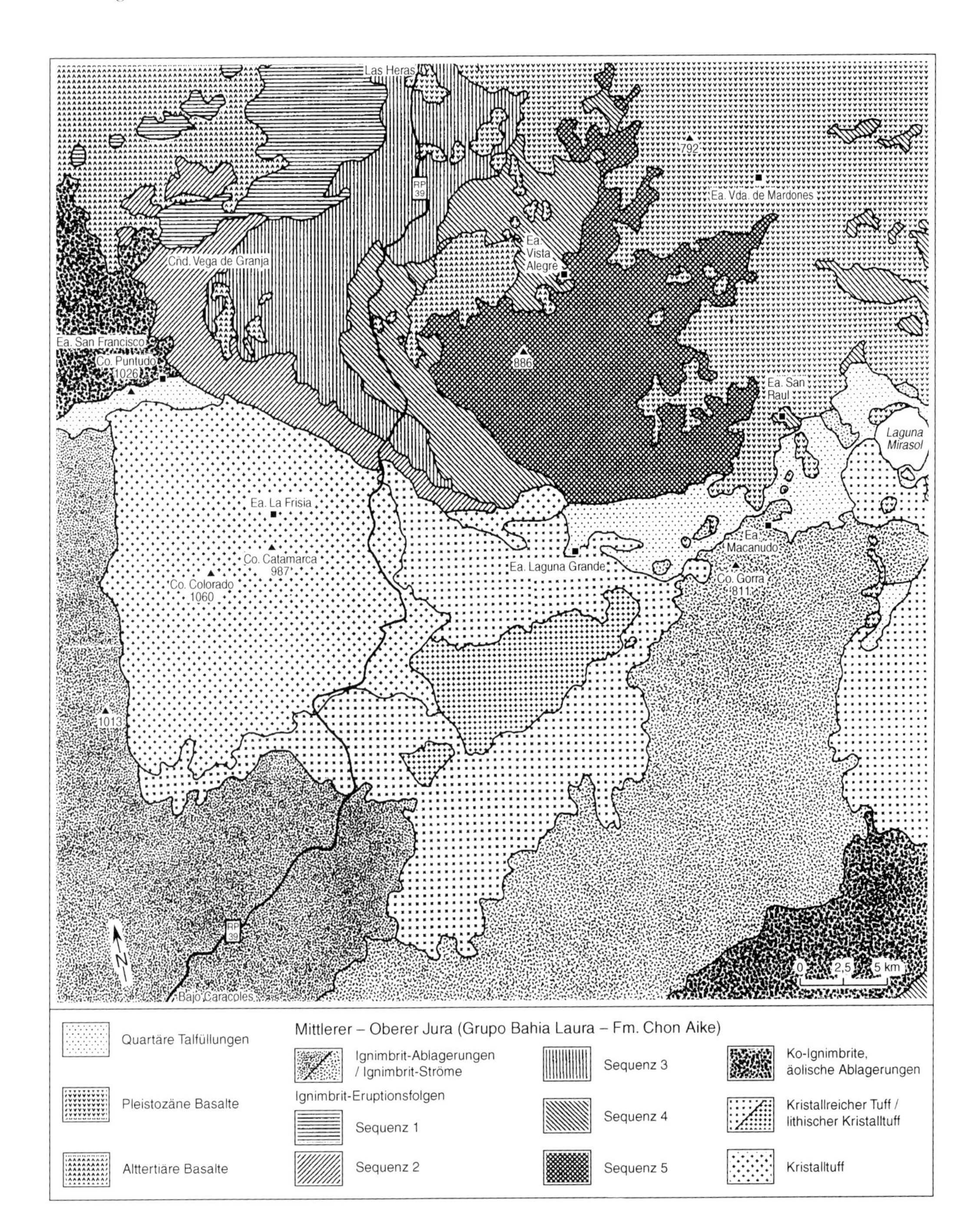

Abbildung 3
Verteilung und Abgrenzung von lithologischen Einheiten im Arbeitsgebiet
Distribution and delineation of lithological units in the study area

Ferner ist eine direkte Beziehung zwischen der Vegetationsverteilung und dem anstehenden Gestein erkennbar. So zeigen alle Basaltoberflächen einen äußerst kargen Bewuchs, da hier die Niederschläge auf den schwach verwitterten, zerklüfteten sowie porösen Laven und Schlacken schnell versickern und unterirdisch ablaufen. Die weniger durchlässigen sauren pyroklastischen Gesteine haben dagegen deutliche Drainagenetze entwickelt, deren Dichte mit dem Gesteinsmaterial variiert.

2.2. *Geologischer Überblick*

Das Südpatagonische Massiv wird zu den konsolidierten Krustenbereichen Südamerikas gezählt (De Giusto et al. 1980). Dies wird bekräftigt durch randliche Einsenkungen, wie das im Norden angrenzende Becken des Golfo San Jorge und das im Südwesten sich anschließende Becken der Cuenca Austral. Der stratigraphische Aufbau des Massivs kann grob in vier Einheiten untergliedert werden (Abb. 2):

Über einem präkambrischen bis eopaläozoischen metamorphen Grundgebirge mit stellenweise intrudierten altpaläozoischen Graniten (Fm. La Modesta, Fm. Tres Hermanas) folgen Konglomerate und tonig-sandige Schichtserien des Unteren Perm (Fm. La Golondrina, Fm. La Juanita) und der Trias (Fm. El Tranquilo), die in der späten Trias vereinzelt von granitischen Intrusionen begleitet wurden (Fm. La Leona).

Die zweite Einheit umfaßt kalkalkaline Vulkanite des frühen Jura bis zur Unterkreide, mit anfangs noch basaltischen bis andesitischen Laven (Fm. Bajo Pobre), auf die ab dem mittleren Jura mächtige Sequenzen saurer Pyroklastite, hauptsächlich ignimbritischer Natur, folgen (Grupo Bahía Laura).

Aus der Umlagerung der Vulkanite und in Gegenwart weiterer, jedoch allmählich ausklingender pyroklastischer Effusionen bauen sich in der Unterkreide (Fm. Bajo Grande) und in der Oberkreide (Fm. Baqueró) Wechselfolgen aus Tuffen, Epiklastiten und Paläoböden auf.

Die vierte Einheit umfaßt dann känozoische Deckbasalte geringen Fraktionierungsgrades und kontinentale Sedimentite aus den jüngsten Umlagerungen.

Das Südpatagonische Massiv zeigt das Wirken verschiedener Streßsysteme. Generell sind die Gesteinsserien wenig und weitläufig gefaltet. Dieses Verformungsbild ist nur aus der überregionalen Betrachtung heraus zu erkennen (De Giusto et al. 1980). Es dominieren bruchhafte Verformungen mit lang aushaltenden Kluft- und Verwerfungsscharen.

Die Fragmentierung der Kruste setzte in der späten Trias ein. Im Zuge eines extensiven Streßfeldes, das auch in den angrenzenden großtektonischen Einheiten wirkte, bildeten sich mehrere NNW–SSE orientierte Gräben (Gust et al. 1985). Als Folge dieser Dehnungstekto-

Abbildung 4
Blick auf den zentralen Teil des Arbeitsgebietes mit leicht nach NE einfallenden Schichten kristallreicher Schweißtuffe
Central part of the study area with beds of crystal-rich welded tuffs slightly dipping to NE

Abbildung 5
Abbruchkanten der Ignimbrit-Sequenz 5 mit quartären Plateaubasalten im Hintergrund
Breakaways of ignimbrite sequence 5 with Quaternary plateau basalts in the background

Abbildung 6
Intensiv geklüftete Kristalltuffe, die von breit erodierten und von Vegetation nachgezeichneten Rinnen durchzogen werden, die die Spuren von Bruchstrukturen der 1. und 2. Ordnung nachzeichnen
Intensively jointed crystal tuffs crossed by broad eroded rills traced by vegetation and delineating 1st and 2nd order fractures

Abbildung 7
Aufschlußbild von Ignimbriten der 1. Sequenz mit mehreren, sich kreuzenden Kluft- und Verwerfungsscharen
Ignimbrites of the 1st sequence with several intersecting sets of joints and faults

nik kam es zu anatektischer Magmenbildung und im weiteren zu heftiger vulkanischer Aktivität, die ihren Höhepunkt im Mittleren und Oberen Jura hatte (DALZIEL et al. 1987, GUST et al. 1985, ULIANA et al. 1986).

In der Unterkreide zeigt sich eine Umkehr des Streßfeldes hin zu einer kompressiven Beanspruchung in der Ausbildung von vorwiegend lateralen Verwerfungen mit bestimmten – zwischen NW und NE orientierten – Richtungstrends.

Die andine Orogenese bewirkte ab dem frühen Tertiär ein weiteres kompressives Streßfeld, unter dessen Einfluß es dann zu einer leichten N–S streichenden Faltung der Schichten und zur Entwicklung von Aufschiebungen sowie zur Herausbildung E–W streichender Blattverschiebungen kam.

2.3. Stratigraphischer Aufbau und Morphologie

Das Gelände besteht hauptsächlich aus mesozoischen und känozoischen Vulkaniten, die eine sehr wechselhafte Morphologie aufbauen. Eine altersmäßige Abgrenzung gibt Abbildung 3.

Bei den mesozoischen Vulkaniten handelt es sich um proximale pyroklastische Ablagerungen ignimbritischer Glutströme der Grupo Bahía Laura (DE GIUSTO et al. 1980, MAZZONI et al. 1981, SRUOGA 1988). Entsprechend der lithofaziellen Gliederung der Grupo Bahía Laura (HECHEM u. HOMOVC 1985) werden sie der Formación Chon Aike zugeordnet. Im Gelände können mehrere effusive Folgen (Sequenzen) unterschieden werden, die in der nördlichen Hälfte weitreichende Decken mit steilen Bruchstufen aufbauen und diesem Teil der Gegend damit den Charakter einer Schichtstufenlandschaft geben. Bei den die südliche Bildhälfte einnehmenden Vulkaniten handelt es sich um Kristalltuffe und kristallreiche Ignimbrite. Aufgrund der mineralogischen Zusammensetzung dieser Gesteinstypen und des ausgeprägten Kluftnetzes hat hier die Erosion zu einer stark reliefierten Geländeform geführt.

Im südöstlichen Teil des Arbeitsgebietes ist ein Ignimbritstrom aufgeschlossen, der sich in seinem weichen Oberflächenrelief und im Umriß deutlich von den Kristalltuffen und kristallreichen Ignimbriten absetzt. Er stellt die jüngste Ablagerung innerhalb der jurassischen Vulkanitfolgen dar.

Die känozoischen Vulkanite sind alttertiäre und pleistozäne Plateaubasalte geringen Fraktionierungsgrades. Letztere sind besonders im Nordosten des Arbeitsgebietes aufgeschlossen und bilden hier größere und kleine Decken, die örtlich das darunterliegende Paläorelief nachzeichnen. Die alttertiären Basaltvorkommen bestehen aus einigen kleinen Plateaus unweit der Ea. San Francisco und Ea. Vista Alegre. Allen Basaltplateaus gemeinsam ist das Fehlen eines Drainagesystems. Ihre Oberflächentextur im Satellitenbild wird damit ausschließlich vom Grad der Verwitterung und des Bewuchses bestimmt.

3. Bearbeitung und Interpretation der Satellitendaten

3.1. Methodik

Abbildung 8 gibt einen Überblick über die einzelnen Arbeitsschritte nach thematischer und methodischer Zielsetzung. Als topographische Arbeitsbasis und für die geologische Interpretation des Südpatagonischen Massivs im kleinmaßstäbigen Bereich wurden infolge ihrer geometrischen und radiometrischen Genauigkeit Daten des Thematic-Mapper-Sensors verwendet. Es handelt sich um eine Gesamtszene vom 16. 1. 1986 (Abb. 9). Die vorliegenden topographischen Karten konnten aufgrund ihres Nachführungsdefizits sowie ihrer Ungenauigkeit nur bedingt eingesetzt werden. Für das südliche Arbeitsgebiet liegt überhaupt kein großmaßstäbiges topographisches Kartenmaterial vor. Die Verarbeitung der Satellitendaten zu einem für die Gesamtregion aussagefähigen Bildprodukt orientierte sich besonders an der Differenzierbarkeit unterschiedlicher Lithologien sowie am Hervorheben linearer Bruchmuster. Die Prozessierung der ERS-1-SAR-Daten (Abb. 10) erfolgte primär mit dem Ziel, Radardaten zu Synergismen mit optischen Daten weiterzuentwickeln.

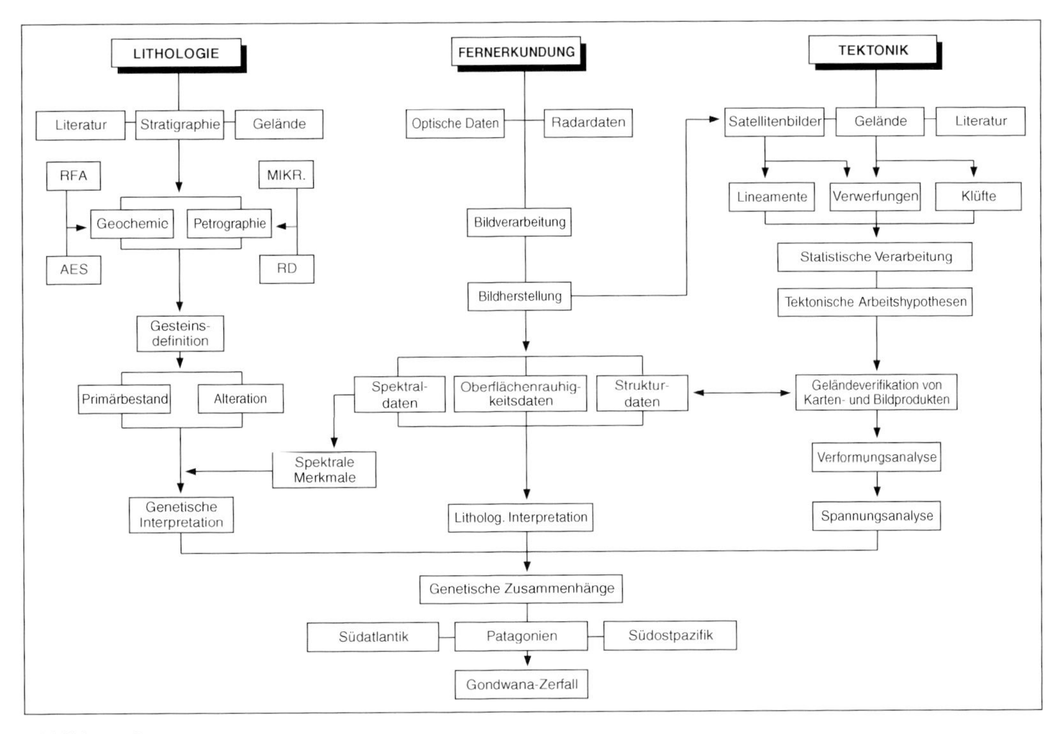

Abbildung 8
Methodisches und thematisches Aufgabenschema
Methodological and thematic task outline

Die Bildinterpretation umfaßte die Lineationskartierung und Differenzierung von lithologisch gleichen Einheiten. Mit Hilfe statistischer Verfahren wurden die Richtungsverteilungen ihrer Häufigkeit nach graphisch dargestellt und miteinander verglichen. Strukturgenetische Aussagen konnten schließlich unter Einbeziehung der im Gelände gewonnenen Gefügedaten getroffen werden, da die einzelne Richtung (Lineation) erst dann sinnvoll in einen größeren Zusammenhang gebracht werden kann, wenn Art und Charakter der sie bewirkenden Bruchstruktur bekannt sind.

3.2. Ergebnisse der Landsat-TM-Bearbeitung

Neben einer Optimierung der Satellitendaten bezüglich ihrer Aussagekraft für die Kartierung von Gesteinseinheiten und strukturellen Merkmalen war der Einfluß der Bodenbedeckung und der Morphologie auf das spektrale Verhalten der aufgenommenen Oberfläche von besonderem Interesse.

Bei der Bearbeitung der gesamten TM-Szene zeigte sich jedoch, daß die spektralen Charakteristika des Arbeitsgebietes in diesem Gesamtrahmen aufgrund ihrer teils extremen spektralen Kontrastdifferenzen nur bedingt wiederzugeben sind. Für Aussagen zum Verhalten zwischen dem spektralen Signal und dem geochemischen Charakter der Gesteine wurden deshalb kleinere Testgebiete mit einer für den spezifischen Raum hinreichend differenzierten Lithologie für eine gezielte Detailverarbeitung ausgewählt.

Auf der Grundlage von SW-Auszügen der einzelnen TM-Kanäle und der zu erwartenden spektralen Charakteristika der erfaßten Oberflächen wurden die TM-Kanäle zu einem Farbkomposit verknüpft, das den Anforderungen für eine Gesamtdarstellung und Bearbeitung des Gebietes am nächsten kam. Das Farbkomposit RGB 7/4/1 ist gemäß der Fragestel-

Abbildung 9
Landsat-TM-Gesamtszene (229/090) des Südpatagonischen Massivs, aufgenommen am 16. 1. 1986. Addback-Highpass-gefiltertes Falschfarbenkomposit der relativen Kanäle 7/4/1 (RGB), Maßstab ca. 1 : 1 700 000
Landsat TM full scene (229/090) of the South Patagonian Massif, taken Jan. 16, 1986. Addback highpass-filtered false colour composite of the relative TM bands 7/4/1 (RGB), scale appr. 1 : 1,700,000

lung das geeignetste Bildprodukt (Abb. 11). In dieser Darstellung findet sich die größte Übereinstimmung der spektralen Einheiten mit den aus dem Gelände kartierten Gesteinsserien. Dabei ist anzumerken, daß eine spektrale Einheit, die durch Grauton bzw. Farbe charakterisiert ist, nicht immer einer lithologischen Einheit entspricht, da unterschiedliche äußere (z. B. Morphologie) oder innere Einflüsse (z. B. Unterschiede in der Bodenfeuchte) den Grauton bzw. die Farbe verändern können.

Ferner ist zu erwähnen, daß die Farbdarstellung aus den „relativen Kanälen" gerechnet wurde, da mit dieser Bildverarbeitungstechnik die Spektralcharakteristika der Daten wesentlich verbessert werden (vgl. JASKOLLA u. HENKEL 1989). Die im 7/4/1-RGB-Komposit auffallenden roten Bereiche sowie die gelben bis orangen Flächen repräsentieren vulkanische Ablagerungen mit fortgeschrittenem Verwitterungsgrad und unterschiedlicher Vegetationsbedeckung.

Abbildung 10
ERS-1-Gesamtszene,
mit LEE-Filter prozessiert,
Maßstab ca. 1 : 900 000;
aufgenommen am: 2. 3. 1992,
Orbit 3289, Frame 4563
ERS-1 full scene,
processed with LEE filter,
scale appr. 1 : 900,000;
acquisition date: March 2,
1992, orbit 3289, frame 4563

Abweichend davon zeigen magentafarbene Bereiche innerhalb derselben Einheiten eine Überprägung durch Alterationsvorgänge. In Einzelfällen wurde eine Vergrünung der Gesteine infolge postvulkanischer Aktivität (Propylitisierung) oder durch Kontaktmetamorphose (Zeolithisierung) festgestellt (MEHL et al. 1994).

Die Basalte zeigen im Landsat-TM-Bild eine charakteristisch niedrige Reflexion und eine feine Textur mit bräunlichen Farbtönen. Die farblichen Unterschiede werden durch kompositionelle Unterschiede, hier hauptsächlich in der Menge des freischüssigen Eisens und der Vegetationsbedeckung verursacht. Eine Trennung der tertiären von den quartären Basalten ist nicht möglich. Einen Einfluß der Vegetationsdichte auf das spektrale Signal zeigen einige Plateauoberflächen im Westen der Gesamtszene. Beidseits einer scharfen Trennlinie, die durch einen Weidezaun bestimmt wird, sind verschiedenartige Farbtönungen zu erkennen. Die Ursache liegt in der unterschiedlichen Pflanzendichte auf beiden Seiten des Zauns und dem damit unterschiedlichen Anteil des Bodens oder

Abbildung 11
Landsat-TM-Subimage des Arbeitsgebietes (Abb.3), bearbeitet wie Abbildung 9, Maßstab ca. 1 : 800 000
Landsat TM subimage of the study area (Fig. 3) processed as Fig. 9, scale appr. 1 : 800,000.

Abbildung 12
Addback-Highpass-gefilterte 1. Hauptachse der TM-Subszene des Arbeitsgebietes, Maßstab ca. 1 : 500 000
Addback highpass-filtered 1st principal component of the TM subscene of the study area, scale appr. 1 : 500,000

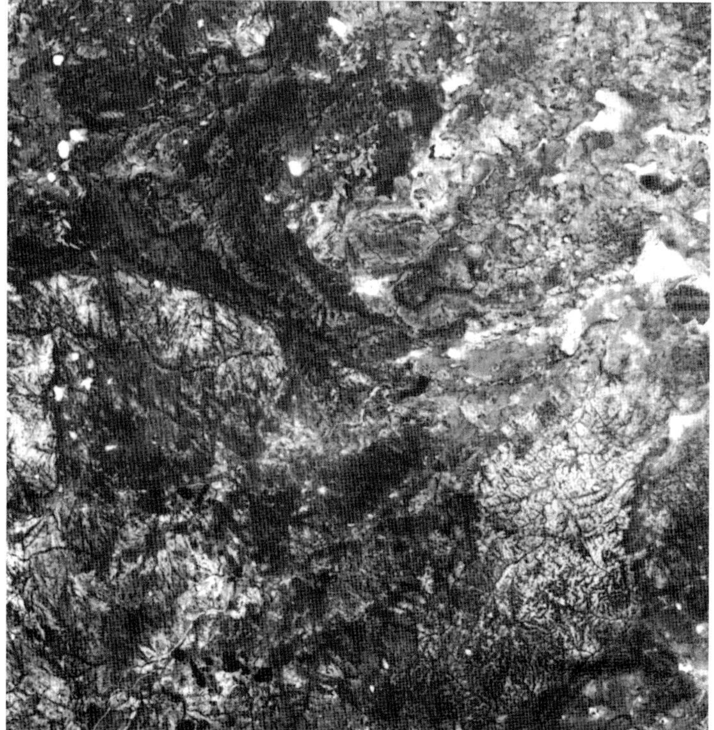

Abbildung 13
Addback-Highpass-gefilterter 3. relativer Kanal der TM-Subszene des Arbeitsgebietes, Maßstab ca. 1 : 500 000
Addback highpass-filtered 3rd relative band of the TM subscene of the study area, scale appr. 1 : 500,000

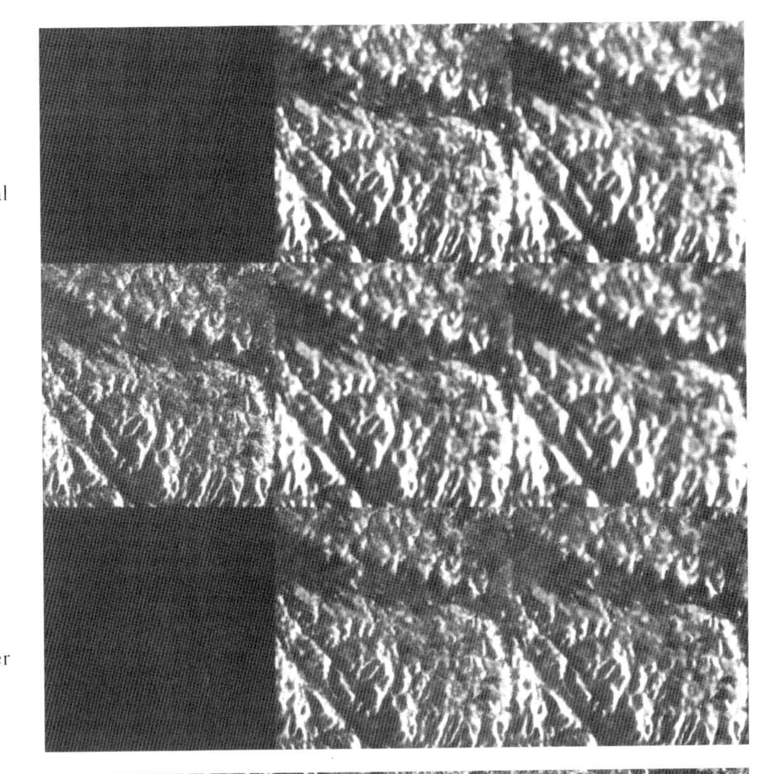

Abbildung 14
Adaptive Filterergebnisse, Subimage 300 × 300 Pixel.
Oberste Reihe: FROST-Filter, einmal bzw. zweimal über Originalbild prozessiert;
mittlere Reihe: links: original ERS-1-Subimage, rechts folgend: LEE-Filter, einmal bzw. zweimal über Originalbild prozessiert;
untere Reihe: KUAN-Filter, einmal bzw. zweimal über Originalbild prozessiert
Adaptive filter results, subimage 300 × 300 pixels.
Upper row: original scene processed once resp. twice with a FROST filter;
middle row, left: original ERS-1 subimage; right: processed once resp. twice with a LEE filter;
lower row: processed once resp. twice with a KUAN filter

Abbildung 15
ERS-1-Subimage des Arbeitsgebietes, KUAN-gefiltert, Maßstab ca. 1 : 500 000
ERS-1 subimage of the study area, KUAN-filtered, scale appr. 1 : 500,000.

Gesteins am Gesamtsignal. Auf der einen Seite ist die Vegetation durch intensive Abweidung ausgedünnt, während auf der anderen Seite die Weide nicht bewirtschaftet ist und demzufolge hier eine deutlich höhere Vegetationsdichte aufweist.

Für die strukturgeologischen Kartierungen gibt der SW-Abzug der 1. Hauptachse (Abb. 12), der eine gewichtete Summe aller Albedounterschiede wiedergibt, die meisten thematischen Informationen. Dementsprechend wurde die 1. Hauptachse noch mit einem Highpass-Filter bzw. einem Addback-Highpass-Filter bearbeitet, um die im Bild vorhandenen linearen Strukturmerkmale zu verstärken. Zusätzlich wurde noch der 3. relative Kanal (vgl. Abb. 13) hinzugezogen, da in diesem Bildprodukt zusätzliche, vor allem N–S verlaufende Lineationen erkennbar sind.

3.3. Ergebnisse der ERS-1-SAR-Daten-Bearbeitung

Die Prozessierung der SAR-Daten zu einem hochauflösenden Bild ist komplizierter als bei optischen Daten. Um Radarbilder dennoch als Informationsquelle einsetzen zu können, ist es notwendig, ihre Interpretierbarkeit zu verbessern und ihre Handhabung zu vereinfachen. Ein Hauptunterschied zwischen Bildern im optischen und infraroten Wellenbereich und denen eines abbildenden Radarsystems sind die geländebedingten Verzerrungen, wodurch das Relief in einer für uns völlig ungewohnten Art wiedergegeben wird (vgl. JASKOLLA 1986, SCHREIER 1993). Für die strukturgeologischen Analysen wurden sowohl geometrisch-unkorrigierte (PRI-Format) als auch ellipsoid-entzerrte Bilder (GEC-Format) herangezogen. Die Einbeziehung von geländeentzerrten Daten konnte zum Zeitpunkt der Drucklegung nicht berücksichtigt werden. Bei den Vergleichen zwischen den Lineationskartierungen aus dem geometrisch-unkorrigierten und dem ellipsoid-korrigierten Bild konnten keine erwähnenswerten Differenzen festgestellt werden.

Ein weiterer wichtiger Bearbeitungsaspekt von Radarbildern besteht in der Unterdrückung des durch den Speckle-Effekt verursachten Bildrauschens. Diese typisch in SAR-Bildern vorkommende körnige Bildstruktur hat ihre Ursache in Interferenzerscheinungen (vgl. ULABY et al. 1982). Zur Reduzierung des Speckle-Rauschens wurden zahlreiche adaptive Filteralgorithmen entwickelt, auf deren mathematische Ableitung jedoch nicht näher eingegangen wird (vgl. LEE 1980, FROST et al. 1982, KUAN et al. 1985, LOPES et al. 1990 sowie LOPES u. TOUZI 1988). Grundsätzlich werden bei konventionellen Filterverfahren im Ortsbereich die Bildelemente der neuen Bildmatrix aus den Bildelementen der ursprünglichen Matrix durch Mittelung der Intensitätswerte der Nachbarpixel berechnet. Bei den adaptiven Verfahren dagegen werden nur die Bildelemente der Matrix in die Grauwertberechnung mit einbezogen, die innerhalb vorher definierter Schwellenwerte liegen. Das texturelle Spektrum, das in der Varianz der Grauwerte der definierten Bildmatrix zum Ausdruck kommt, bleibt somit erhalten.

In Abbildung 14 ist die mögliche Rauschverminderung im Bild gut zu erkennen. Auch ist feststellbar, daß der wiederholte Filtereinsatz den Speckle-Anteil weiter herabsetzen kann. Die besten Ergebnisse hinsichtlich der Interpretierbarkeit von Lineationen, aber auch hinsichtlich eines Zwischenproduktes für Verknüpfungen mit optischen Daten, konnten mit dem LEE- und KUAN-Filter erzielt werden.

Die KUAN-gefilterten Bilder bewähren sich vor allem dadurch, daß nicht nur die Interpretierbarkeit verbessert wurde, sondern daß sich dabei die räumliche und spektrale Auflösung nicht verminderte (Abb. 15). KUAN-gefilterte Bilder eignen sich somit hervorragend für eine anschließende Verknüpfung (Merge) mit optischen Daten anderer Sensoren.

3.4. Kombinierte digitale Bildverarbeitung von ERS-1- und optischen Daten

Neben der Möglichkeit, Farbbilder durch ihre drei additiven Auszüge Rot, Grün und Blau (RGB) zu definieren, kann man sie auch durch drei aus der Farbenlehre stammende Komponenten Helligkeit (I = *I*ntensity), Farbton (H = *H*ue) und Farbsättigung (S = *S*aturation) ableiten. Diese IHS-Komponenten beschreiben das physiologische Farbempfinden gezielter als die RGB-Komponenten.

Das grundlegende Anwendungsziel für den Gebrauch der IHS-Farbraum-Transformation ist, Bildprodukte für die visuelle Interpretation, d. h. für das psychologische Farbempfinden des menschlichen Auges farblich zu optimieren. Dabei ergeben sich sowohl für multitemporale als auch für multisensorale Datensätze Verknüpfungsmöglichkeiten.

Die Intensitätskomponente weist bei Landsat-TM-Farbbildern bezüglich der Kontrastschärfe teils eine hohe Korrelation zu den Ausgangskanälen auf. Als eigenständige Interpretationshilfe ist sie somit nur von geringer Bedeutung. Dies kann verändert werden, wenn die Intensitätskomponente durch ein anderes spektrales Bild mit einer anderen spektralen und/oder räumlichen Auflösung ausgetauscht bzw. kombiniert wird.

Im Gegensatz dazu ist eine Veränderung der Farbfrequenz (H-Achse) immer mit Vorsicht zu realisieren, da bei Streckung der H-Achse der Rückschluß auf das Spektralverhalten der Eingangskanäle sehr kompliziert wird.

Um die Interpretationsgrundlage zu verbessern, ist eine Optimierung der Sättigungskomponente vorteilhaft. Eine Anhebung der Sättigung ohne Verlust der vorhandenen Abstufungen kann erreicht werden, indem das gesamte Grauwertintervall (Histogramm) dieser Komponente um einen empirischen Wert zur oberen Grenze (255) des festgelegten 8-bit-Dynamikbereiches verschoben wird.

3.4.1. Ergebnisse der IHS-Transformationen

Die vorliegenden Landsat-TM-Daten sind hinsichtlich der Differenzierung vegetationsfreier Oberflächen im allgemeinen und bezüglich ignimbritischer Serien im besonderen hoch korreliert und zeigen dementsprechend nur geringe Farbsättigung auf. Um sowohl quantitative Hinweise über den Chemismus der Boden- bzw. Gesteinsoberfläche als auch über die physikalische Zusammensetzung derselben zu bekommen, wurden sie mit SPOT- und ERS-1-Datensätzen in einzelnen Arbeitsschritten miteinander kombiniert (vgl. Abb. 16).

Ausgehend von einem Landsat-TM-RGB-Falschfarbenkomposit, wurden die RGB-Komponenten in den IHS-Modus transformiert. Dort wurde die Landsat-TM-Intensitätskomponente durch eine Kombination von SPOT- und ERS-1-Daten ersetzt. Wichtig dabei war es, den Dynamikbereich der Intensitätskomponente anzupassen. Im Vergleich zeigt dieser Merge eine deutlich bessere Differenzierbarkeit der Einhei-

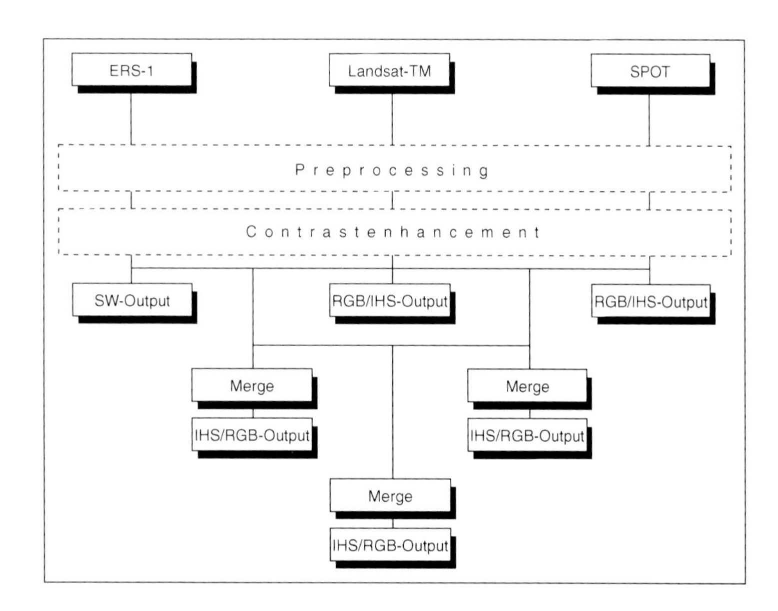

Abbildung 16
Arbeitsablauf für die Erstellung der IHS-Merges
Processing of IHS merges

Abbildung 17
Landsat-TM-Subimage eines Arbeitsgebietes. Addback-Highpass-gefiltertes Falschfarbenkomposit der TM-Kanäle 7/4/1 (RGB),
Maßstab ca. 1 : 750 000
Landsat TM subimage of a study area. Addback-highpass-filtered false colour composite of TM bands 7/4/1 (RGB),
scale approx. 1 : 750,000

Abbildung 18
IHS-Merge aus den Subimages Landsat-TM-7/4/1 + SPOT-Pan + ERS-1-SAR,
Maßstab ca. 1 : 750 000
IHS merge from subimages Landsat TM 7/4/1 + SPOT-Pan + ERS-1-SAR,
scale approx. 1 : 750,000

Abbildung 19
IHS-Merge aus den Subimages Landsat-TM-7/4/1 + SPOT-Pan + ERS-1-SAR (revers), Maßstab ca. 1 : 750 000
IHS merge from subimages Landsat TM 7/4/1 + SPOT-Pan + ERS-1-SAR (revers), scale approx. 1 : 750,000

ten (Abb. 17 u. 18). Farblich fein akzentuierte lithologische Einheiten fallen infolge der veränderten Grauwertdynamik in der Intensitätskonstante zwar etwas ab, da weder die Grauwertdynamik im panchromatischen SPOT-Bild noch in den ERS-1-SAR-Bildern eine gleich hohe Dynamik aufweist. Dennoch eigneten sich, insbesondere für kombinierte lithologische und tektonische Untersuchungen, diese Farbmischungen sehr gut. Dies trifft vor allem auf eine Unterscheidung der ignimbritischen Sequenzen in diesem extrem reliefarmen Gebiet zu.

Hinweise hinsichtlich der Morphologie des Testgebietes können besonders aus den Merges Landsat-TM + SPOT + ERS-1-SAR entnommen werden, da in diesem Beispiel die spektralen Eigenschaften der TM-Daten mit den hochauflösenden, feintexturierten SPOT-Daten sowie den gröber texturierten ERS-1-SAR-Daten, die die Oberflächenrauhigkeit besser wiedergeben, zur Geltung kommen (Mehl et al. 1985).

Eine deutlich bessere Differenzierbarkeit der Morphologie zeigt sich bei der reversen Darstellung des ERS-1-SAR-Kanals im Farbbild (Abb. 18 u. 19).

3.5. Erfassung und Interpretation von Lineationskartierungen

Ausgehend von SW-Abzügen der Landsat-TM- und ERS-1-SAR-Daten, wurden lineare und zirkulare Merkmale kartiert (Abb. 20 u. 21) und lithologische Einheiten abgegrenzt (Abb. 3). Anschließend wurden die so gewonnenen Lineationen digitalisiert sowie entsprechend ihrer lithologischen Zugehörigkeit zusammengefaßt und statistisch zu graphischen Darstellungen, sogenannten Richtungsrosen, verarbeitet (Henkel 1982). Die Abbildungen 22 und 23 zeigen die anzahlmäßigen Richtungsverteilungen in 5-Grad-Intervallen für beide Satellitensysteme. Die Gefügedaten aus der Geländekontrolle wurden in gleicher Weise verarbeitet und als sogenannte Kluftrosen dargestellt (Abb. 24), wobei die Rosen nicht nur die Klüfte, sondern auch die Verwerfungen, also Bewegungsflächen beinhalten.

Erst die Berücksichtigung dieser Gefügedaten erlaubt eine objektive Charakterisierung der Lineationen und ihre Korrelation zueinander,

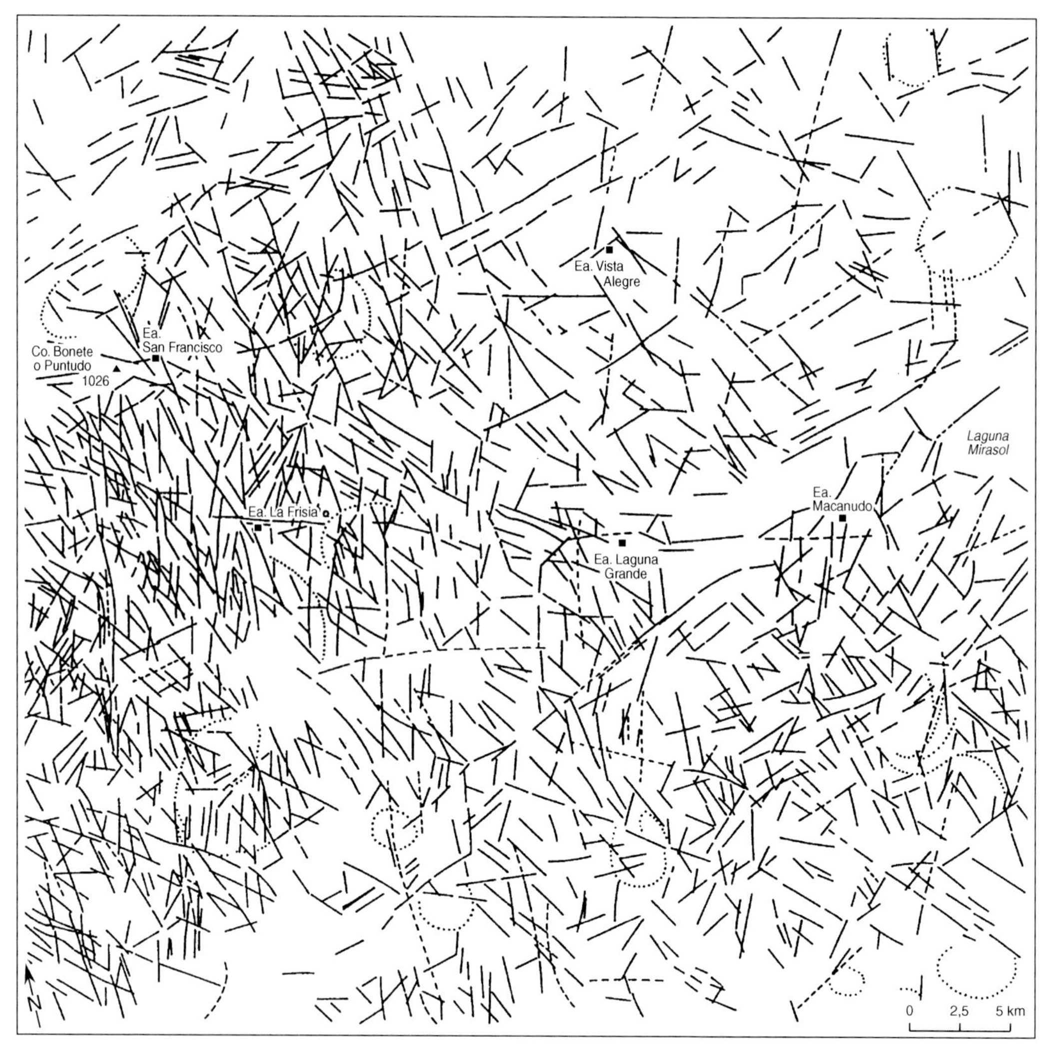

Abbildung 20
Lineationskartierung von Landsat-TM-Abzügen
Lineation mapping on Landsat TM hard copies

um strukturelle Gesetzmäßigkeiten großräumiger und kleinräumiger Bereiche zu erkennen und in Beziehung zu bringen. Außerdem können Lineationen erst dann sinnvoll in Verformungs- und Beanspruchungspläne umgesetzt werden, wenn Relativbewegungen an den Verwerfungen in ihrer Art und Richtung bekannt sind.

Die vergleichende Interpretaton von Richtungsrosen wird durch den Umstand erschwert, daß die Anzahl der kartierbaren und damit in den Richtungsrosen vertretenen Lineationen mit steigender Auflösung des Aufnahmesystems stetig zunimmt. MARGANE u. BÖCKH (1992) wiesen diesbezüglich darauf hin, daß zum Beispiel im Luftbild ausnahmslos alle Deformationsmuster in Erscheinung treten, besonders die der 3. und 4. Ordnung, während in Satellitenbildern eher solche der 1. und 2. Ordnung erkannt werden.

Für die Verformungsanalyse muß dieser Umstand kein Nachteil sein, da hier die prinzipiel-

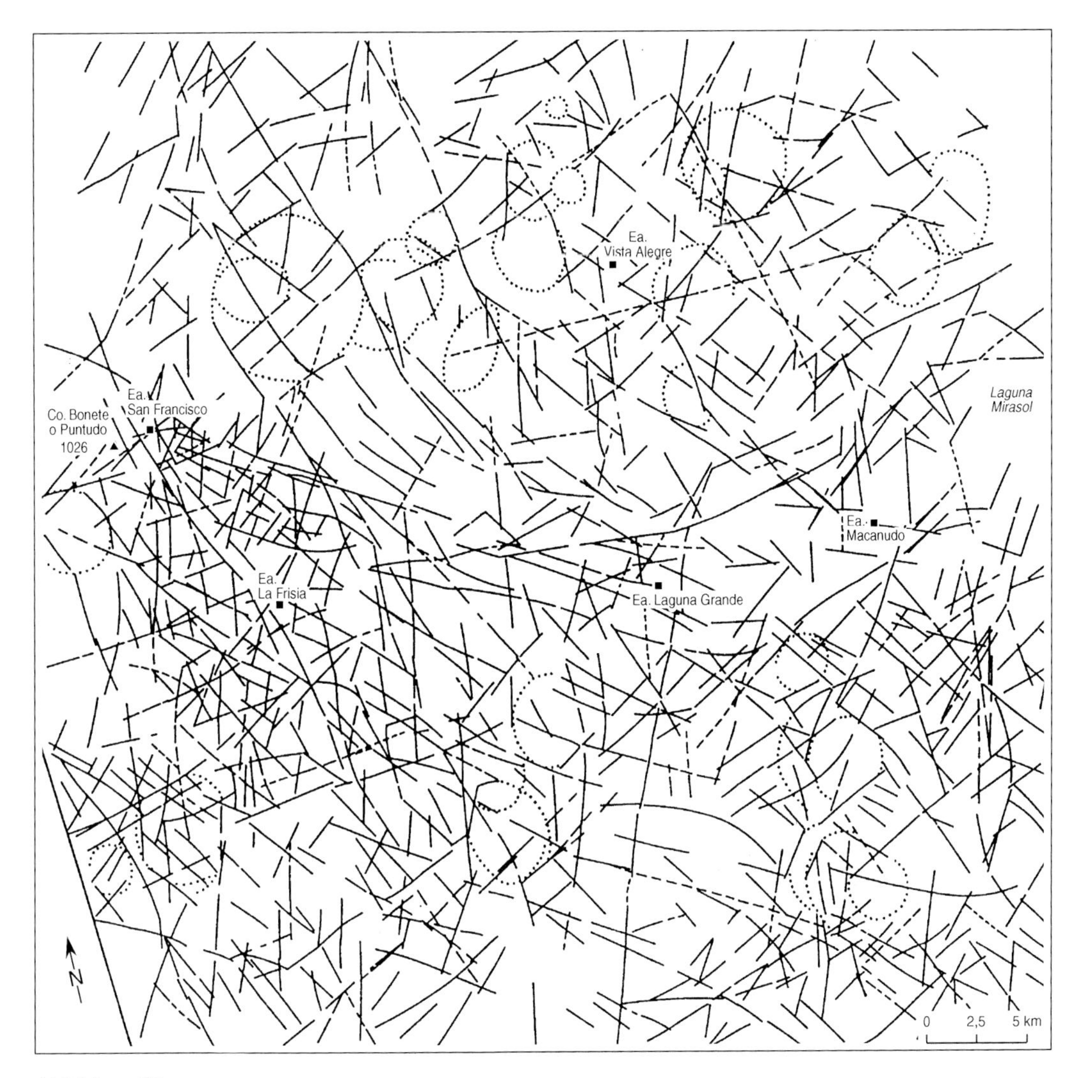

Abbildung 21
Lineationskartierung von ERS-1-SAR-Abzügen
Lineation mapping on ERS-1 SAR hard copies

len Bruchmuster interessieren. Sie sind in der Regel – aufgrund bevorzugter und bereits fortgeschrittener Erosion – auch über verschiedene Gesteinsserien hinweg durchgehend aufgeschlossen und treten nicht (wie die der 3. und 4. Ordnung) je nach Gestein nur lokal in Erscheinung. Insofern wurden Luftbilder nur zur Kontrolle, nicht aber zur Kartierung von Lineationen herangezogen.

In den Kluftrosen tritt eine zusätzliche Diskrepanz zu den Richtungsrosen der Lineationen auf. Ihre Ursache liegt in erster Linie darin, daß mit der Messung dreidimensionaler Gefüge in die Statistik auch solche Streichrichtungen mit einfließen, die lediglich im Aufschlußprofil erkennbar sind. Es wäre daher falsch zu behaupten, daß eine unzureichende Übereinstimmung zwischen den Richtungsrosen und Kluftrosen zu ungenaueren Aussagen führe. Von Bedeutung ist allein die korrekte Bewertung dieser zusätzlich in Erscheinung tretenden Streichrichtungen.

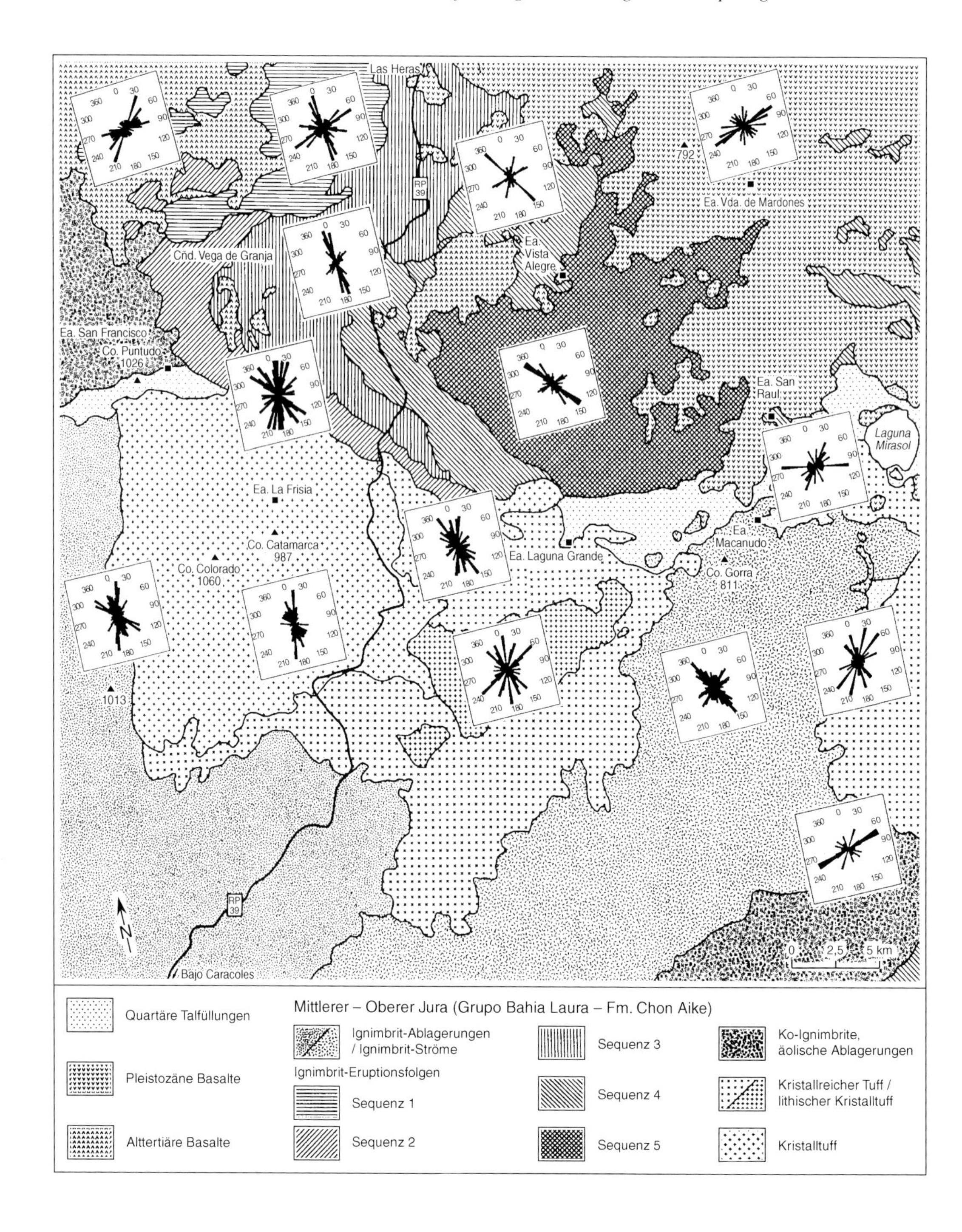

Abbildung 22
Richtungsrosendiagramme aus den Daten der Landsat-TM-Lineationskartierung
Rose diagrams derived from the data of the Landsat TM lineation mapping

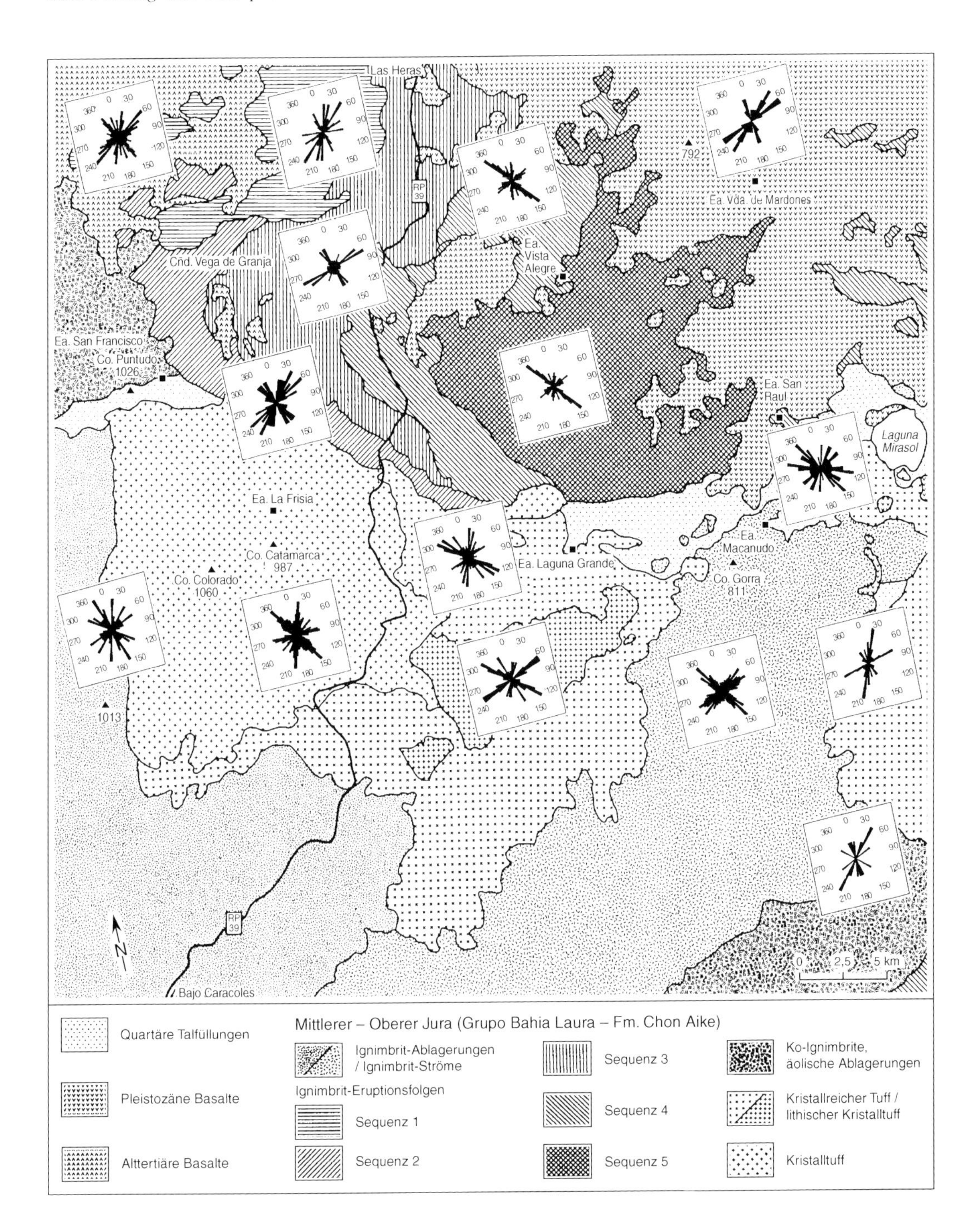

Abbildung 23
Richtungsrosendiagramme aus den Daten der ERS-1-SAR-Lineationskartierung
Rose diagrams derived from the data of the ERS-1 SAR lineation mapping

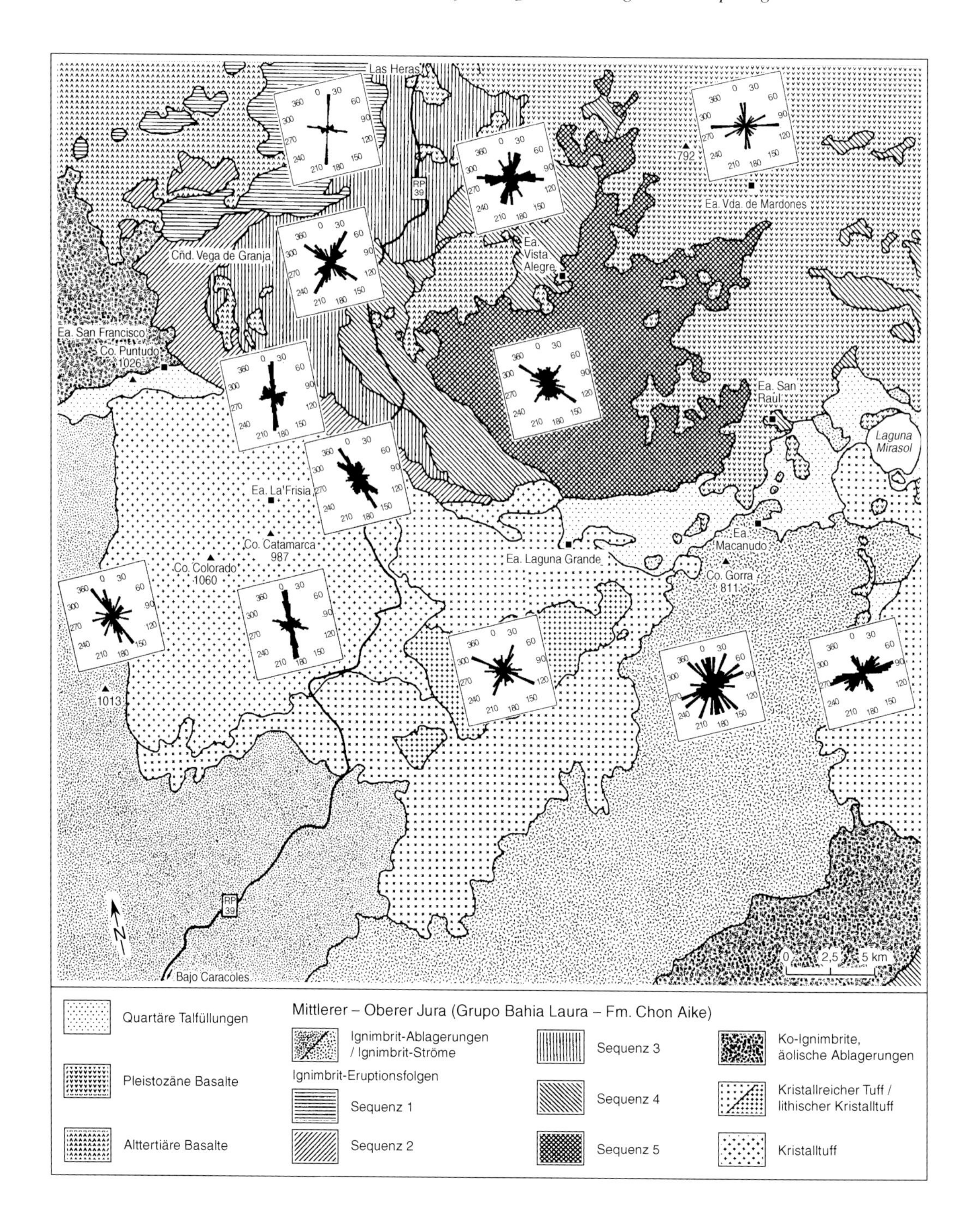

Abbildung 24
Kluftrosendiagramme aus den im Gelände gewonnen tektonischen Gefügedaten
Joint diagrams derived from structural data taken in the field

3.6.
Ergebnisse

Der Vergleich aus beiden Lineationskartierungen zeigt, daß im TM-Bild die Lineationen kürzer sind und dichter liegen, während im ERS-1-SAR-Bild lang aushaltende Lineationen auffallen. Sie vervollständigen nicht nur die linearen Merkmale der TM-Bild-Kartierung, sondern zeigen auch völlig neue Richtungen auf. In Übereinstimmung mit der Geländekontrolle wird deutlich, daß Bruchstrukturen größerer Ausstrichlänge im Radarbild in vielen Fällen fast durchgehend erfaßt werden oder die im Landsat-TM-Bild erkannten Strukturen vervollständigen. Das Radarbild erweist sich damit als wesentliche Verbesserung der Erkennbarkeit von tektonischen Strukturelementen. Im Einzelfall wird dieser Vorteil besonders dort deutlich, wo die Charakterisierung von teils bekannten Strukturen im Landsat-TM-Bild unter der Wolkenbedeckung oder auch in Talböden verborgen bleibt. Die Lineationen aus Radarbildern bestätigen hier die Verlängerung einer NE–SW streichenden Großstruktur. Im Falle der quartären Talfüllungen bei der Ea. Macanudo wird im Radarbild deutlich, daß sich hier offenbar der gleiche Trend in dem darunterliegenden Festgestein noch erfassen läßt. Hierbei würde die genannte Großstruktur auch nach NE eine Fortsetzung haben.

Die Anzahl der kartierbaren zirkularen Strukturen ist im Radarbild höher als in den Landsat-TM-Vorlagen. Ein Nachteil des Radarbildes besteht darin, daß längs zur Abstrahlrichtung des Sensors streichende Strukturen unterrepräsentiert sind, da sich hier keine Reflexionsflächen zeigen. Andererseits treten quer zur Abstrahlrichtung streichende Strukturen besonders hervor. Auch in diesem Fall erwies sich dieser Nachteil nicht als absolut, da er, genaugenommen, nur für streng geradlinige und parallel zur Abstrahlrichtung orientierte Strukturen gilt. Wie die Radaraufnahmen zeigen, treten Strukturen nur geringer Abweichung (z. B. verursacht durch das Vor- und Zurückspringen morphologischer Kanten etc.) sehr gut hervor. Diese Charakteristik drückt sich auch statistisch in einigen Richtungen der ERS-1-SAR-Richtungsrosen aus. Im Gegensatz zu denen der Landsat-TM-Bearbeitung dominieren hier um E–W streichende Richtungen (MEHL et al. 1993).

4.
Strukturgenetische Schlußfolgerungen

Aus dem Vergleich aller Daten ergeben sich vier grundsätzliche Richtungstrends mit einer Abweichung von höchstens 15 Grad: N–S, N30W (NW–SE), N30E (NE–SW) und N70E (ENE–WSW).

Die N–S streichenden Lineationen können den ältesten Gesteinen bis einschließlich der Vulkanite der 3. Sequenz zugeordnet werden. Die NW–SE streichenden Lineationen sind dagegen in allen lithologischen Folgen deutlich vertreten. Die Geländekontrolle zeigte, daß es sich in beiden Fällen um Hauptkluftscharen, verbunden mit lang ausstreichenden, zumeist sinistralen Blattverschiebungen handelt. Die Versetzungsbeträge liegen im Zentimeter- bis höchstens Meterbereich. Die Bruchmuster sind je nach petrophysikalischem Charakter des Gesteins unterschiedlich stark entwickelt. In dicht verschweißten oder auch kristallreichen Pyroklastiten ist die Klüftung zumeist engständiger und deutlicher ausgebildet. Lithofazielle Unterschiede innerhalb einer Sequenz zeigen lokal verstärkte Bruchbildung.

Ausgedehnte Scherzonen konnten im Arbeitsgebiet wie auch in anderen Gebieten des Südpatagonischen Massivs jedoch bislang nicht festgestellt werden.

Außerhalb des Arbeitsgebietes ließ sich bei einigen NW–SE bis NNW–SSE streichenden Verwerfungsflächen ein Wechsel des Bewegungssinns von einer Abschiebung zu einer Blattverschiebung nachweisen. GUST et al. (1985) nahmen an, daß die Anlage von NNW streichenden Abschiebungen infolge eines eher extensiven Streßfeldes ab der späten Trias bis in die Unterkreide hinein stattfand. Dann muß – im Hinblick auf die durch die andine Orogenese ab dem Känozoikum wirkenden Kräfte, die anders orientierte Bruchbildungen bewirkten – spätestens zu Beginn der Oberkreide ein Wechsel hin zu einem Streßfeld mit NW–SE streichender maximaler Hauptnormalbeanspruchung stattgefunden haben. Die besonders in den jüngsten vulkanischen Ablagerungen der Bahía-Laura-Gruppe aufgeschlossenen NE–SW streichenden, ebenfalls sinistralen Blattverschiebungen resultierten höchstwahrscheinlich aus diesem Wechsel. Ebenfalls außerhalb des Arbeitsgebietes läßt sich an NE–SW streichenden

Verwerfungsflächen der umgekehrte Fall nachweisen, wonach sich aus den Blattverschiebungen wiederum Abschiebungen entwickelten. Eine zeitliche Einstufung kann in diesem Fall noch nicht gegeben werden. Jedoch steht fest, daß die Beanspruchungsverhältnisse über das späte Mesozoikum hinweg nicht konstant waren.

Weniger als Schar auftretende, sondern eher isolierte WNW–ESE streichende Störungen innerhalb der Ignimbritsequenzen 2 und 3 erwiesen sich als sinistrale Blattverschiebungen mit mehreren 100 Metern Versatz. Die Spur der Störungen wird innerhalb lithologisch einheitlicher Bereiche besonders durch Vegetationsaufreihungen nachgezeichnet. Wie in diesem Beispiel dokumentiert, führten vielfach Vegetationslineationen im Satellitenbild zum Erkennen von Bruchstrukturen im Gelände.

E–W und ENE–WSW orientierte Lineationen wurden aus allen lithostratigraphischen Einheiten kartiert. Sie entsprechen Kluftsystemen, wie sie besonders in den känozoischen Basalten und Epiklastika ausgebildet sind. Dieser regional auftretende Richtungstrend, der außerhalb des Arbeitsgebietes auch durch Abschiebungen und Blattverschiebungen belegt werden konnte, kann auf das durch die andine Orogenese induzierte Streßfeld zurückgeführt werden.

Die Lineationsmuster der quartären Talfüllungen in der Umgebung der Ea. Macanudo deuten die Verlängerung von zwei eingangs genannten Großstrukturen in diesen Bereich hinein an. Ferner fallen ca. N40W streichende Lineationen auf. Sie stimmen mit der Richtung jener Bruchscharen überein, die in den angrenzenden Ignimbritplateaus der Sequenzen 2 bis 5 vorherrschen. Der Schluß liegt nahe, daß es sich hierbei um die Spuren derselben Bruchschar und damit möglicherweise derselben Gesteinsserien handelt, die von der Radarwelle noch erfaßt werden, obwohl sie von quartären Talfüllungen verdeckt liegen.

Die bisherigen Ergebnisse haben gezeigt, daß ERS-1-SAR-Daten das Erkennen großräumiger Lineationen wesentlich unterstützen. Weitere Vorteile der SAR-Verarbeitung werden von den Kombinationen mit Landsat-TM-Bildern erwartet. Das auffällige Umschlagen des Beanspruchungsplanes am Ende der Kreidezeit kann mit dem endgültigen Auseinanderbrechen Gondwanas im Südatlantik parallelisiert werden. Eine ausführliche Diskussion dieses Ereignisses wird dann möglich sein, wenn weitere ERS-1-Daten ausgewertet sind. Dabei wird ein Vergleich mit der Bruchtektonik im Nordpatagonischen Massiv eine besondere Rolle spielen. Im Zusammenhang damit muß auch die geochemische Entwicklung des effusiven Magmatismus gesehen werden, die derzeit im Detail untersucht wird.

Literatur

BROWN, C. W. (1961):
Comparison of joints, faults and airphoto linears.
Amer. Ass. Petrol. Geol. Bull., **45** (11): 1888–1892. Menasha.

DALZIEL, I. W. D., STOREY, B. C., GARRETT, S. W., GRUNDOW, A. M., HERROD, L. D. B., & R. J. PANKHURST (1987):
Extensional tectonics and the fragmentation of Gondwanaland.
In: COWARD, M. P., DEWEY, J. F., & P. L. HANCOCK [Eds.] 1987:
Continental Extensional Tectonics.
Geol. Soc. Spec. Publ. **28**: 433–441. Oxford.

DE GIUSTO, J. M., DI PERSIA, C., & E. PEZZI (1980):
Nesocratón del Deseado.
In: II. Simp. Geol. Reg. Arg.; Acad. Nac. Cienc. Córdoba, **II**: 1389–1430.

FROST, V. S., STILES, J. A., SHANMUGAN, K. S., & J. C. HOLTZMAN (1982):
A model for radar images and its application to adaptive digital filtering of multiplicative noise.
IEEE Trans. Pattern Ann. Machine Intell., PAMI-**4**.

GUST, D. A., BIDDLE, K. T., PHELPS, D. W., & M. A. ULIANA (1985):
Associated middle to late Jurassic volcanism and extension in southern South America.
Tectonophysics, **116**: 223–253. Amsterdam.

HAFNER, W. (1951):
Stress distributions and faulting.
Geol. Soc. Amer. Bull., **62**: 373–398.

HECHEM, J., & J. HOMOVC (1985):
Modelo de facies volcanoclástico y consideraciones estratigráficas para la Formación Bajo Grande y el Grupo Bahía Laura, Jurásico Superior – Cretácico inferior, Provincia de Santa Cruz.
Yac. Petrol. Fisc. [unveröffentl.].

HELMCKE, D., LIST, F. K., & N. W. ROLAND (1976):
Geologische Interpretation von Luft- und Satellitenbildern.
Geol. Jb., A **33**: 89–115. Hannover.

HENKEL, J. (1982):
Usage of a desktop computer system for geo-photogrammetric interpretation of image data.
L-DP15-IGARSS '82. München.

JASKOLLA, F. (1986):
Radaraufnahmen der Erdoberfläche aus dem Weltraum – Anwendungsmöglichkeiten und Grenzen in der Geologie sowie Anforderungen an zukünftige Systeme.
Habilschr., Fakultät für Geowissenschaften, LMU, München.

JASKOLLA, F., & J. HENKEL (1989):
A new concept of digital processing of multispectral remote sensing data for geological applications.
7th Thematic Conference on Remote Sensing for Exploration Geology. Calgary.

KAY, S. M., RAMOS, V. A., MPODOZIS, C., & P. SRUOGA (1989):
Late Paleozoic to Jurassic silicic magmatism at the Gondwana margin: Analogy to the Middle Proterozoic in North America?
Geology, **17**: 324–328.

KUAN, D. T., SAWCHUK, T. C., STRAND, T. C., & P. CHAVEL (1985):
Adaptive noise smoothing filter for images with signal-dependant noise.
IEEE Trans. Pattern Ann. Machine Intell., PAMI-**7**: 165–177.

LATTMANN, L. H. (1958):
Technique of mapping geologic fracture traces and lineaments on aerial photographs.
Photogramm. Eng., **24** (4): 568–576. Menasha.

LEE, J. S. (1980):
Digital image enhancement and noise filtering by use of local statistics.
IEEE Trans. Pattern Ann. Machine Intell., PAMI-**2**.

LOPES, A., & R. TOUZI (1988):
Adaptive speckle filtering for SAR images.
Proceedings of IGARSS '88, Ref. ESA SP-284 (IEEE 88CH2497-6). Edinburgh.

LOPES, A., TOUZI, R., & E. NEZRY (1990):
Adaptive Speckle Filters and Scene Heterogeneity.
IEEE Transactions on Geoscience and Remote Sensing, **28** (6).

MARGANE, A., u. E. BÖCKH (1992):
Verbesserung der Prospektionsmethodik für die ländliche Wasserversorgung in Festgesteinsgebieten arider Regionen.
Z. dtsch. geol. Ges., **143**: 262–276. Hannover.

MAZZONI, M., SPALLETTI, L., IÑIGUEZ RODRIGUEZ, A., & M. TERRUGI (1981):
El Grupo Bahía Laura en el Gran Bajo de San Julián, Provincia de Santa Cruz.
Actas VIII. Cong. Geol. Arg., **3**: 485–507. Buenos Aires.

MCKINSTRY, H. E. (1953):
Shears of the second order.
Amer. J. Sci., **251**: 404–414.

MEHL, H., REIMER, W., & H. MILLER (1993):
The Use of ERS-1 SAR and Landsat-TM Data for Mapping of Geological Features in Patagonia.
Proceedings of the Second ERS-1 Symposium: Space at the Service of our Environment. Hamburg: 907–910.

MEHL, H., REIMER, W., & H. MILLER (1994):
Spectral Discrimination of Ignimbrite Rocks of Southern Argentina in Landsat Thematic Mapper Imagery using GER SIRIS Laboratory Data.
Proceedings Europto-Series, SPIE 2320, Rome: 12–23.

MEHL, H., REIMER, W., & H. MILLER (1995):
Spectral Discrimination of Ignimbrite Rocks in the Deseado Massif using Landsat-TM and GER SIRIS data.
IGARSS, IEEE-0-7803-2567-2/95, Firenze, **3**: 2200–2201.

O'LEARY, D. W., FRIEDMANN, J. D., & H. A. POHN (1976):
Lineament, linear, lineation – some proposed new standards for old terms.
Geol. Soc. Amer. Bull., **87**: 1463–1469.

SCHREIER, G. [Ed.] (1993):
SAR Geocoding: Data and Systems.
Karlsruhe.

SINGH, A., & A. HARRISON (1985):
Standardized principal components.
Int. J. of Remote Sensing, **6**: 883–896.

SRUOGA, P. (1988):
Petrología del vulcanismo Jurásico del Macizo del Deseado.
Univ. Nac. de La Plata, La Plata [Dissertation].

ULABY, F. T., MOORE, R. K., & A. K. FUNG [Eds.] (1982):
Microwave Remote Sensing.
Vol. II. Adison-Wesley Publishing Company.

ULIANA, M., BIDDLE, K., PHELPS, V. W., & D. A. GUST (1986):
Significado del vulcanismo y extensión mesojurásica en el extremo meridional de Sudamérica.
Asoc. Geol. Argent. Rev., **40**: 231–253. Buenos Aires.

Marine Terrassen und ihre Erfassung in Satellitenbildern verschiedener Aufnahmesysteme am Beispiel von Bahía Bustamante (Patagonien)

Gerhard Schellmann, Helmut Schwan, Ulrich Radtke u. Gerd Wenzens

Summary:
Marine terraces and their documentation with various satellite remote sensing sensors: the Bahía Bustamante example (Patagonia)

At least two Holocene terraces (H) below 10 m a. m. t. l. (above mean tide level) exist in the coastal area of Bahía Bustamante. Lying slightly higher (up to 21 m a. m. t. l.) there are three terraces (T1–T3), with associated beach ridges, which most probably date from the Last Interglacial. Above this, around 25 m (T4), is another terrace with beach ridges, which is most probably the youngest Middle Pleistocene level and can be correlated tentatively with the Penultimate Interglacial around 200,000 B. P. Preliminary dating results indicate that the next terrace with beach ridges at 29 m (T5) was formed during the period approximately 400,000 to 300,000 B. P. The highest part of the sequence consists of an older terrace system (T6 complex), also with beach ridges, between 35 and 43 m a. m. t. l. The dating of this level remains problematic. – The advantages of remote sensing are particularly evident in areas as remote as Patagonia where access is extremely limited and maps are unavailable except at a very small scale. Enhanced data sets produced by digital image processing enable relevant areas to be targeted for further investigation. ERS-1 has the capability to provide multitemporal data sets from ascending and descending orbits. It is possible to use the texture in the data sets to distinguish the various parameters such as moisture content and vegetation type which affect the reflective properties of the landforms. Comparison of summer and winter images show that investigations in the Southern Hemisphere winter are very important because in the semi-arid regions soil moisture is the regulating factor. Special attention must be drawn to the development of filters which reduce the speckle effect.

Zusammenfassung:

Insgesamt sind im Küstenabschnitt „Bahía Bustamante“ neben mindestens zwei holozänen Niveaus (H) unterhalb von 10 m ü. mTw bis zu drei vermutlich letztinterglaziale Terrassen (T1 bis T3) erhalten, deren Strandwälle nur wenig höher liegen (bis ca. 21 m ü. mTw [mittlerer Tidenwasserspiegel]). Über diesen letztinterglazialen Terrassenstufen findet man dann als wahrscheinlich jüngstes mittelpleistozänes Niveau Strandwälle um ca. 25 m ü. mTw (T4), die vermutlich dem vorletzten Interglazial um ca. 200 000 BP entsprechen. Ein nächsthöheres Niveau mit Strandwallhöhen von 29 m ü. mTw (T5) entstand nach ersten Datierungen im Zeitraum um ca. 300 000 bis 400 000 BP. Die Datierung weiterer höhergelegenener und älterer Terrassenstufen (T6-Komplex) mit Strandwallsystemen in 35 bis 43 m ü. mTw und darüber erscheint derzeit problematisch. – Die Vorteile der Fernerkundung kommen besonders im unwegsamen und unberechenbaren Gelände Patagoniens zum Tragen. Mit den durch Methoden der digitalen Bildverarbeitung optimierten Bilddaten können Problemfelder gezielt angesteuert und untersucht werden. Die besondere Fähigkeit des ERS-1, im auf- und absteigenden

Orbit multitemporale Bilddaten zu liefern, läßt die Möglichkeit zu, die radarbeeinflussenden Parameter gegeneinander abzuwägen. Der Vergleich zwischen Winter- und Sommeraufnahmen zeigt deutlich, daß die Präferenz bei Südwinterkampagnen liegen muß, da im semiariden Gebiet primär die Bodenfeuchte der regulierende Faktor ist. Der (Weiter-) Entwicklung specklereduzierender Filter muß zukünftig besondere Beachtung geschenkt werden.

1. Einleitung

Entlang der patagonischen Küste sind an mehreren Lokalitäten in verschiedener Höhenlage über heutigem Meeresspiegel marine Terrassensysteme verbreitet. Sie dokumentieren neben glazialeustatischen und -isostatischen vor allem lokal- und regionaltektonische Effekte. Trotz mehrerer jüngerer Neubearbeitungen sind bis heute die Anzahl, Altersstellung, Verbreitung, Aufbau und Genese der marinen Terrassen weitgehend offen, was eine Folge mangelnder geologisch-geomorphologischer Detailstudien ist. Dies ist um so verwunderlicher, als doch die patagonischen Küstenbereiche diejenigen Areale in der südhemisphärischen Westwindzone sind, wo überhaupt relevantes Datenmaterial großräumig gewonnen werden kann. Aufgrund der schlechten Zugänglichkeit dieser Gebiete und des Fehlens genauer topographischer Karten ist eine großräumige Erfassung auf der Basis klassischer Geländeaufnahmen vor Ort in einem überschaubaren Zeitraum nicht durchführbar. Daher bietet sich der Einsatz von Fernerkundungsmethoden (FE-Daten) geradezu an. In Kombination mit lokal angelegten Geländeuntersuchungen ist eine Extrapolation auf größere Areale möglich, so daß die betrachteten Phänomene auch in ihrer lokalen, regionalen und überregionalen Verbreitung erkannt werden können. Neben den klassischen FE-Daten von SPOT und Landsat liegen aus diesem Raum seit Ende 1992 erste Radarbilddaten des ERS-1 vor.

Abbildung 1
Lage der Untersuchungsgebiete entlang der patagonischen Küste
Location map of areas investigated along the Patagonian coast

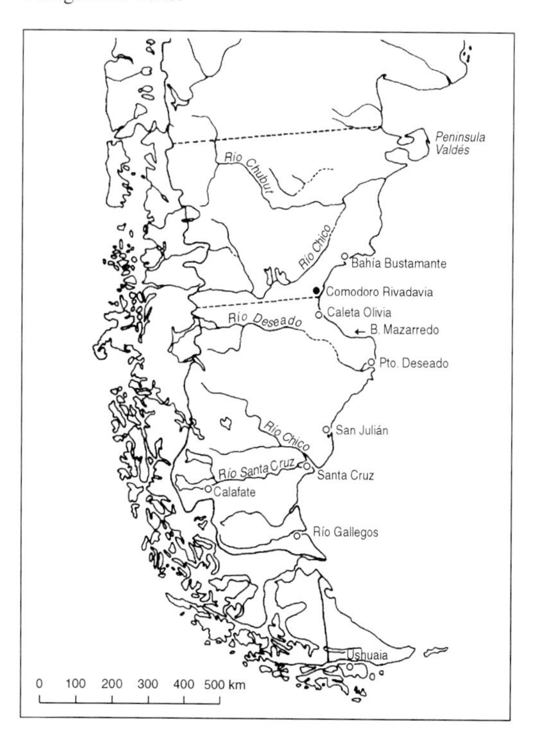

Die durchgeführten Untersuchungen fanden im Rahmen des OEA-Teilprojektes „Strandterrassen und Gletschervorfelder in Südpatagonien" unter Leitung von U. Radtke (Universität Köln) und G. Wenzens (Universität Düsseldorf) statt. Die drei bisherigen mehrwöchigen Geländekampagnen im Frühjahr und Herbst des Jahres 1992 sowie im Frühjahr 1993 leitete G. Schellmann (Universität Köln). Die Aufbereitung und Auswertung der FE-Daten übernahm H. Schwan (Universität Düsseldorf) in Zusammenarbeit mit dem Institut für Physische Geographie der Universität Freiburg (H. Gossmann). Die Altersdatierungen an Mollusken wurden durchgeführt mittels Elektronen-Spin-Resonanz (ESR: U. Radtke u. G. Schellmann), Aminosäure-Razemisierung (AAR: N. Rutter, University of Alberta) und radiometrischer Methoden ($^{230}Th/^{234}U$-Datierungen: A. Mangini,

Univ. Heidelberg; ^{14}C-Datierungen: B. KROMER, Univ. Heidelberg).

Die aktuellen Bearbeitungen an der patagonischen Küste konzentrieren sich auf folgende Typuslokalitäten (Abb. 1): Península Valdés, Bahía Bustamante, Caleta Olivia, Bahía Mazarredo, San Julián, Santa-Cruz-Ästuar.

2. Jung- und mittelquartäre Meeresspiegelhochstände entlang der patagonischen Küste

Die Länge der patagonischen Küste (Abb. 1) zwischen der Península Valdés (42° 50' S) und dem Río Gallegos (ca. 51° 30' S) beträgt rund 2500 km. Entlang dieser makrotidal geprägten Küstenlinie dominieren als Küstenformen meist kleinräumige Marschen, Ästuare (Río Deseado, Río Santa Cruz), steile Kliffs und Abrasionsplattformen sowie marine Akkumulationsterrassen, vor allem in Form von Strandwall-Lagunen-Systemen.

Bis heute bilden die klassischen Bearbeitungen der marinen Terrassen Patagoniens von FERUGLIO (1947, 1950) das bisher einzige geschlossene System des marinen Quartärs Argentiniens. FERUGLIOS Gliederungsschema mariner Terrassen („Playas levantadas de la Patagonia") basiert im wesentlichen auf einer altimetrischen Korrelation und paläontologischen Alterseinstufung. Entlang der patagonischen Küste erkennt FERUGLIO eine sechsgliedrige Sequenz mariner Terrassen zwischen 6 und 186 m ü. d. M. in jeweils identischer Höhenlage, wobei die älteste Formation bis 50 km in das Landesinnere reicht. Das vollständigste Terrassenprofil wird von FERUGLIO bei Puerto Deseado (47° 45' S) beschrieben. Hier findet er fünf Terrassen seines sechsgliedrigen Ordnungsschemas wieder. An allen anderen von ihm beschriebenen Lokalitäten existieren meist nur ein bis drei Glieder seiner Terrassentreppe (Tab. 1: z. B. „Bahía Bustamante").

In den 60er bis 80er Jahren richtete sich die Erforschung der marinen Ablagerungen in erster Linie auf das Holozän, welches mit der ^{14}C-Methode hinlänglich datierbar geworden war (u. a. FAIRBRIDGE u. RICHARDS 1970, SCHNACK et al. 1987). Erst in jüngster Zeit begann die Neuuntersuchung der pleistozänen marinen Sedimente (RUTTER et al. 1990; RUTTER, RADTKE u. SCHNACK 1989; RADTKE 1989). Mittels erstmals einsetzbarer radiometrischer Datierungsmethoden (Th/U, ESR, AAR) und auf der Basis der durch sie gelieferten Chronostratigraphie versucht man zu klären, inwieweit tektonische oder eustatische Einflüsse bei der Bildung der marinen Terrassen dominieren.

Die aktuellen Untersuchungen bedingen eine Revision der bestehenden marinen Terrassengliederungen. Die marinen Terrassen Patagoniens belegen keineswegs das Bild einer tektonisch relativ stabilen Küste. In Küstenarealen

Tabelle 1
Gliederungsschema des marinen Quartärs von Patagonien nach FERUGLIO *(1947, 1950)*
Marine terraces of Patagonia after FERUGLIO *(1947, 1950)*

Terrassensystem				Bahía Bustamante	
Nr.	Bezeichnung	Höhe [m ü. d. M]	Alter	Bezeichnung	Höhe [m ü. d. M]
1	2	3	4	5	6
I	Terraza del Carro Laciar	170–186	Pliozän		
	Terraza del Cabo Buentiempo	131–138	Pliozän		
II	Terraza de la Estancia Cabo Tres Puntas	115–140	1. Interglazial		
III	Terraza de Camarones	95– 40	2. Interglazial		
IV	Terraza de Escarpado Norte	30– 40	3. Interglazial	Cordón litoral interno	28–40
V	Terraza de Puerto Mazarredo	15– 30	Spätglazial	Cordón litoral intermedio	20–26
VI	Terraza de Comodoro Rivadavia	6–12 (19)	Holozän	Cordón litoral reciente	11–12

mit tatsächlich größerer tektonischer Stabilität, wie im Bereich der Península Valdés, haben unterschiedlich alte, jung- und mittelquartäre Terrassen eine Oberflächenerhebung in ähnlicher Höhenlage.

Neben den holozänen Niveaus bis 14 m ü. d. M. sind im Bereich der Caleta Valdés nach FASANO et al. (1983) vier weitere Strandwall-Lagunen-Systeme (I bis IV) verbreitet, die nach FASANO alle eine maximale Erhebung bis in ca. 26 bis 28 m ü. d. M. aufweisen. Auf der Basis von AAR- und ESR-Datierungen an Muscheln kommen RADTKE et al. (1989) sowie RUTTER et al. (1989, 1990) zu einem letztinterglazialen Alter der jüngsten präholozänen Terrasse IV und einer zumindest vorletztinterglazialen Zeitstellung des älteren Systems III (RADTKE et al. 1989, S. 278).

Inzwischen wurden aus Lagunensedimenten innerhalb des Systems I, die die geologische Grenze zwischen einer älteren Terrasse Ia und einem jüngeren Strandwall-Lagunen-System Ib markieren, mehrere Muscheln in Lebendstellung geborgen und datiert. Vier Muscheln haben ein ESR-Alter zwischen ca. ≥ 152 000 und ≥ 228 000 BP und weisen damit auf eine mindestens vorletztinterglaziale Verfüllung der Ib-Lagune hin. Dem entsprechen auch die AAR-Messungen zweier weiterer Muscheln mit einem maximalen Wert von 0,59 (D/L-Verhältnis von Asparagin). Viel älter ist dagegen das System Ia, in dessen marine Kies-, Sand- und Lehmbänder vulkanische Aschelagen eingeschaltet sind. Eine aus diesen marinen Transgressionssedimenten in Lebendstellung geborgene Muschel hat ein ESR-Alter von > 495 000 BP und stellt damit das System Ia mindestens ins „Ältere Mittelpleistozän“.

Auch im Bereich der Küste nördlich von Caleta Olivia begrenzen landeinwärts mittelquartäre Strandwälle die holozäne Küste in einer Höhenlage von lediglich 20–23 m ü. mTw (mittlerer Tidenwasserspiegel). Aus diesem Strandwallniveau in Lebendstellung geborgene Muscheln ergaben bisher zwei ESR-Alter von ≥ 275 000 bzw. ≥ 279 000 BP.

Weiter südlich im Küstenabschnitt Mazarredo erstreckt sich über den bis 9 m ü. mTw hohen holozänen Niveaus ein Strandwall-Lagunen-System bei 16–19 m ü. mTw, das eine etwas geringfügig tiefere Lage aufweist als die mindestens vorletztinterglazialen Strandwälle in Caleta Olivia. Die Datierung mehrerer Muscheln in Lebendstellung aus diesem Niveau belegt jedoch hier einen letztinterglazialen Meereshochstand. So ergab die ESR-Datierung von fünf Muscheln Alter zwischen ≥ 136 000 und ≥ 164 000 BP, drei Muscheln haben AAR-Werte von 0,50, 0,54 und 0,55.

Im tektonischen Hebungsgebiet Bahía Bustamante sind die marinen Terrassen treppenartig von den Strandwällen holozäner Meeresspiegelhochstände unterhalb von ca. 10 m ü. mTw bis hin zu altquartären Strandwällen in mehr als 80 bis 100 m Höhe über dem heutigen Meeresspiegel angeordnet.

3. Die Bucht Bahía Bustamante

Das Untersuchungsgebiet Bahía Bustamante liegt am Golf San Jorge ca. 100 km nordöstlich von Comodoro Rivadavia (Abb. 1). Die Bucht erstreckt sich zwischen der weit nach Osten in den Atlantik hinausragenden Península Aristizábal im Süden und der weit vorspringenden Landzunge Punta Ezquerra im Nordosten der Siedlung Bustamante (Abb. 2). Die in diesem Raum 25–30 km breite Küstenregion wird zum Landesinneren hin vom Meseta-Stufenrand der 400–500 m ü. d. M. hohen Pampa de Malaspina und der Meseta de Montemayor begrenzt.

Im heutigen Küstenverlauf dominieren kiesige Strände zwischen Landzungen aus vulkanischem Festgestein. Im Süden der Siedlung Bahía Bustamante liegen zwei größere Halbinseln, die Península Aristizábal und die Península Gravina (Abb. 2). Von ihnen umrahmt wird die Caleta Malaspina, eine Bucht, die zusätzlich durch mehrere Inseln zum Atlantik hin abgeschlossen ist.

Im rezenten küstenmorphologischen Formenschatz dominieren kleinere Abrasionsplattformen entlang der felsigen Küstenareale, ansonsten kiesige Strandwallsequenzen im Bereich der zum Atlantik hin offenen Strände sowie Wattmilieu und Marschen in weiten Strandbereichen der Caleta Malaspina. Der mittlere Tidenwasserspiegel liegt bei 3,11 m ü. NM („Nivel medio“ nach Servicio de Hidrografia Naval, Tablas de Marea 1992 u. 1993, Buenos Aires), der mittlere Flutspiegel bei 4,4–5,2 m ü. NM, und bei Springtide werden sogar 5,7 m ü. NM erreicht.

3.1. Geomorphologischer und geologischer Überblick

Innerhalb der Küstenregion der Bahía Bustamante lassen sich drei annähernd küstenparallel verlaufende geomorphologische Großeinheiten unterscheiden. Eine küstennahe Zone, die im wesentlichen durch die Verbreitung mehrerer mariner Strandwall-Lagunen-Sequenzen geprägt wird, erstreckt sich mit ca. 2–4 km Breitenausdehnung im Bereich der Siedlung Bustamante. Nach Nordosten, im Gebiet der Estancia San Miguel, reicht diese Zone über 10 km weit ins Landesinnere.

Weiter landeinwärts folgt eine Zone vorherrschender fluvialer Ausräumung mit unterschiedlich hohen, in Einzelrücken aufgelösten Fußflächen- und Flußterrassenniveaus sowie den in diese eingeschnittenen rezenten Talböden. Leitlinien der Ausräumung sind im Küstenabschnitt der Bahía Bustamante drei episodisch wasserführende Cañadónes: die beiden Cañadónes de Las Mercedes und Malaspina, die im Nordosten der Siedlung Bustamante die Küste erreichen, und der Cañadón El Pinter, der südlich von Bustamante in die Caleta Malaspina einmündet (Abb. 3). Diese greifen mit ihrem zunehmend dendritisch verzweigten, in ältere Terrassen und Fußflächen eingeschnittenen Entwässerungsnetz bis nahe an den Meseta-Stufenrand zurück. Letzterer begrenzt als ein markanter, über 100 m hoher Steilrand die Küstenregion.

Geologisch gesehen, liegt nach ZAMBRANO u. URIEN (1970, Abb. 8) die Küstenregion der Bahía Bustamante am Südrand des Nordpatagonischen Massivs, eines tektonischen Hochgebietes, das unmittelbar südlich der Bahía Bustamante vom NW–SE streichenden San-Jorge-Becken begrenzt wird. Die sedimentäre Überdeckung des liegenden vulkanischen Untergrundes bilden im Raum der Bahía Bustamante neben quartären Ablagerungen vor allem tertiäre Ton-, Silt- und Sandsteinserien mit eingeschalteten pyroklastischen Lagen der tertiären Formationen Salamanca (Paläozän, marin), Río Chico (Paläozän/Eozän, kontinental), Sarmiento (Eozän/Oligozän, kontinental) und Patagonia (Oberoligozän/Miozän, marin; vgl. CIONCHI 1988a, b). Sie sind im Anstieg zur Meseta-Hochfläche von

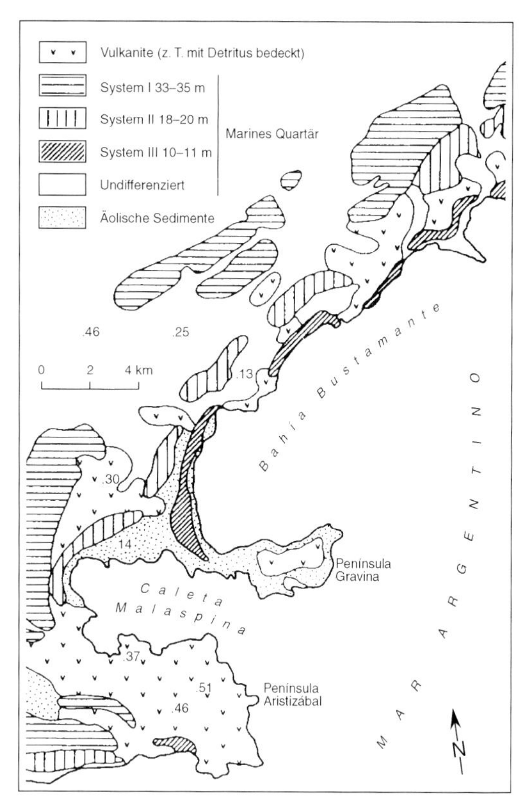

Abbildung 2
Verbreitung mariner Terrassen im Bereich der Bahía Bustamante nach CIONCHI (1984, Abb. 2; verändert)
Marine terraces in the Bahía Bustamante area after CIONCHI (1984, Fig. 2; modified)

quartären Ablagerungen überdeckt und im Untergrund der ihr vorgelagerten Vorberg- und Fußflächenzone verbreitet. Im Bereich der Meseta-Hochfläche werden sie diskordant überlagert von flächenhaft ausgebreiteten, mehrere Meter mächtigen Kiesen, den sogenannten „patagonischen Geröllen" („rodados patagónicos"). Die weitgehend fluviatile Ablagerung dieser patagonischen Gerölle soll im Pliozän oder frühen Pleistozän stattgefunden haben (u. a. CIONCHI 1988a, S. 54 f.). Im Laufe des Quartärs, z. T. mehrfach umgelagert, bilden vor allem sie das grobklastische Ausgangssubstrat für die kiesigen Sedimentkörper der Flußterrassen und marinen Strandwälle, aber auch der rezenten Kiesstrände. Die feinklastischen Sedimentgesteine des Tertiärs liefern dagegen weitgehend das

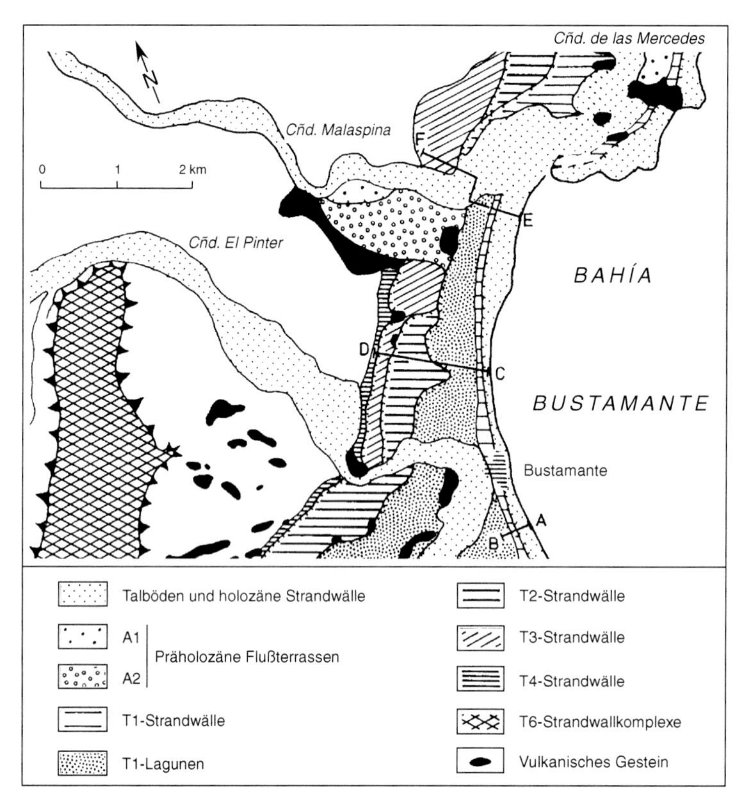

Abbildung 3
Verbreitung mariner Terrassen im Bereich der Siedlung Bustamante mit Lage der topographischen Profile in Abbildung 4
Marine terraces in the Bustamante area with location of the topographic profiles in Fig. 4

Material für Hochflutsedimente, Flugsande und -stäube.

Mit der epirogenen Heraushebung dieses Küstenareals im Laufe des Quartärs wurde im küstennahen Bereich der Bahía Bustamante die tertiäre Sedimentdecke nahezu vollständig bis auf die liegenden Vulkanite (Quarzporphyre, Rhyolithe) und Pyroklastika der jurassischen Formation Marifil (Dogger) abgetragen. Diese vulkanischen Festgesteine bilden die Oberfläche auf den zahlreichen der Küste vorgelagerten Inseln und den ins Meer vorspringenden Landzungen, wie der Península Aristizábal und Península Gravina, Punta Restinga, Punta Ezquerra, Punta Tafor u. a. Darüber hinaus durchragen sie im küstennahen Raum an zahlreichen Stellen als Härtlinge die quartären Ablagerungen. Die markantesten Härtlingskuppen sind die bis 275 m ü. d. M. hohen Tetas de Pineda im Westen der Siedlung Bustamante und der Cerro Condor (172 m ü. d. M.) nördlich der Estancia La Esther.

3.2. Verbreitung und Altersstellung des marinen Jung- und Mittelquartärs

Innerhalb der von marinen Ablagerungen geprägten küstennahen Zone beschreiben Feruglio (1947, 1950) und Cionchi (1984, 1987) im Bereich der Bahía Bustamante, der südlich anschließenden Caleta Malaspina sowie südlich der Península Aristizábal drei fossile Strandwallsysteme (Tab. 1, Abb. 2), die sich mehr oder weniger parallel zur rezenten Küste erstrecken. Das jüngste System III ist nach Cionchi (1984, S. 9; 1987) im Mittel in 300–500 m Entfernung entlang der heutigen Küste verbreitet und weist eine maximale Erhebung von 8–10 m ü. d. M. auf. Landeinwärts schließt sich dann in 600 bis 1500 m Entfernung das nächsthöhere System II mit einer maximalen Strandwallhöhe von ca. 25–29 m ü. d. M. an (Cionchi 1987, S. 64). Die größte Ausdehnung und Entfernung von der

Abbildung 4
Topographische Profile I bis III im Bereich der Siedlung Bustamante
Topographic profiles I to III in the Bustamante area

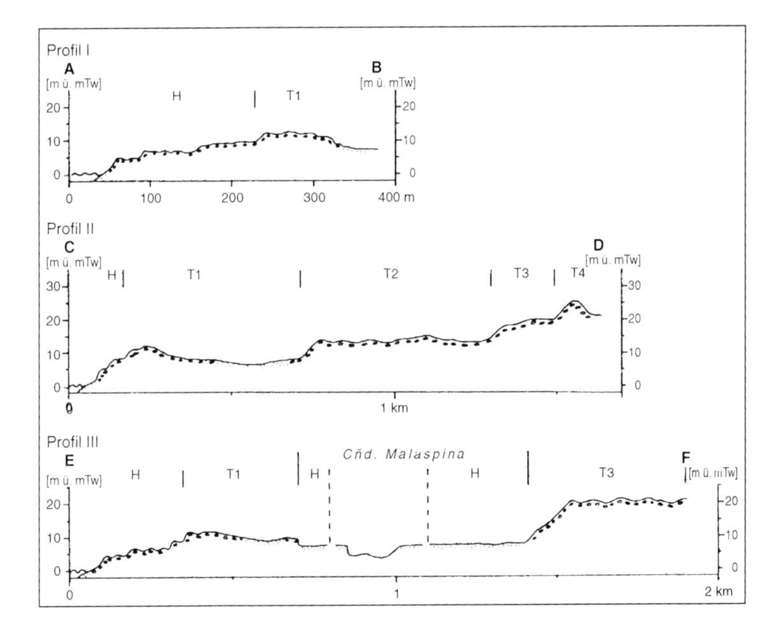

rezenten Küste hat das teils stärker erodierte System I in einer Höhenlage von 35–41 m ü. d. M. (CIONCHI 1984, S. 41).

Nachfolgende Bearbeitungen dieses Raumes (u. a. RADTKE 1989, RADTKE et al. 1989, RUTTER et al. 1989 u. 1990) setzten erstmals radiometrische Datierungen ein, um eine genauere Zeitstellung der drei postulierten Meeresspiegelhochstände zu erfassen. Im Bereich der Landbrücke zwischen der Bahía Bustamante und der Caleta Malaspina weist RADTKE (1989, S. 93) mittels ESR- und ^{14}C-Datierungen an mehreren marinen Muscheln einen tiefergelegenen jung- (um 1 500 BP) und einen höheren mittelholozänen (um 5 000–6 000 BP) Meeresspiegelhochstand nach. Die laufenden Geländeuntersuchungen ergaben für die kiesigen Strandwälle des mittelholozänen Hochstandes Höhen von 9 bis 10 m ü. mTw.

Die Höhenmessungen erfolgten mit Hilfe eines THOMMEN-Höhenmessers mit einer gerätespezifischen Meßgenauigkeit von ±1 m. Um diese Messgenauigkeit zu erreichen, wurde der Höhenmesser mehrfach täglich am jeweils aktuellen Meereßpiegel kalibriert, und die Messungen wurden an verschiedenen Tagen wiederholt. Die Umrechnung der Höhen auf mittleren Tidenwasserspiegel erfolgte anhand der Tablas de Marea (1992 u. 1993, Servicio de Hidrografia Naval, Buenos Aires).

Im Bereich der Landbrücke, aber auch entlang der Bahía Bustamante ist dieses mittelholozäne Niveau dem bereits von CIONCHI (1984, Abb. 2) dort kartierten Strandwallsystem I in tieferer Position vorgelagert. Für die bis 3 m höheren Strandwälle des Systems I sind bisher keine Altersdatierungen veröffentlicht. Allein aus dem bereits deutlich höheren System II liegen von verschiedenen Lokalitäten ESR-Alter und AAR-Werte vor. ESR-Datierungen an Muscheln aus dem System II ca. 1 km westlich der Küste bei der Siedlung Bustamante implizieren nach RADTKE (1989, S. 94) eine letztinterglaziale Genese dieser 18–20-m-Terrasse. AAR-Werte von Muscheln aus Fundorten nordwestlich der Landzunge Punta Ezquerra, die nach der geologischen Karte von CIONCHI (1984, Abb. 2) dem System II entstammen, weisen aufgrund ihrer hohen D/L-Werte nach RUTTER et al. (1990) eher auf ein höheres, dem System I ähnliches Alter hin. Beide Methoden belegen für das stärker erodierte System I eine Bildung sicherlich vor dem vorletztinterglazialen Meereshochstand. Nach RADTKE et al. (1989, S. 275) gehören diese Strandwälle eventuell einem mittelpleistozänen Transgressionsmaximum zwischen 300 000 und 400 000 BP an.

Bereits RUTTER et al. (1990, S. 225) stellen im Küstenraum nordwestlich der Landzunge Punta Ezquerra fest, daß eine altimetrische Zuordnung einzelner mariner Strandablagerungen in das bestehende dreistufige Schema von FERUGLIO (1950) und CIONCHI (1984, 1987) nicht eindeutig möglich ist. Die aktuellen geomorphologischen Untersuchungen dieses Küstenabschnittes ergeben, daß in den beiden bekannten Systemen III und II mehrere Strandwallsysteme zusammengefaßt sind, die unterschiedliche Höhenlagen aufweisen und in einzelnen Küstenabschnitten zudem durch Paläolagunen voneinander getrennt sind. Insgesamt sind im Küstenabschnitt der Bahía Bustamante zwischen der Caleta Malaspina im Südwesten und der Landzunge Punta Ezquerra im Nordosten oberhalb der holozänen Strandwälle, die sich bis ca. 10 m ü. mTw erheben, als weitere Strandwallniveaus erhalten: das T1-System bis in 12–13 m ü. mTw, das T2-System bis 15 m ü. mTw, das T3-System bis 21 m ü. mTw, das T4- und T5-System mit stärker eingeebneten Strandwällen um 25 m (T4) bzw. 29 m ü. mTw (T5). Der noch höher liegende T6-Strandwallkomplex in 35 bis 43 m ü. d. M. entspricht weitgehend dem System I von FERUGLIO (1950). Diese verschiedenen Strandwallsysteme sind neben ihrer unterschiedlichen Lage über dem heutigen Meeresspiegel in einzelnen Küstenabschnitten zusätzlich durch dazwischenliegende Paläolagunen voneinander abgesetzt.

Im Bereich der Siedlung Bustamante (Abb. 3) folgt das Strandwall-Lagunen-System der T1-Terrasse weitgehend der heutigen Küstenlinie in einer Entfernung von 100–300 m und einer Breitenausdehnung von ca. 1–1,5 km. Die kiesigen T1-Strandwälle haben eine Höhenlage von 12–13 m ü. mTw, während die sich landeinwärts anschließende T1-Lagune morphologisch eine ausgeprägte Tiefenzone in durchschnittlich 8–10 m ü. mTw mit einzelnen, mehrere Meter tiefen, zeitweise wassergefüllten Depressionen darstellt. Dieser küstenparallelen Tiefenzone folgen vor ihrer Einmündung ins Meer die beiden größeren Cañadónes El Pinter südlich von Bustamante und de Las Mercedes im Norden (Abb. 3). Dort sind in weiten Bereichen der T1-Lagune grobklastische, im Vergleich zu den marinen Kiesen schlecht sortierte Flußbettablagerungen verbreitet, die außerhalb der rezenten Flußbettsohle von feinklastischen Hochflutsedimenten in einer Mächtigkeit von einem Meter und mehr überdeckt sind. Daneben treten als äolische Umlagerungen der Hochflutsedimente in kleineren Arealen Flugsanddecken auf. Landeinwärts schließen sich an das T1-System die höheren Strandwälle der T2- bis T4-Systeme an (Abb. 3 u. 4). Sie sind in diesem Küstenabschnitt lediglich als schmale Terrassenleisten erhalten. Flächenmäßig weiträumiger verbreitet sind das T2- und T3-System im Bereich der Estancia Ibérica sowie das T4- und T5-System entlang der Straße nördlich der Estancia Ibérica und westlich der Estancia Esther. Die größte Entfernung von der heutigen Küste hat eine Serie von Strandwällen, die als isolierte Plateaus oder als langgestreckte Rücken in mehr als 35 m Höhe über dem heutigen Meeresspiegel die Küstenebene überragen. Dieser bisher nicht weiter untergliederte T6-Komplex ist zum Beispiel rund 4 km westlich der Siedlung Bustamante als 1–1,5 km breites Hochplateau in ca. 38 bis 43 m Höhe ü. mTw erhalten (Abb. 3). Weitere T6-Strandwälle, von CIONCHI (1984, Fig. 2) als System I kartiert (Abb. 2), erstrecken sich südwestlich der Península Aristizábal.

Drei Muscheln, die aus den stark kalkverkitteten, matrixarmen Kiesen der T6-Strandwälle südwestlich der Península Aristizábal geborgen wurden, haben ESR-Alter von ca. 332 000 BP, 382 000 BP und 382 000 BP. Die AAR-Messung einer Muschel ergab den hohen Wert von 0,72. Ähnliche ESR-Alter an Fossilfunden aus entsprechenden marinen T6-Terrassensedimenten ca. 30–40 km nordöstlich der Siedlung Bustamante ermittelte RADTKE (1989, S. 93). Trotz des hohen Verwitterungsgrades und der starken Rekristallisation der Fossilien sowie unter Berücksichtigung von methodischen Schwierigkeiten der ESR-Datierung in diesem hohen Altersbereich weisen sowohl die hohen ESR-Alter als auch der sehr hohe AAR-Wert auf eine Bildung des T6-Komplexes sicherlich vor dem vorletzten Interglazial hin, wohl während eines deutlich älteren mittelpleistozänen Meeresspiegelhochstandes. Ebenfalls älter als das vorletzte Interglazial ist das tiefergelegene T5-Terrassenniveau. Die ESR-Datierung zweier aus T5-Strandkiesen in Lebendstellung geborgener Muscheln ergab ein Alter von > 280 000 BP. Auch der AAR-Wert einer dieser Muscheln von 0,68 belegt die sicherlich älter als vorletztinterglaziale Ablagerung der T5-Sedimente. Das T5-System dürfte vermutlich während eines mittelpleistozänen Transgressionsmaximums zwischen 300 000 und 400 000 BP entstanden sein. Eine wahrscheinlich vorletztinterglaziale Bildung ist dagegen das jüngere T4-System. Drei Muscheln, die aus den nahe der Siedlung Bustamante aufgeschlossenen Kiesen des T4-Strandwalles in Lebendstellung geborgenen werden konnten, haben ESR-Alter von 217 000 BP, 225 000 BP und 237 000 BP. Die AAR-Messungen zweier dieser Muscheln erreichten einen maximalen Wert von 0,58. Die T1- bis T3-Systeme, deren Strandwälle höher liegen als das mittelholozäne Transgressionsmaximum, sind daher insgesamt als letztinterglaziale Bildungen anzusehen. Auch für das T3-System liegen erste Altersdatierungen vor, ebenfalls vorgenommen an in Lebendstellung geborgenen Muscheln. Zwei ESR-Alter von 126 000 BP und 142 000 BP sowie AAR-Messungen an zwei Muscheln mit Werten von 0,50 und 0,53 weisen eher auf eine Genese des T3-Strandwall-Lagunen-Systems während des letztinterglazialen Transgressionsmaximums hin. Die Ausbildung der beiden jüngeren T1- und T2-Systeme dürfte damit am Ausgang des letzten Interglazials stattgefunden haben.

3.3. Oberflächenformen und -eigenschaften in Satellitenbildern verschiedener Aufnahmesysteme im Bereich der Bahía Bustamante

Das Ziel der Fernerkundung im Rahmen des Projektes ist u. a. eine Übersicht über die Verbreitung mariner Terrassen entlang der patagonischen Küste (IFAG 1990). Als Basis für die visuelle Interpretation werden anhand von Testgebieten modellhafte Auswerteverfahren der digitalen Bildverarbeitung entwickelt. Besonderes Interesse gilt der Frage, inwieweit die ERS-1-SAR-Daten allein oder in Kombination mit optischen Bilddaten geeignet sind, geomorphologische Strukturen abzubilden.

Optische Bilddaten umfassen neben Senkrechtluftbildern im Maßstab 1 : 60 000 aus dem Jahre 1970 eine panchromatische SPOT-Szene vom 28. Juli 1990 sowie eine Landsat-TM-Viertelszene vom 20. Juli 1986. Diese Datensätze decken Gebiete von 60 × 60 km (SPOT) bzw. 100 × 100 km (Landsat) ab. Aus den bisher vorliegenden ERS-1-Daten (100 × 100 km) dreier Aufnahmekampagnen im Südwinter 1992, Südsommer 1992/93 und Südwinter 1993 wurden eine Südwinteraufnahme im absteigenden Orbit (12. 7. 1992; Abb. 5a) sowie zwei Südsommeraufnahmen im aufsteigenden (21. Februar 1993; Abb. 5b) und absteigenden Orbit (23. 2. 1993; Abb. 5c) ausgewählt. Die Februarszenen wurden trotz östlicher Verschiebung des absteigenden Orbits verwendet, da sich aufgrund des relativ kurzen Zeitunterschiedes von knapp 60 Stunden die möglichen Unterschiede der Blickrichtungen gut miteinander vergleichen lassen.

Die Aufnahme vom 12. Juli 1992 (Abb. 5a) zeigt verschiedene Phänomene, die in den optischen Bilddaten nicht aufgefallen waren. So treten beispielsweise die Flußauen der Cañadones de Las Mercedes und El Pinter durch ihre hellen Grauwerte hervor. Der Geländebefund vom März 1993 ergab an der Oberfläche lößartiges, sehr trockenes, krustenartiges Substrat, während wenige Zentimeter tiefer hohe Bodenfeuchte nachgewiesen wurde. Die hohe Rückstreuintensität weist auf Volumenstreuung des Radarsignals in der obersten, inhomogenen Bodenschicht hin. Da keine Möglichkeit bestand, zeitgleich mit dem ERS-1-Überflug die Parameter der Geländeoberfläche, wie Bodenfeuchte und Oberflächenrauhigkeit, zu messen, müssen anhand des Bodenprofils und der Wetterdaten das Maß der Eindringtiefe des Radarstrahls und damit Reflexion und Dämpfung des Signals geschätzt werden. Allgemein wird in der Literatur von folgender Situation ausgegangen: Je trockener das Bodenmaterial ist, desto größer sind das wellenlängenspezifische Eindringvermögen der Mikrowellen und damit der Anteil der Volumenstreuung an der gesamten Rückstreuung – vice versa.

Überraschenderweise ist in der südlichen Bahía Bustamante selbst nach Kantenfilterung und starker Vergrößerung kein Kontrast zwischen Meeres- und Landoberfläche zu erkennen, obgleich diese Kante dem Radarstrahl im absteigenden Orbit zugewandt war. Die Ursache liegt wohl darin, daß die Hohlräume der matrixarmen Grobkiese dieser holozänen und vermutlich letztinterglazialen Strandwälle mit schluffigem Feinsand gefüllt sind, so daß nach Niederschlägen dort viel Feuchte gehalten wird. Die in der Bucht relativ windstille Wasseroberfläche und das feuchtegesättigte Substrat des Strandes kön-

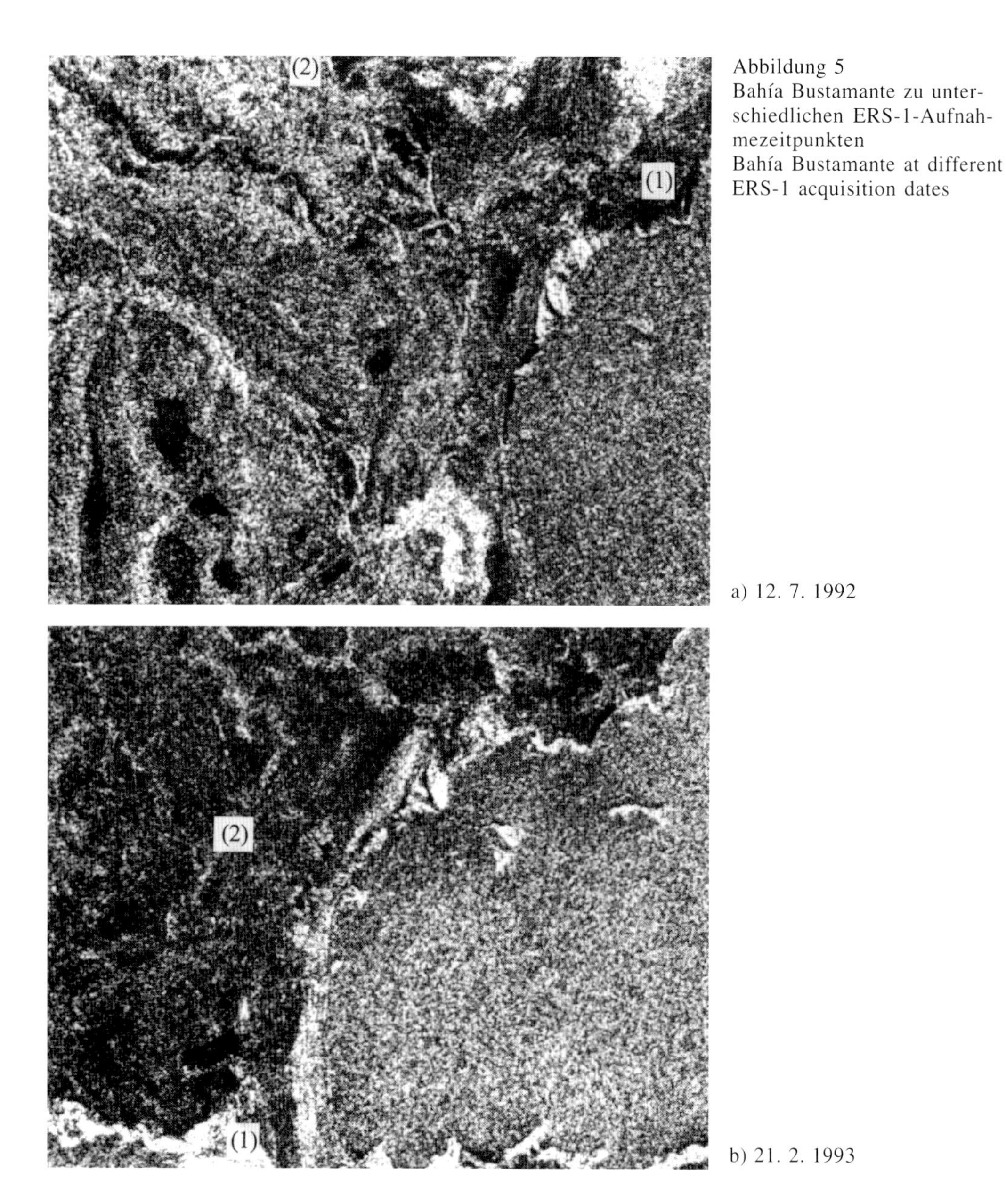

Abbildung 5
Bahía Bustamante zu unterschiedlichen ERS-1-Aufnahmezeitpunkten
Bahía Bustamante at different ERS-1 acquisition dates

a) 12. 7. 1992

b) 21. 2. 1993

nen als dielektrisch homogenes Medium angesehen werden, in dem ein Teil der Energie der auftreffenden Wellen absorbiert wird. Der nicht absorbierte Teil wird in Abhängigkeit von der Rauhigkeit der Grenzfläche überwiegend spiegelnd reflektiert bzw. diffus gestreut und nur noch als ein relativ schwaches Signal empfangen.

Ein weiteres Phänomen in der Juli-Szene sind die schwarz erscheinenden Flächen östlich der Mündung des Cañadón Malaspina (1) und zwischen Cañadón de Las Mercedes und Cañadón Malaspina (2). Durch die Topographie bedingter Radarschatten ist in diesem Bereich geringer Reliefunterschiede (< 30 m) auszuschließen. Es handelt sich hier wohl um stark durch-

c) 23. 2. 1993

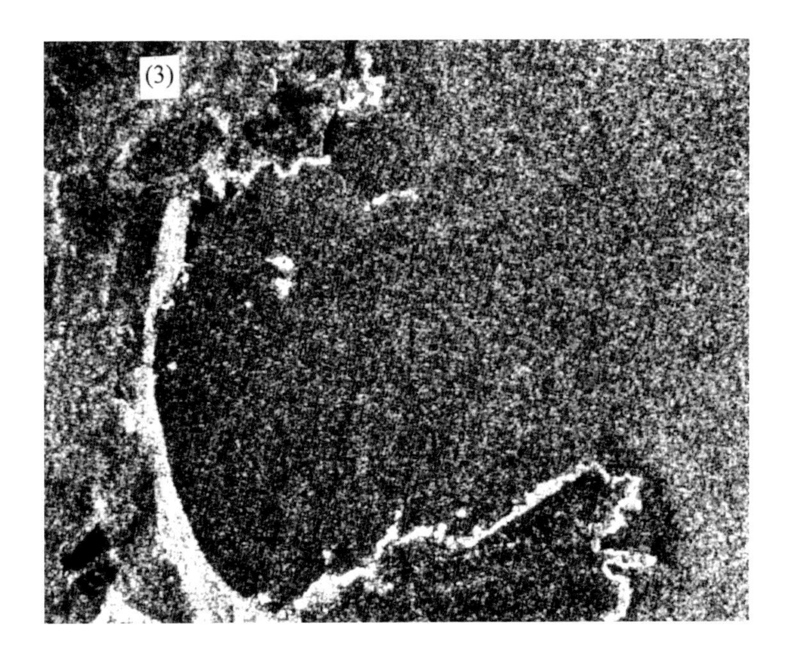

feuchtete Bodenschichten mit geringer Oberflächenrauhigkeit, die einen großen Anteil an spiegelnder Reflexion verursachen.

Einen wesentlich kontrastärmeren Eindruck vermitteln die Südsommeraufnahmen (Abb. 5b u. 5c). An dieser Stelle sei auf die Besonderheit der ERS-1-Szene vom Juli 1992 (Abb. 5a) im Gegensatz zu sämtlichen anderen hingewiesen, die ausnahmslos in einem gering differenzierten Mittelgrau erscheinen. Einen Hinweis dafür könnte die Aussage patagonischer Estancieiros liefern, die von einem regenreichen Winter 1992 sprachen, der ein für das C-Band-Radar des ERS-1 sehr abwechslungsreiches Landschaftsmuster geschaffen hat. In den ERS-1-Szenen vom 21. und 23. Februar 1993 (Abb. 5b u. 5c) sind unterschiedliche Oberflächenformen kaum zu unterscheiden – mit Ausnahme der holozänen Strandterrassen um die Siedlung Bustamante und mit Wasser gefüllte Lagunen.

Durch die geringe Grauwertdynamik der Sommeraufnahmen fällt es auf den ersten Blick schwer, signifikante Unterschiede aufgrund der verschiedenen Blickrichtungen zu erkennen. Eine Geländekante, die dem Sensor im aufsteigenden Orbit (Abb. 5b) zugewandt ist, findet man etwa 2 km südlich der Siedlung Bustamante (1). Diese Kante zwischen T1-Strandwall und T1-Lagune ist nur in diesem Aufnahmemodus zu erkennen. Die Geländekanten der T2- bis T4-Strandwälle (2) sind bei sehr genauer Geländekenntnis in den Radardaten zu erahnen. Am oberen Rand der Bildausschnitte (3) ist eine Differenzierung zwischen A2-Flußterrasse, T2- und T3-Strandterrasse möglich, ohne jedoch einzelne Strandwälle wie in der SPOT-Szene mit ihrer höheren geometrischen Auflösung identifizieren zu können.

Für die geomorphologische Satellitenbildinterpretation ist die Radarfernerkundung aufgrund des Seitensichtverfahrens und der dadurch bedingten Sensitivität für Geländeneigungen und Oberflächenrauhigkeiten besser geeignet als optische Sensoren, die mit Landsat-TM jedoch u. a. die Möglichkeit der farblichen Darstellung geben. Es bietet sich daher an, die multispektrale Information des Landsat-TM im optisch-infraroten Wellenlängenbereich und den komplementären Datensatz des ERS-1 im Mikrowellenbereich zu kombinieren. Eine optisch ansprechende, jedoch nicht wirklich integrierende Methode ist die additive Farbmischung von SPOT PAN auf die Primärfarbe Rot, Landsat-Kanal 4 auf Grün und ERS-1 auf Blau.

Voraussetzung für die multisensorale Bildverarbeitung ist die geometrische Korrektur der verwendeten Satellitenbilder. Dazu wurden die Daten durch ein polynomisches Verfahren mittels 50 Paßpunkten entzerrt und durch bilineare

Interpolation auf 10-m-Pixelgröße resampelt. Die Abweichungen liegen im Subpixel-Bereich.

Neben der bereits erwähnten additiven Farbmischung hat sich die Verknüpfung der Daten mittels der Hauptachsentransformation (Abb. 6 u. 7) bewährt, die kurz beschrieben werden soll. Außerdem wurde die Kombination durch arithmetische Operationen und durch Farbraumtransformation durchgeführt, die jedoch nicht so gute Ergebnisse lieferten. Die für geomorphologische Untersuchungen geeignete Landsat-Kanalkombination 3/4/7 wird in ihre drei Hauptkomponenten umgerechnet. Durch diese Rechenoperation sind die Ausgabekanäle weit niedriger korreliert als die Originalkanäle und führen zu einem farblich besser differenzierten Produkt. Für die Darstellung der Abbildungen 6 und 7 wurde die rauschstärkste zweite TM-Hauptkomponente durch das Radarbild ersetzt. In diesem Falle handelt es sich um die specklegefilterte ERS-1-Szene vom 12. Juli 1992.

Durch die kohärente Beleuchtung des aktiven Radars kann es zu konstruktiven und destruktiven Interferenzen von Objekten kommen, wenn diese mit gleicher Frequenz und Amplitude jedoch phasenverschoben zurückstreuen. Das Bild weist eine fluktuierende Intensität in jedem Pixel auf, die sich verringert, wenn sich innerhalb des Bildelementes ein starker Rückstreuer befindet. Dieser körnige „Pfeffer-und-Salz-Effekt", genannt Speckle, nimmt in jeder Vergrößerung zu. Zur Verminderung dieses Effektes wurden verschiedene adaptive Filter im Ortsbereich eingesetzt. Dabei erweist sich für die Fragestellung der Sigma-Filter von LEE (1983) am effektivsten, da er schnell berechenbar ist, keine Artefakte, aber scharfe Geländekanten hinterläßt. Die in den Abbildungen 6 und 7 verwendete ERS-1-Szene wurde in zwei Pässen unterschiedlicher Fenstergröße und Standardabweichung sigmagefiltert.

Im Gegensatz zu optischen Bilddaten ist die Meeresoberfläche im Radarbild stärker differenziert. Das liegt an der Eigenschaft der Mikrowellenfernerkundung, physikalische Änderungen der Oberfläche wiederzugeben, während optisch-infrarote Sensoren die chemischen Eigenschaften des Objekts reflektieren. Je nachdem, wie stark die Wasseroberfläche durch Winde aufgerauht ist, ändert sich die Oberflächenstreuung. Besonders deutlich wird dies im Mündungsbereich des Cañadón Malaspina, wo vulkanische Härtlinge die Wasseroberfläche durchstoßen und damit die Oberflächenrauhigkeit durch Brandung vergrößert wird. Bei der Interpretation der küstennahen Meeresdynamik muß der Tidenhub von bis zu vier Metern beachtet werden. Augenscheinlich wird dies im Mündungsbereich des Cañadón El Pinter in die Caleta Malaspina in den Februar-Aufnahmen (Abb. 5b u. 5c), die aufgrund der unterschiedlichen Orbits um 3.00 Uhr (Abb. 5c) und 14.00 Uhr (Abb. 5c) aufgenommen wurden. Bei dynamischen Vorgängen sind demnach die multitemporalen ERS-1-Bilder den anderen Daten vorzuziehen. Die Variabilität des Rückstreukoeffizienten über (chemisch) homogenen Wasserflächen zeigt die große Bedeutung des Faktors Oberflächenrauhigkeit bei aktiven Mikrowellensensoren (ULABY et al. 1981, S. 816 ff.).

Wassergefüllte Lagunen wirken für den Radarimpuls aufgrund ihrer glatten Oberfläche wie ein Spiegel, an dem die Energie reflektiert wird. Das Ergebnis sind schwarze Flächen, da kaum Intensität vom Satelliten empfangen wird. Veränderungen der Oberflächenbeschaffenheit und der Bodenfeuchte zwischen den einzelnen Aufnahmezeitpunkten erscheinen in multitemporalen Radar-Falschfarbenbildern in entsprechenden Farbtönen. Somit lassen sich die Senken differenzieren, und es kann festgestellt werden, wann sie mit Wasser gefüllt sind.

In der ERS-1-Juliszene (Abb. 5a) erkennt man etwa 3 km nordwestlich der Siedlung Bustamante einen schwarzen ovalen Bereich, der in den darauffolgenden Monaten mehr und mehr an Kontur verliert und von der Umgebung dann nicht mehr zu trennen ist. Die T1-Lagune ist in ihrem nördlichen Bereich (s. Abb. 3 zwischen den Profilen C–D und E–F) über das gesamte Intervall von Mitte Juli bis Anfang Februar ständig mit Wasser gefüllt, ehe sie gegen Ende des Monats zunehmend austrocknet (Abb. 5b u. 5c).

In der hier nicht dargestellten SPOT/TM-Farbkomposite treten allerdings mehrere Areale in gelben Farbtönen hervor, die in der topographischen Karte als „lagunas temporarias" bezeichnet werden. Diese Lagunas trennen als ehemalige Strandseen Strandterrassensysteme unterschiedlichen Alters. Durch die Kombination mit den Radardaten treten sie in der Abbildung 6 nicht in Erscheinung, da die ERS-1-Szene vom 12. 7. 1992 diese Depressionen nicht hervorhebt.

Die geomorphologischen Karten von CIONCHI (1984, 1988a) weisen an der Küste von Bustamante jurassische Vulkanite aus. Dabei handelt es sich um Porphyre, Rhyolithe und Ignimbrite, die mitunter von Detritus bedeckt sind. Mit herkömmlichen Fernerkundungsdaten (Luftbild, SPOT, Landsat) war eine zweifelsfreie Unterscheidung zwischen Festgesteinen und Sedimenten bisher nicht möglich. Geht man von der Überlegung aus, daß die Eindringtiefe in Böden im Mittel der Wellenlänge und in Trockenklimaten etwas mehr als der Wellenlänge λ entspricht (λ_{ERS-1} = 5,7 cm), so ist das C-Band des ERS-1 prinzipiell nur unter sehr trockenen Klimabedingungen für das Erkennen subaerischer Strukturen geeignet. Zusätzlich variieren Vegetation und Feuchtedifferenzen, verursacht durch Tau und Reif, das Radarsignal. Vergleicht man die in der Abbildung 3 kartierten Areale vulkanischer Härtlinge mit der Landsat/ERS-1-Kombination in Abbildung 7, so sind zwar diese Bereiche durch ihre rauhe Oberfläche meistens von der Umgebung zu trennen – dies liegt jedoch wider Erwarten nicht an der Empfindlichkeit des Radars für Oberflächenformen, sondern an der relativ hohen Reflexion in den Landsat-Daten. Die ERS-1-Szenen vom Februar 1993 (Abb. 5b u. 5c) lassen keine Unterscheidung zu.

Auf die unterschiedliche Radarrückstreuung der Talböden wurde bereits bei der Einzelinterpretation der ERS-1-Juliszene hingewiesen. Es ist zwar im zeitlichen Verlauf der ERS-1-Aufnahmen die rezente Talaue auszumachen, eine Untergliederung der holozänen und pleistozänen Flußterrassen jedoch nicht möglich. Während der Geländefahrt 1994 sollte versucht werden, die Ursache für das sehr unterschiedliche Signal der Talauen der Cañadones de Las Mercedes, Malaspina und El Pinter herauszufinden. Ändert sich die Oberflächenrauhigkeit mit der Größe des Einzugsgebietes, oder sind etwa Bodenfeuchtedifferenzen dafür verantwortlich ?

Die holozänen Strandwälle (H) und der jüngste, vermutlich bereits letztinterglaziale Strandwall T1, auf denen sich auch die Siedlung Bustamante befindet, sind am besten in den ERS-1-Februaraufnahmen (Abb. 5b u. 5c) auszumachen. Hier hat vermutlich die zunehmende Trockenheit eine Senkung und Ausblasung des Feinmaterials bewirkt, so daß sich auf diesen vegetationsfreien Flächen die Oberflächenrauhigkeit der Grobkiese erhöht hat. Die 10-m-Auflösung der SPOT-Daten ermöglicht es nach Kantenfilterung, mehrere Sturmflutwälle zu erkennen. Unter den älteren letzt- und vorletztinterglazialen Terrassen (T2–T5) fällt besonders der T2–T4-Komplex zwischen der Estancia La Ibérica und der Siedlung Bustamante auf. Diese Struktur tritt mit Ausnahme der ERS-1-Sommeraufnahmen in allen Fernerkundungsdaten sehr auffällig hervor. Aufgrund der obenerwähnten hohen geometrischen Auflösung der SPOT-Daten liefert die SPOT/TM-Kombination die klarsten Details, wie einzelne Strandwälle, die Abbruchkante am Cañadón Malaspina (jedoch gleichfalls in Abb. 7 zu erkennen), kleine Senken und die Ruta 1. Die Trennung zwischen A1-Flußterrasse sowie T2- und 3-Strandterrasse (Abb. 3) ist am besten in der SPOT/TM-Komposite nachzuvollziehen, jedoch auch in den Radardaten möglich. Die im Profil II (Abb. 4) kartierten Geländekanten zwischen den Strandterrassen T1 und T2 sowie T2 und T3 werden besonders in der Landsat/ERS-1-Kombination deutlich. Hier spielen die geometrischen Effekte des entspeckelten SAR-Bildes wie Hangverkürzung und Verschattung sowie die Vegetationsänderungen im Infrarotspektrum von Landsat positiv ineinander. Der älterpleistozäne T6-Strandwallkomplex wird im Satellitenbild (Abb. 6) besonders in der großflächigen Darstellung deutlich. Die mitunter mehr als 10 km langen Bögen begleiten als langgestreckte Strandwälle die heutige Küste in ca. 5–8 km Entfernung und sind weit in nördliche und südliche Richtungen zu verfolgen.

Die Beispiele der visuellen Bildinterpretation zeigen das komplexe Zusammenwirken vieler Einzelfaktoren, die von Parametern der Geländeoberfläche unterschiedlich gesteuert und von Parametern des Aufnahmesystems unterschiedlich erfaßt werden. Der operationelle Einsatz des ERS-1 und seiner Nachfolger ermöglicht nicht nur multitemporale Langzeitstudien, sondern birgt auch durch seine hohe Komplementarität zu optisch-infraroten Sensoren die Möglichkeit, Oberflächenformen mit anderen Augen zu sehen.

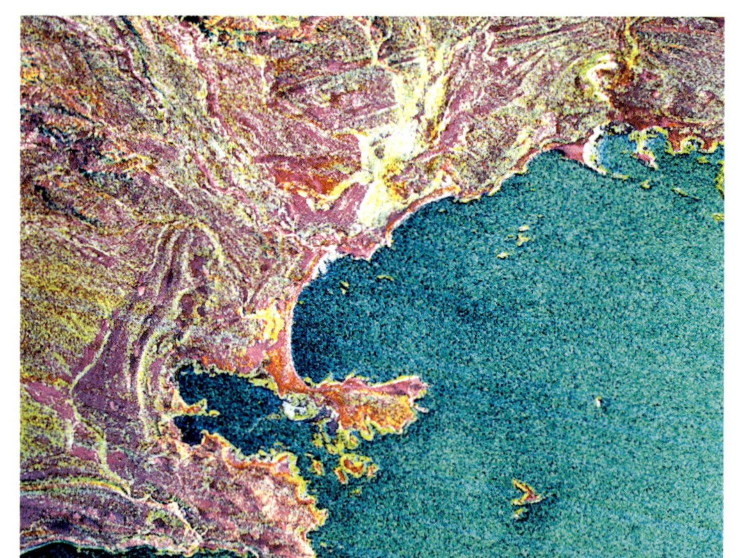

Abbildung 6
Kombination von Landsat-TM mit ERS-1 auf der Basis der Hauptkomponententransformation. Die zweite Hauptkomponente der TM-Kanäle 3/4/7 wurde durch die entspeckelte ERS-1-Szene vom 12. 7. 1992 ersetzt.
Combination of Landsat-TM and ERS-1 using principal components analysis; ERS-1 data of 12th July 1992 was substituted for the second principal component of TM bands 3, 4, and 7

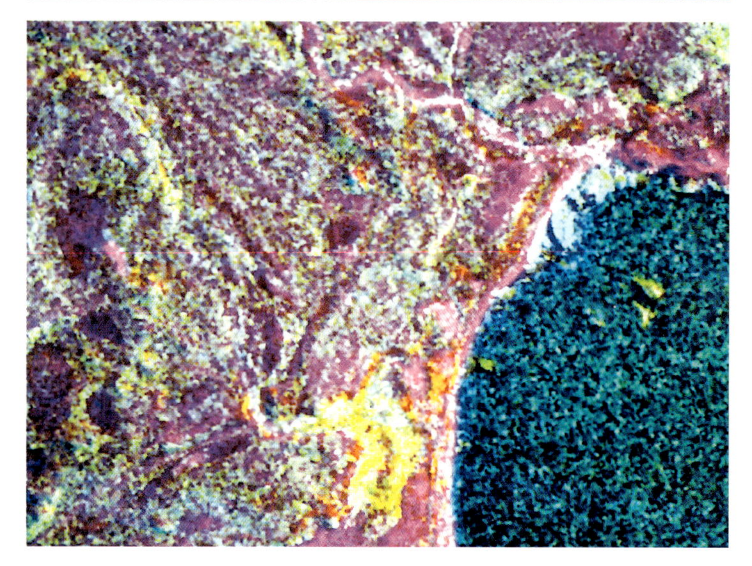

Abbildung 7
Ausschnitt aus Abbildung 6
Subset of Fig. 6

Literatur

ALBERTZ, J. (1991):
Grundlagen der Interpretation von Luft- und Satellitenbildern. Eine Einführung in die Fernerkundung. Darmstadt.

CHAVEZ JR., P. S., SIDES, S. C., & J. A. ANDERSON (1991):
Comparison of three different methods to merge multi-resolution and multispectral data: Landsat TM and SPOT panchromatic. Photogrammetric Engineering & Remote Sensing, **57** (3): 295–303.

CIONCHI, J. L. (1984):
Las ingresiones marinas del Cuaternario tardío en la Bahía Bustamante (Provincia del Chubut).
Simposio „Oscilaciones del nivel del mar durante el último hemiciclo deglacial en la Argentina", Actas, Mar del Plata, 6 y 7 de abril de 1983: 1–11. Mar del Plata.

CIONCHI, J. L. (1987):
Depósitos Marinos Cuaternarios de Bahía Bustamante, Provincia del Chubut.
Asociación Geológica Argentina, Rev. **XLII** (1–2): 61–72. Buenos Aires.

CIONCHI, J. L. (1988a):
Geomorfologia de Bahía Bustamante y zonas adyacentes, Chubut.
Asociación Geológica Argentina, Rev. **XLIII** (1–2): 51–62. Buenos Aires.

CIONCHI, J. L. (1988b):
Análysis y Characterizacion de Pendientes en Bahía Bustamante y zonas adyacentes, Chubut.
Asociación Geológica Argentina, Rev. **XLIII** (2): 231–238. Buenos Aires.

FAIBRIDGE, R. W., & H. G. RICHARDS (1970):
Eastern coast and shelf of South America (1).
Quaternaria, **12**: 47–55.

FASANO, J. L., ISLA, F. I., & E. J. SCHNACK (1983):
Un análysis comparativo sobre la evolución de ambientes litorales durante el Pleistoceno tardío-Holoceno: laguna Mar Chiquita (Buenos Aires) – Caleta Valdés (Chubut).
Simposio „Oscilaciones del nivel del mar durante el último hemiciclo deglacial en la Argentina". CONICET, CAPICG, IGCP **61**: 27–47. Mar del Plata.

FERUGLIO, E. (1947):
Nueva contribución al estudio de las terrazas marinas de la Patagonia.
Soc. Geol. Arg. Rev., **II**: 223–238.
Buenos Aires.

FERUGLIO, E. (1950):
Las Terrazas Marinas.
In: FERUGLIO, E.: Descripción Geologica de la Patagonia. Tomo III, Cap. XXV: 74–164.
Buenos Aires.

GILLESPIE, A. R., KAHLE, A. B., & R. E. WALKER (1986):
Color enhancement of highly correlated images.
I. Decorrelation and HSI Contrast Stretches.
Remote Sens. Env., **20**: 209–235. New York.

IFAG [Hrsg.] (1990):
OEA-Wissenschaftsplan. Wechselbeziehungen Ozean–Eis–Atmosphäre (OEA) im Gesamtsystem Weddellmeer mit angrenzenden Gebieten.
Interdisziplinäres Forschungsvorhaben unter Einbeziehung von Radarbilddaten der europäischen Satelliten ERS-1 und ERS-2.
Frankfurt/Main.

LEE, J.-S. (1981):
Speckle analysis and smoothing of synthetic aperture radar images.
Computer Vision, Graphics and Image Processing, **17**: 24–32.

LEE, J.-S. (1983):
Digital image smoothing and the sigma filter.
Computer Vision, Graphics and Image Processing, **24**: 255–269.

MOORE, R. K. (1983):
Imaging radar systems.
In: American Society of Photogrammetry [Ed.]: Manual of Remote Sensing, Vol. I: 429–474. Falls Church.

NEWMAN, W. S., & R. W. FAIRBRIDGE (1986):
The management of sea-level rise.
Nature, **320**: 319–321. London.

RADTKE, U. (1989):
Marine Terrassen und Korallenriffe – Das Problem der quartären Meeresspiegelschwankungen erläutert an Fallstudien aus Chile, Argentinien und Barbados.
Düsseldorf. = Düsseldorfer Geographische Schriften, **27**.

RADTKE, U., RUTTER, N., u. E. J. SCHNACK (1989): Untersuchungen zum marinen Quartär Patagoniens (Argentinien). Essener Geogr. Arb., **17**: 267–289. Paderborn.

RUTTER, N., RADTKE, U., & E. J. SCHNACK (1990): Comparison of ESR and Amino Acid data in correlating and dating Quaternary littoral zones along the Patagonian coast. Journal of Coastal Research, **6**: 391–411. Fort Lauderdale.

RUTTER, N., SCHNACK, E. J., FASANO, J. L., ISLA, F. I., DEL RIO, J., & U. RADTKE (1989): Correlation and dating of Quaternary littoral zones along the coast of Patagonia and Tierra del Fuego. Quaternary Science Reviews, **8**: 213–234.

SCHNACK, E. J., FASANO, J. L., & F. I. ISLA (1987): Late Quaternary sea levels in the Argentine coast. Late Quaternary sea-level correlation and applications, 19–30 July 1987: IGCP Project 200, Progr. Abstr., Halifax.

ULABY, F. T., MOORE, R. K., & A. K. FUNG (1981): Microwave Remote Sensing. Active and Passive. Reading, Norwood.

ZAMBRANO, J. J., & C. M. URIEN (1970): Geological outline of the basins in Southern Argentina and their continuation off the Atlantic Shore. Journal of Geophysical Research, **75** (8): 1363–1396.

Geomorphologische Kartierung der Potter-Halbinsel (King George Island) mit optischen Fernerkundungsdaten und ERS-1-SAR-Daten

VOLKER HOCHSCHILD u. GERHARD STÄBLEIN †

Summary: Geomorphological mapping of the Potter Peninsula (King George Island) with optical and ERS-1 SAR remote sensing data

The geomorphology of the Potter Peninsula at the southwestern end of King George Island (South Shetland Islands) is defined by its maritime Antarctic climatic conditions. The landforms consist of perimarine, structural, cryogenic, glacial and fluvial units. With ERS-1 radar and optical remote sensing data it was tested in the OEA-research program in which way typical geomorphological mapping units can be identified by making of the radar signal-influencing parameters such as surface roughness and soil moisture. – As a first step of SAR image analysis the backscatter coefficient σ_0 was calculated following the product specifications for precision images (PRI) by ESA and DLR. – Beyond purely visual interpretation the SAR data were analyzed digitally with respect to (1) geomorphological mapping with SAR, and (2) multitemporal evaluation. – The results are as follows: (1) mesoscalic periglacial landforms show on ERS-1 data; (2) geomorphological classifications based on roughness do not produce reliable results, unless combined with areal information on soil moisture conditions; (3) changes of moisture content can be derived from the 3-day orbit data. The present text primarily describes the landforms depicted in the enclosed geomorphological map.

Zusammenfassung:

Die Geomorphologie der Potter-Halbinsel am Südostende von King George Island (Süd-Shetlands) ist durch die klimatischen Bedingungen der maritimen Antarktis bestimmt. Der Formenschatz setzt sich aus perimarinen, strukturellen, kryogenen, glazialen und fluvialen Einheiten zusammen. Mit Hilfe von ERS-1-Radardaten und optischen Fernerkundungsdaten wurde im Rahmen des OEA-Forschungsprogramms versucht, inwieweit typische geomorphologische Kartiereinheiten anhand das Radarsignal beeinflussender Parameter (Oberflächenrauhigkeit, Bodenfeuchte) wiederzuerkennen sind. – Bei der SAR-Bildauswertung wurde der Rückstreukoeffizient σ_0 nach den Produktspezifikationen der ESA und der DLR aus den eingesetzten Precision Images (PRI) berechnet. Neben der rein visuellen Bildinterpretation wurden die SAR-Daten zu zwei Themenkomplexen digital ausgewertet: (1) geomorphologische Kartierung mit SAR-Szenen, (2) multitemporale Auswertung mehrerer SAR-Szenen. Folgende Ergebnisse lassen sich ableiten: (1) Auf den ERS-1-Daten sind mesoskalige morphologische Formen des Periglazialraums zu erkennen, (2) geomorphologische Klassifizierungen aufgrund der Oberflächenrauhigkeit bringen ohne ausreichende flächendeckende Informationen über die Bodenfeuchteverhältnisse keine zuverlässigen Ergebnisse, (3) aus den Daten des 3-Tage-Orbits lassen sich Feuchteveränderungen ableiten. Der vorliegende Text beschreibt den Formenschatz der beigefügten geomorphologischen Karte.

1. Einleitung

Der vorliegende Bericht beschreibt die Geomorphologie der Potter-Halbinsel (62° 14' S und 58° 40' W) auf King George Island. Damit wird an physisch-geographische Arbeiten von ARAYA u. HERVE (1972), BARSCH u. STÄBLEIN (1984), BARSCH et. al. (1985), BLÜMEL (1986), BARSCH u. STÄBLEIN (1987) sowie MÄUSBACHER (1991) zum King George Island angeschlossen. Es kommen Ergebnisse zur Darstellung, die während zweier Kampagnen zur Überprüfung von optischen und Mikrowellen-Fernerkundungsdaten (ERS-1-SAR) im Gelände gewonnen wurden.

Für das King George Island ist ein hochozeanisches Polarklima mit häufigen Frostwechseln und hoher Luftfeuchtigkeit charakteristisch. Die Jahresmitteltemperaturen bewegen sich zwischen –1,4 und –4 °C (BARSCH et al. 1985), die Niederschläge sind mit ca. 500 mm jährlich für antarktische Verhältnisse relativ hoch. Verwitterungsklimatisch von Bedeutung ist insbesonderer die Lage von King George Island mit 62° 14' S, nördlich des südlichen Polarkreises. Dadurch treten auch im Sommer kurze Nächte auf, die diurnalen Frostwechsel verursachen und somit zur intensiven kryoklastischen Verwitterung beitragen (z. B. im Jahre 1979: 122 Frostwechseltage). Wie alle Inseln der Süd-Shetlands ist auch King George Island von einer Inlandeiskappe bedeckt, die die Potter-Halbinsel von anderen eisfreien Gebieten abschneidet.

Mit Hilfe von ERS-1-Radardaten und anderen optischen Fernerkundungsdaten wurde im Rahmen des OEA-Forschungsprogramms versucht, typische geomorphologische Kartiereinheiten des Periglazialraums wiederzuerkennen. Zu diesem Zweck wurden im Gelände das Radarsignal beeinflussende Parameter, wie die Oberflächenrauhigkeit und die Bodenfeuchte, meßtechnisch erfaßt, um diese Meßwerte dann mit den Grauwerten der ERS-1-SAR-Szenen zu korrelieren. Im Gelände wurden außerdem Cornerreflektoren aufgestellt, deren Position mit GPS-Geräten bestimmt wurde und die als Paßpunkte im ERS-1-Bild Verwendung fanden. Die Lage der Kartiereinheiten wurde bezüglich der Cornerreflektoren ausgemessen und referenziert.

2. Geomorphologie

2.1. Küstenmorphologie (mariner Prozeßbereich)

Der Küste der Potter-Halbinsel ist ein sehr breites Felswatt mit einzelnen aufgesetzten Brandungspfeilern vorgelagert. Bei 2–3 m Tidenhub fallen diese Bereiche oft für Stunden trocken und bieten besonders für marine Biologen ein interessantes Arbeitsfeld.

Morphologisch sind diese Gebiete deshalb wichtig, weil sich dahinter besondere Küstenformen ausgebildet haben. Die vorgelagerten Felsnasen werden oft durch Ganggesteine gebildet, die der marinen Abrasion als Härtlingszüge widerstanden haben (vgl. BARSCH et al. 1985).

Marine Abrasionsplattformen sind bei Niedrigwasser vor der Westküste zu erkennen. Ihre Genese ist auf Brucheis und kleine Eisberge zurückzuführen. Man kann kleinere gestrandete Eisberge beobachten, die bei steigendem oder fallendem Wasser über das anstehende Gestein schleifen. Daraus entstehen Abrasionspflaster im intertidalen Bereich, vor allem aus basischem Andesit (blaugrün) und vulkanischem Konglomerat (rötlich-violett).

Mehrere Penones sind an der Oberfläche aufgrund mariner Abrasion abgeflacht. Die Höhen schwanken um 25 m über dem heutigen Meeresspiegel. Sie könnten daher mit dem von der Fildes-Halbinsel beschriebenen 40-m-Niveau (vgl. BARSCH et al. 1985) zu parallelisieren sein, das von der Potter-Halbinsel durch zwei Verwerfungen getrennt ist (vgl. BIRKENMAJER et al. 1990).

In Anlehnung an die Klassifikation der antarktischen Küstentypen bei STÄBLEIN (1985) sowie die Beschreibung bei KLENKE (1995) sind im Bereich der Potter-Halbinsel folgende Küstentypen anzutreffen:

- Eiskliffküste,
- Buchtenküste mit Geröllstrand,
- breite Strandwall- und Terrassenküste,
- vorspringende Klippen (Penones).

Eiskliffküsten befinden sich im Inneren der Potter Cove, wo ein halbkreisförmiges, die Bucht

Abbildung 1
Breite Strandwall- und Terrassenküste im Süden der Potter-Halbinsel
(Foto: Hochschild 1993)
Broad beach ridge and terraced coastline in the southern part of the Potter Peninsula
(Photo: Hochschild 1993)

umschließendes Eiskliff bis über 50 m aufragt, sowie am äußersten Südostende der Halbinsel, wo das Inlandeis in die Bransfield Strait kalbt.

Das Eiskliff der Potter Cove ist keine Schelfeiskante. Es liegt im gesamten Buchtbereich dem Festland auf. Dementsprechend entstehen hier auch keine Tafeleisberge; die kalbenden Gletscher produzieren Brucheis und kleinere Eisberge, die bei Ostwind aus der Bucht getrieben werden bzw. bei Nordwind oder Ebbe dem Strand aufsitzen. Das wellige subglaziale Relief der Barton-Halbinsel zeichnet sich durch viele bogenförmig verlaufende Querspalten im Eis nach. Durch subglaziale Entwässerung sind zahlreiche tunnelförmige Gletschertore am Eiskliff zu erkennen. Am Eiskliff sind drei dunkle Horizonte ausgebildet, die sich etwa 15 m unterhalb der Kliffoberkante befinden. Ihre Genese könnte möglicherweise auf Ascheablagerungen des Vulkanausbruchs von 1969 auf dem nicht weit entfernten Deception Island zurückzuführen sein (Orheim 1972).

Eine Buchtenküste mit Geröllstrand ist auf der Nordseite der Potter-Halbinsel zur Potter Cove hin zu finden. Das Substrat wird durch kleinere Strandgerölle gebildet. Trotz der geringen Wellenaktivität in der Bucht sind mehrere Strandwälle zu erkennen, die von den Gerinnen aus dem Inneren der Halbinsel aktiv zerschnitten werden. Das Delta des Abflusses am Eisrand (Bremer Wasser) ist breit und gezeitengeprägt.

Der weitaus größte Teil der West- und Südküste wird von breiten Strandwall- und Terrassenküsten eingenommen (vgl. Abb. 1). Die Strände sind sehr breit (bis über 200 m) und haben hohe Strandterrassen. Hier sind alle drei bei Barsch et al. (1985) erwähnten Niveaus (um 5 m, um 10 m und um 20 m) zu finden. Hinter den rezenten Strandwällen haben sich große Strandseen ausgebildet, die den Abfluß der glazifluvialen Ströme (z. B. Freiburger Wasser) aus dem Inland aufstauen. Das Wasser durchsickert den Strandwall bzw. durchschneidet ihn aktiv. Landeinwärts sind vom Schmelzwasser der Schneeflecken an der Südabdachung der Halbinsel flache Schwemmfächer mit fluviatilen Schottern aufgeschüttet worden. Sie enthalten auch sekundär umgelagerte Strandkiesel. Oberhalb der Schwemmfächer befinden sich die verschiedenen Strandterrassenniveaus. Diese Terrassen sind im Schutz anstehender Vulkanite teilweise sehr gut erhalten. Nach oben schließen sich sehr steile Frostschutthalden an. Strandgerölle sind auch oberhalb 20 m anzutreffen, allerdings lassen sich keine eindeutigen Terrassen mehr erkennen.

Als weiterer Küstentyp können die vorspringenden Klippen (Penones) angesehen werden. Sie umgeben die Halbinsel radial, bestehen aus verschiedenen Vulkaniten und nehmen nur kurze Strecken der Küstenlinie ein. Sie sind auf verschiedene Strandterrassenniveaus ausgerichtet. Brandungshohlkehlen sind selten ausgebildet.

Rund um den Three Brothers Hill sind Strandkiesel zu finden, die von einem erheblich höheren Meeresspiegelstand stammen müssen.

Abbildung 2
Ausgedehnter intertidaler Bereich vor der Südwestküste der Potter-Halbinsel. Die kleinen wassergefüllten Vertiefungen wurden hervorgerufen durch das Abschmelzen aufgesetzter Eisblöcke (Foto: HOCHSCHILD 1993).
Extended intertidal area off the southwestern coast of the Potter Peninsula. The small water-filled hollows were formed over melting stranded blocks of ice (Photo: HOCHSCHILD 1993).

Man kann sie sowohl auf der Westseite auf der Moräne in 52 m als auch an der Nordostseite in über 85 m Höhe finden. Die zeitliche Stellung dieser hochgelegenen Strandterrassen ist unklar, da bisher kein datierbares Material gefunden werden konnte (vgl. BARSCH et. al. 1985).

Der gesamten Südküste ist eine Abrasionsplattform von mehreren Kilometern Ausdehnung vorgelagert, der einzelne Brandungspfeiler aus widerständigen Ganggesteinen aufgesetzt sind.

Penon 1 und der Pinguinkolonie auf der Westseite des Stranger Point sind Steinpflaster von mehreren hundert Quadratmetern Größe im intertidalen Bereich vorgelagert. Diese dichtgepackten Ansammlungen grober Vulkanitblöcke werden auf die Wellenaktivität des mit Brucheis beladenen Wassers zurückgeführt. Die Blökke werden von den Wellen so ausgerichtet, daß die flachste Seite nach oben zu liegen kommt und diese Position nur noch schwer zu verändern ist. Hier greift nun das Meerwasser mit dem Brucheis an und erodiert die Oberfläche bzw. verdichtet die Pflasterung zunehmend (ARAYA u. HERVE 1972).

Man kann auch kreisförmige Vertiefungen innerhalb der Pflasterung erkennen (vgl. Abb. 2), deren Genese mit gestrandeten Eisblöcken, die sich in der Brandung auf dem Pflaster bewegen, erklärt werden kann. Nach ARAYA u. HERVE (1972) treten diese Abrasionspflaster nur bei weniger als 3° geneigten Intertidalzonen und Blockgrößen zwischen 20 und 40 cm Kantenlänge auf, sind aber auch an anderen Küsten der South Shetlands zu finden.

2.2. *Anstehende Vulkanite (struktureller Prozeßbereich)*

Die am aktiven Kontinentalrand entstandenen South Shetland Islands setzen sich petrographisch weitgehend aus Magmatiten, untergeordnet auch aus Metamorphiten und Sedimentiten zusammen. Stratigraphisch werden die Gesteine des Warszawa-Blocks, zu dem auch die Potter-Halbinsel zählt, aufgrund von K-Ar-Datierungen zwischen 77 und 66 Mio. Jahre alt angenommen (BIRKENMAJER 1990).

Dominiert wird die Potter-Halbinsel von dem Olivinbasaltschlot des Three Brothers Hill, der 196 m aufragt und an dem hexagonale Basaltsäulen die drei Festgesteinskörper bilden. Charakteristisch ist der daraus entstandene grobblockige Frostschutt, der den Three Brothers Hill umgibt. Ansonsten tritt der Olivinbasalt als ein grüner Effusit mit Olivin als Hauptgemengeteil und rotem Granat auf. Daneben sind auf der Halbinsel noch Augitbasalt, basischer Andesit, Andesit und ein vulkanisches Konglomerat anzutreffen (FOURCADE 1960). Aus diesen Gesteinen sind auch die einzelnen Penones, Festgesteinskörper mit zum Teil steilen Frostkliffs, oder stufenbildende Schichtrippen aufgebaut.

2.3. *Periglazial (kryogener Prozeßbereich)*

Unter den vorherrschenden ozeanischen Klimabedingungen ist die Frostverwitterung (Kryoklastik) der dominierende Verwitterungsprozeß. Die häufigen Frostwechsel und die hohe Feuchtigkeit führen zu einer sehr starken kryoklastischen Gesteinszerlegung, bei der in Abhängigkeit vom Ausgangsgestein dann charakteristische Schuttformen entstehen. Neben der Frostverwitterung treten noch weitere Verwitterungsformen auf, die bei BLÜMEL (1986) ausführlicher beschrieben sind.

Die Frostschutthalden werden, sofern sie nicht flechtenbewachsen sind, wie am Three Brothers Hill oder im Hinterland der Südküste, oft mit feinerem Solifluktionsschutt vom Oberhang bedeckt. Sie sind 24° bis mehr als 30° geneigt und treten vor allem am Abhang zur Südküste in Erscheinung.

Zwischen Frostkliffs und Frostschutthalden treten Verebnungen im Frostschutt auf, in denen sich episodische Schmelzwasserseen befinden. Trockengefallen, sind diese Flächen ideale Bildungsbereiche für Kryoturbationsformen. Die Korngrößen variieren von Feinschutt über Grus bis hin zu Sand. Als Folge der Materialsortierung sind Steinringe ausgebildet. Ähnliche Formen von Polygonböden sind in der wasserübersättigten Tallage südlich der Station zu finden. Hier werden die Tiefenlinien von Moosen und Erdflechten nachgezeichnet, während die leicht erhabenen Polygone von in situ zu Grobkies verwitterten Geschieben eingenommen werden. Auch im flechtenbedeckten Frostschutt sind bis zu 1 m Durchmesser aufweisende Steinringe zu erkennen. Sie bestehen aus einem okkerbraunen feuchten Feinerdekern mit einem ringförmigen Wall aus plattigem Schutt. Dieser Feinerdekern ist in sich durch Trockenrisse gegliedert, die durch kleine Steine gefüllt sind. Andere Kryoturbationsformen, wie beispielsweise Kryostasieblöcke, sind nicht anzutreffen.

Solifluktion ist auf den Moränenhügeln im Gletschervorfeld überall zu finden. Die Bewegung am Hang wird durch sich über größere Geschiebe (Bremsblöcke) wälzendes Feinmaterial angezeigt. Die Hangneigungen betragen meist zwischen 10° und 18°, wobei die Hänge selbst durch 5–10 cm breite Feinerde- bzw. Steinstreifen gegliedert werden. Die Längsachsen des Steinstreifenschutts sind in Gefällerichtung eingeregelt. Die flacheren Hügelkuppen sind von Strauchflechten (*Usnea antarctica*) bewachsen, was eine Ruhezone in bezug auf Bodenbewegungen anzeigt. Zum Hangfuß hin reichern sich in den Tiefenlinien gröbere Schuttstücke an. Gut ausgebildete Solifluktionsloben sind selten.

Ein weiterer sehr wichtiger Prozeßbereich sind die Abluationsflächen, die vor allem unterhalb größerer perennierender Schneeflecken auftreten, aber auch an der Südwestküste, im Vorfeld der Moränenfläche zu Füßen des Three Brothers Hill, großflächig zu finden sind. Diese ausgedehnten Abspülungsflächen haben völlig glatte Oberflächen mit kleinen Schuttstükken als Pflasterung und Feinmaterial darunter. An der Oberfläche ist das Feinmaterial durch die starken Winde ausgeblasen.

2.4. *Gletscher und Gletschervorfeld (glazialer Prozeßbereich)*

Zum glazialen Prozeßbereich ist der Großteil der Potter-Halbinsel zu rechnen. Er gliedert sich in Altmoränenflächen, Altmoränenhügel sowie Schneeflecken und Inlandeis. Unter Altmoräne werden hier erst nach der letzten Eiszeit eisfrei gewordene Flächen verstanden, die nicht mehr im jährlichen Schwankungsbereich der Schneeakkumulationen am Eisrand liegen. Dies steht im Gegensatz zu Begriffsverwendungen von Altmoränenlandschaft in Norddeutschland, wo darunter ehemals eisbedeckte Gebiete älter als das Weichselglazial verstanden werden.

Diese Altmoränenflächen und -hügel unterliegen den periglazialen Klimabedingungen und sind deshalb auch durch Prozesse wie Solifluktion, Thermoerosion usw. geprägt. Sie stellen als ehemalige Grundmoräne ein Gemisch aus allen Korngrößen dar, in das kantengerundete Geschiebe unterschiedlicher Größe eingebettet sind. Windexponierte Flächen sind mit Strauchflechten bewachsen.

Die Moränenhügel sind ausschließlich Eiskernmoränen. Das ist an mehreren Stellen, an denen die wassergesättigte Moränendecke durch

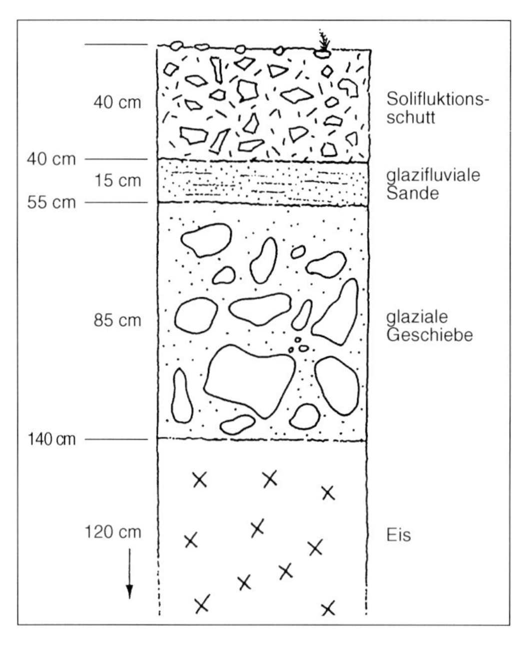

Abbildung 3
Eiskernmoräne ca. 1500 m vor dem heutigen Eisrand, südlich des Three Brothers Hill (Entwurf: BELZ 1993)
Ice-cored moraine ca. 1,500 m away from the present ice margin, south of Three Brothers Hill (Draft: BELZ 1993)

Thermoerosion auf das Eis abgerutscht ist, zu erkennen. Ein Profil südlich des Three Brothers Hill zeigt deutlich einen ehemals ausgedehnteren Gletscherstand an (Abb. 3). Im Aufschluß 1,20 m mächtiges Eis wird von glazialen Geschieben überlagert, die durch Gletschereis möglicherweise 3000–1000 BP abgelagert wurden (BARSCH u. MÄUSBACHER 1986). Darüber folgen glazifluviale, geschichtete Sande, die beim Eisrückzug im Vorfeld sedimentiert wurden. Diese Sande wiederum werden von 40 cm rezentem Solifluktionsschutt überlagert, der die aktuellen Klimabedingungen widerspiegelt.

Die Altmoränenflächen werden durch zahlreiche kleine Seen gegliedert, bei denen es sich fast ausschließlich um Toteislöcher handelt (vgl. DRAGO 1983). Da diese Tümpel oftmals im Laufe des Sommers austrocknen und dann deren Feinsedimente freiliegen, kann man von „glazilimnischer" Sedimentation sprechen. Höher gelegene Teile des Gletschervorfeldes werden von in situ verwitternden Geschieben und dem daraus entstehenden Grobschutt eingenommen. An einzelnen Stellen folgen reliefbedingt oberhalb Schmelzwassersande, Anzeichen von episodisch ausgedehnteren Schneeakkumulationen. Diese unterschiedlichen Oberflächenrauhigkeiten zwischen Grobschutt und glazifluvialem Schmelzwassersand sind im ERS-1-SAR-Bild zu erkennen.

Unmittelbar vor dem Eisrand lagern wiederum Schmelzwassersande, in die sich über 2,5 m tiefe Kerbsohlentäler eingeschnitten haben. Für die Anlage dieser Schmelzwasserabflüsse sind die unterschiedliche Schneeakkumulation und der Witterungsverlauf verantwortlich. Im Winter ist der Eisrand von festem, windgepreßtem Schnee bedeckt. Wenn im Frühling der Schnee zu tauen beginnt, bilden sich am Rand Schmelzwasserabflüsse, die dann im Sommer trockenfallen, wenn der Schnee völlig abgetaut ist. 1992 war ein sehr warmer Dezember, so daß sich der Schnee schnell zurückgezogen hat und sich die Abflüsse lange und tief am Eisrand einschneiden konnten (Abb. 4).

Die Korngrößenanalysen zeigen eine Anreicherung feiner Korngrößen, die auf der gesamten Halbinsel vom Wind ausgeblasen und auf dem Eis akkumuliert werden. Durch an der Eisoberfläche ablaufendes Schmelzwasser wird dieses Sediment dann direkt vor dem Eis abgelagert.

Die perennierenden Schneeflecken befinden sich an reliefbedingten Steilkanten und in Talungen. Sie sind durchweg auf den strahlungsbegünstigten Westhängen zu finden, d. h., sie wurden im Lee der starken, niederschlagbringenden Ostwinde akkumuliert. Ihre Oberflächen sind durch Windpressung geglättet.

Die Ausdehnung der schneebedeckten Fläche auf der Potter-Halbinsel nimmt von Dezember bis Februar stark ab. Man kann diesen Prozeß der Ausaperung sehr schön durch den Vergleich der Luftbilder vom Dezember 1956 und der SPOT-Aufnahme vom Februar 1988 erkennen (Abb. 5).

Auffällig sind dabei auch schon im Dezember eisfreie Flächen, die potentielle Abkühlungsflächen für den Permafrost darstellen, da hier die isolierende Schneedecke fehlt. Der im SPOT-Bild sichtbare helle Fleck am Rand der Eiskappe ist auf Querspalten zurückzuführen, die sich durch Stauchung des auf Festgestein auflaufenden Gletschers bilden. Das auf der gesam-

Abbildung 4
Schneedeckenentwicklung am Eisrand der Potter-Halbinsel. Die Anlage der Schmelzwasserabflüsse hängt von der Schneeakkumulation und den Witterungsverhältnissen ab (Entwurf: BELZ 1993).
Snow-cover development at the ice margin of the Potter Peninsula. Melt-water runoff depends on snow accumulation and weather conditions (Draft: BELZ 1993).

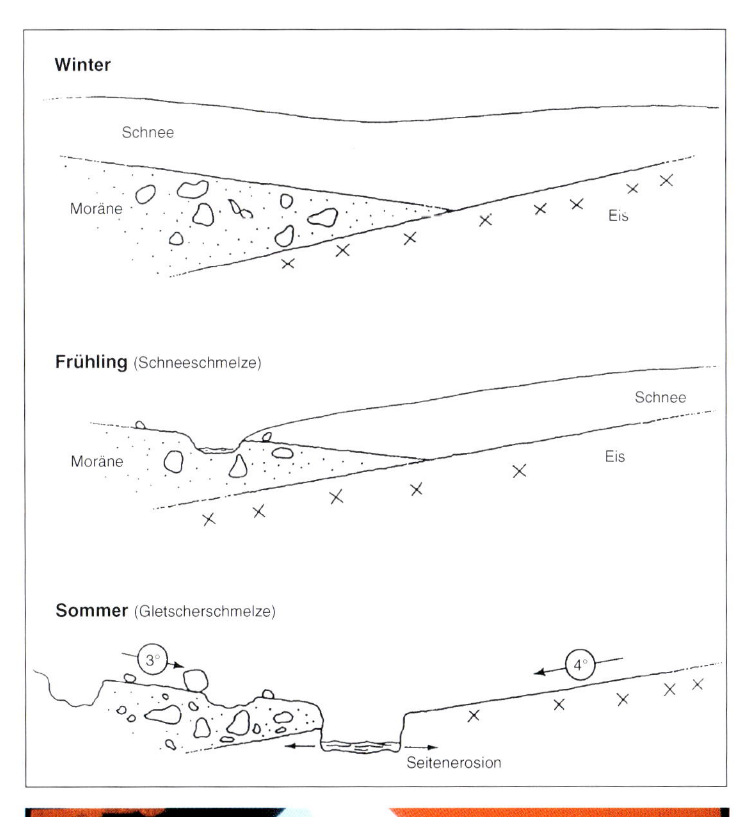

Abbildung 5
Überlagerung des gescannten BAS-Luftbildes vom 20. 12. 1956 mit den panchromatischen SPOT-Daten vom 19. 2. 1988
Panchromatic SPOT scene of Febr. 19, 1988 overlaid on scanned BAS aerial photograph of Dec. 20, 1956

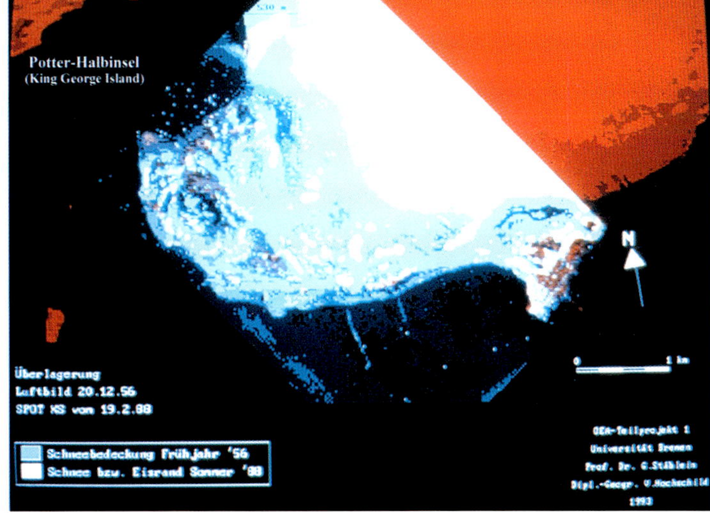

ten Eismasse flächenhaft ablaufende Schmelzwasser versickert in den Querspalten und räumt somit nicht den Neuschnee ab, der für die hohe Reflexion verantwortlich ist. Im Laufe der Zeit erhöht sich der Schnee und bildet eine Erhebung, die dann vom Schmelzwasser umflossen wird. Die Größe dieses Fleckes variiert zwischen den einzelnen Jahren, je nachdem, wo sich die Querspalten öffnen (mündliche Mitteilung H. KLÖSER).

2.5. Hydrologie (fluvialer Prozeßbereich)

Auf der Potter-Halbinsel treten eine große Anzahl von Schmelzwasserseen auf. Nach DRAGO (1983) liegt die Tiefe der Seen bei max. 6,50 m. Dabei gibt es verschiedene Formen der Abflußzwischenspeicherung als Schmelzwassersee direkt am Eisrand, als Toteisloch oder als hinter dem Strandwall aufgestauter Strandsee. Die Seespiegel unterliegen starken Schwankungen, wie vertikale Abfolgen verschiedener Strandlinien anzeigen. Detailliertere limnologische Beschreibungen der Seen sind bei DRAGO (1983) zu finden.

Die Abflüsse der Potter-Halbinsel konzentrieren sich auf zwei Hauptabflüsse, von denen je einer in die Potter Cove und einer an der Südküste mündet. Die Wasserführung und die Sedimentfracht der Flüsse sind witterungsabhängig und variieren sehr stark im Laufe des Sommers. Das nach Norden entwässernde Bremer Wasser transportiert sehr viel Feinsediment aus dem Gletschervorfeld und ist dementsprechend rotbraun gefärbt, was oftmals auch eine Braunfärbung der gesamten Potter Cove nach sich zieht (vgl. KLÖSER 1993). Die Flüsse verwildern im Unterlauf, weil durch die Solifluktion besonders viel Schutt in die Abflüsse gerät. Das Delta des Bremer Wassers ist gezeitenbeeinflußt. Dagegen ist das nach Süden entwässernde Freiburger Wasser aufgrund seines stärker von Frostschutthalden und Vulkaniten geprägten Einzugsgebiets weniger sedimentbeladen, durch große perennierende Schneeflecken aber keinesfalls schwächer in der Abflußleistung, zumal der gefrorene Boden Verluste durch Versikkern verhindert. Beim Überfließen von anstehendem Gestein haben sich zahlreiche Stromschnellen und kleine Wasserfälle ausgebildet, d. h., im Gegensatz zum Bremer Wasser hat das Freiburger Wasser eher den Charakter eines block- und geröllreichen alpinen Wildbachs. Der Fluß wird, nachdem er einen ausgedehnten Schwemmfächer überflossen hat, hinter dem Strandwall zu einem periodischen Strandsee aufgestaut. Im Mündungsbereich wird dieser Strandwall von lateralen Erosionskanten zerschnitten.

Bei den Talformen überwiegen in den Lockergesteinen Kerbsohlentäler, wobei die meisten nur episodisch durchflossen werden. Verschiedene Terrassenniveaus finden sich in den mäandrierenden Tälern an den Gleithängen. Daneben treten noch Muldentälchen und Schneetälchen auf, die den flechtenbedeckten Frostschutt als trockengefallene Tiefenlinien untergliedern. Die direkt am Eisrand in den Schmelzwassersanden ausgebildeten breitsohligen und steilwandigen Kerbsohlentäler werden von glazifluvialen Schmelzwasserabflüssen mit starker Abflußleistung durchflossen. Nur hier kann sich der Abfluß unter den rezenten Klimabedingungen deutlich eintiefen.

2.6. Aktuelle Prozesse der Geomorphodynamik

Bei Bodenoberflächentemperaturen von –2 °C kommt es zur Kammeisbildung. Dabei entstehen dichtgescharte, mehrere Zentimeter lange Eisnadeln direkt unter der Erdoberfläche. Die Vernässungsbereiche am Fuß der Schwemmfächer stellen wegen der feinkörnigen Substratzusammensetzung potentielle Bildungsbereiche für Bodeneis dar (Abb. 6).

Als Prozesse der Bodenabtragung wirken Solifluktion, Abluation und Deflation. Die Solifluktion tritt als freie Solifluktion auf, bei der die Stein- bzw. Feinerdestreifen als hanginterne Gliederung ab 2° Hangneigung zu finden sind (Abb. 7). Abluation im Sinne von LIEDTKE (1985) als flächenhafte Abspülung tritt an der Südküste unterhalb perennierender Schneeflecken auf (Abb. 8). Als resultierende Oberflächenform treten dabei geglättete Hänge in Erscheinung. Die Deflation wirkt besonders stark am Strand. Hier werden die windtransportablen Korngrößen ausgeblasen, die Oberfläche wird von gröberen Klasten gepflastert. Für die Deflation förderlich ist die strahlungsbedingte Austrocknung der Oberfläche, die im Sommer 1992/93 dazu führte, daß Auswehung auf der gesamten Halbinsel vorherrschte. Das ausgeblasene Material akkumuliert auf dem Rand des Inlandeises und färbt diesen fast schwarz.

Ein sehr wichtiger Prozeß im Gletschervorfeld ist die Thermoerosion bzw. das Abgehen von Austaumuren. Die gesamte Potter-Halbinsel ist von Eiskernmoränen durchzogen. Sobald die das Eis überlagernde, 1–1,5 m mächtige Mo-

Abbildung 6
Kammeisbildung im Vernässungsbereich hinter dem Strandwall an der Südküste der Potter-Halbinsel
(Foto: HOCHSCHILD 1991)
Needle-ice formation in the wet zone behind the beach ridge at the southern coast of the Potter Peninsula
(Photo: HOCHSCHILD 1991)

Abbildung 7
Stein- bzw. Feinerdestreifen an einem 12° geneigten Hang südlich der Station Jubany, Potter-Halbinsel
(Foto: HOCHSCHILD 1993)
Stone and fine earth stripes on a 12° inclined slope south of Jubany Station, Potter Peninsula
(Photo: HOCHSCHILD 1993)

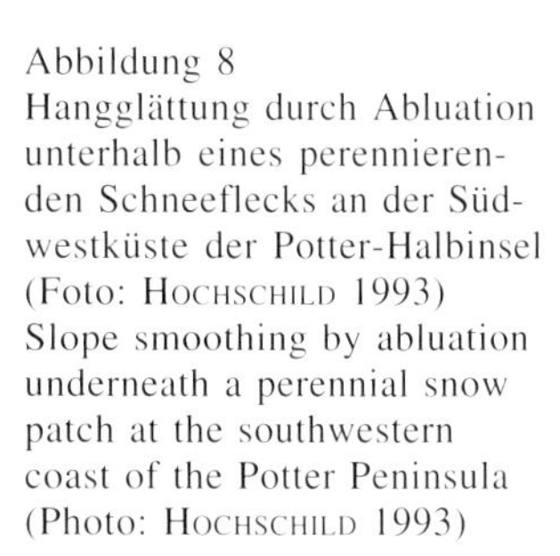

Abbildung 8
Hangglättung durch Abluation unterhalb eines perennierenden Schneeflecks an der Südwestküste der Potter-Halbinsel
(Foto: HOCHSCHILD 1993)
Slope smoothing by abluation underneath a perennial snow patch at the southwestern coast of the Potter Peninsula
(Photo: HOCHSCHILD 1993)

Abbildung 9
Austaumure über Eiskernmoräne im Gletschervorfeld der Potter-Halbinsel. Die Mächtigkeit der Moränenauflage beträgt 1,20 m (Foto: HOCHSCHILD 1993).
Meltout mudflow overlying an ice-cored moraine in the glacier foreland of the Potter Peninsula. The thickness of the moraine cover is 1.20 m (Photo: HOCHSCHILD 1993).

ränenschicht aufgetaut und wassergesättigt ist, rutscht sie auf dem gefrorenen Untergrund ab. Die Abbruchflächen werden durch steil aufragende Kliffs gebildet, aus denen dann immer wieder kleinere Austaumuren nachrutschen (Abb. 9). Die Rutschkörper werden am Hangfuß abgelagert und tragen somit zur kleinräumigen Reliefierung des Gletschervorfeldes bei.

3. Böden

Als Böden kommen auf der Potter-Halbinsel die auch schon von BARSCH et al. (1985) und BLÜMEL (1986) beschriebenen antarktischen Braunerden und Solifluktionsdecken vor.

Hier gefundene Profile antarktischer Braunerden sind nicht horizontiert, abgesehen von einer Anreicherung gröberer, zum Teil flechtenbewachsener Klasten an der Oberfläche. Hauptkorngrößen sind Sand und Schluff. Sie sind braun, werden nach unten hin ockerbraun, bis ab etwa 30 cm der Skelettanteil überwiegt.

In den Solifluktionsdecken sind gröbere Schuttstücke durch Frostwechsel aus den obersten 5 cm aufgefroren. Unterhalb der Feinerdestreifen bestehen sie aus einer Wechsellagerung von Feinmaterial und sandig-kiesigem Solifluktionsschutt. Die Mächtigkeit der einzelnen Lagen beträgt ca. 10 cm, wobei die gröberen Horizonte dunkler erscheinen. Erst ab ca. 30 cm Tiefe nimmt der Anteil vulkanischer Geschiebe stark zu.

3.1. Oberflächen-, Bodentemperaturen und Permafrost

Bei ARAYA u. HERVE (1972) wird die maximale Auftautiefe zwischen 5 und 25 cm angegeben, bei BARSCH et al. (1985) knapp über 1 m. Unsere Sondierungen ergaben durchweg Werte von > 1,30 m.

Während des Geländeaufenthalts im Januar/ Februar 1993 wurde an einer Bodentemperatur-Meßstation die Bodentemperatur in 5, 30, 50 und 100 cm Tiefe gemessen. Ergänzend kamen Messungen der Lufttemperatur in einer Höhe von 200 und 50 cm hinzu. Betrachtet man die gemessenen Werte (Abb. 10), so fallen insbesondere strahlungsbedingte Temperaturschwankungen in oberflächennahen Bodenbereichen auf, die in 5 cm Tiefe Extremwerte von bis zu 10 °C erreichen.

Dies ist vor allem durch die Lage nördlich des südlichen Polarkreises zu erklären, wodurch sich auch im Sommer Unterschiede zwischen Tag und Nacht ergeben. Nach unten hin wird die Amplitude kleiner, und es tritt ein zeitlicher Versatz ein. In einem Meter Tiefe herrschen fast isotherme Verhältnisse.

Die mit einem Digitalthermometer gemessenen Oberflächentemperaturen weisen Spitzenwerte von 21,9 °C auf (HUB am 15. 1. 1993). Dieser Temperaturverlauf ist entgegengesetzt zur Entwicklung der Bodenfeuchtigkeit (vgl. auch Abschnitt 3.2., Abb. 11).

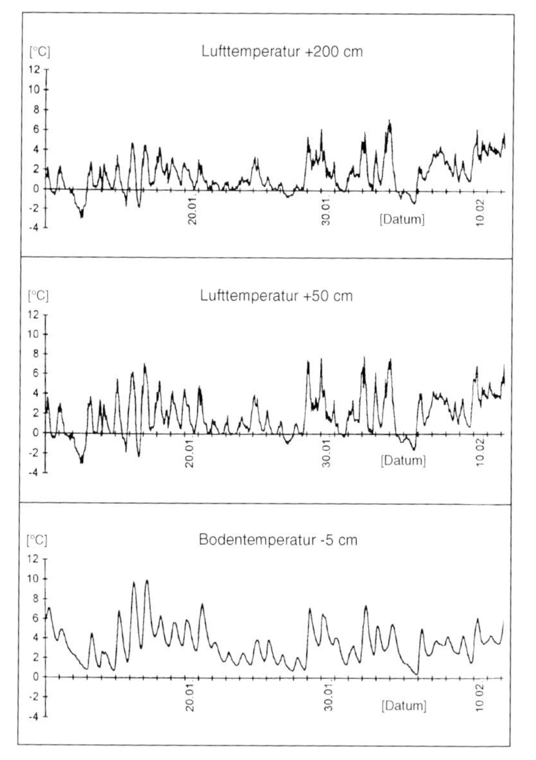

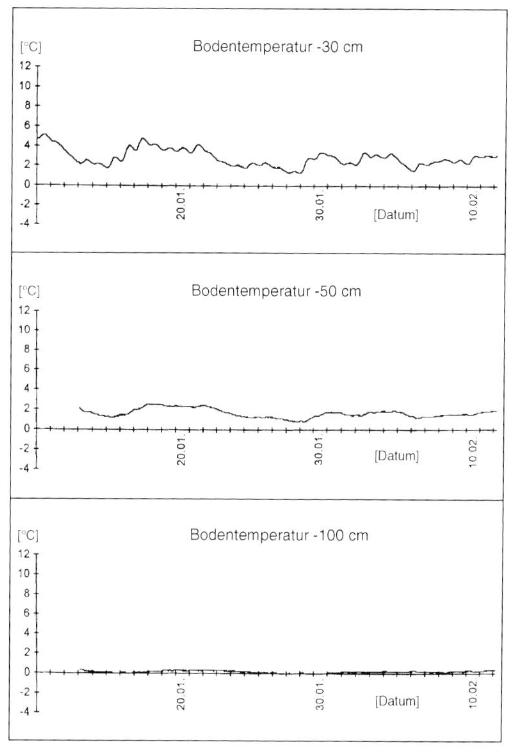

Abbildung 10
Luft- und Bodentemperaturen auf der Potter-Halbinsel im Januar/Februar 1993. Der Standort der Messung liegt im Altmoränenmaterial in Kuppenlage.
Air and soil temperatures of the Potter Peninsula January/February 1993. The readings were taken in a top position within the old moraines area.

3.2. Bodenfeuchtigkeit und Korngrößenanalyse

Während der Geländekampagne 1993 wurde an 8 Probenahmestellen alle 3 Tage die Bodenfeuchtigkeit aus Mischproben gravimetrisch bestimmt (Abb. 12). Wegen der Eindringtiefe des Radarsignals von nur wenigen Zentimetern wurden nur die obersten 5 cm des Profils beprobt. Eine zunehmende Tendenz der Bodenfeuchtigkeit über den Beobachtungszeitraum konnte nicht an allen Probenahmestellen festgestellt werden, dennoch weisen drei Standorte (GST, GLH und DAL) am Ende die höchsten Werte auf, womöglich ein Anzeichen für Bodenwasserfreisetzung aus dem Permafrost.

Deutlich zu erkennen ist die Substratabhängigkeit der Bodenfeuchte mit den höchsten Werten in den feinkörnigen Substraten des Eisrandes (Abb. 12) und dem grobkörnigen Strandwall als trockenstem Standort. Darüber hinaus machen sich auch kurzfristige Witterungseinflüsse durch Niederschläge bemerkbar. Als weiterer Einflußfaktor der Bodenwasserdynamik kann die Lage im Relief angesehen werden. Laterale Schmelzwasserzufuhr durch benachbarte Schneeflecken oder Tallage spielt eine bedeutende Rolle. Derartig beeinflußte Standorte stellen der Eisrand (ESR) und die Frostmusterböden (FRM) dar.

Die Körnungskurven der verschiedenen Probenahmestellen zeigen vor allem am Glatthang (GLH) und am Strandwall (STW) ein deutliches Fehlen des Feinmaterials (Feinsand und kleiner), verursacht durch Ausblasung. Dagegen kann man am Eisrand (ESR) eine Anreicherung der Schluffkorngröße erkennen, die zum Teil

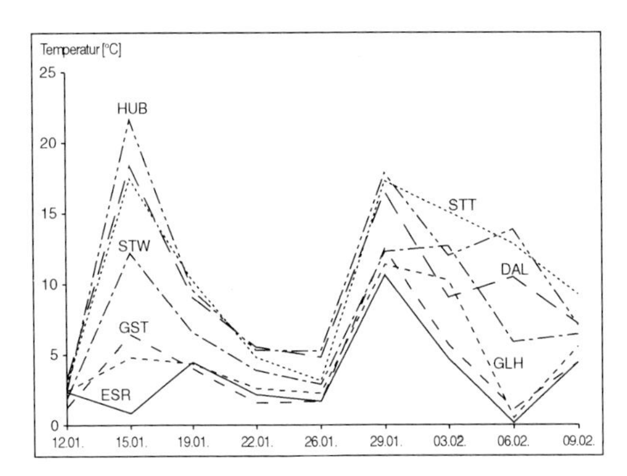

Abbildung 11
Oberflächentemperaturen an 8 verschiedenen Probenahmestellen im Januar/Februar 1993
Surface temperatures taken at 8 different sites January/February 1993

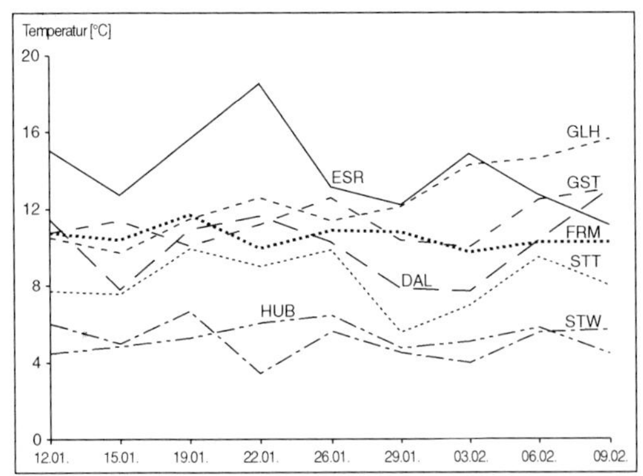

Abbildung 12
Bodenfeuchtigkeit an 8 verschiedenen Probenahmestellen im Januar/Februar 1993
Soil moisture taken at 8 different sites January/February 1993

durch akkumuliertes äolisches Material hervorgerufen wird.

4. Oberflächenrauhigkeiten

Das Radarsignal hängt von der Oberflächenrauhigkeit ab, und zwar zum einen davon, wieviel der gestreuten Energie zurückgestrahlt und am Sensor wieder empfangen wird, zum anderen davon, wie sich die Oberfläche zur ausgesandten Wellenlänge verhält. Dieses Verhältnis ist abhängig vom Grad der Rauhigkeit.

Abbildung 13
Rauhigkeitsmeßinstrument zur Aufnahme von eindimensionalen Rauhigkeitsprofilen
Roughness measuring device for recording one-dimensional roughness profiles

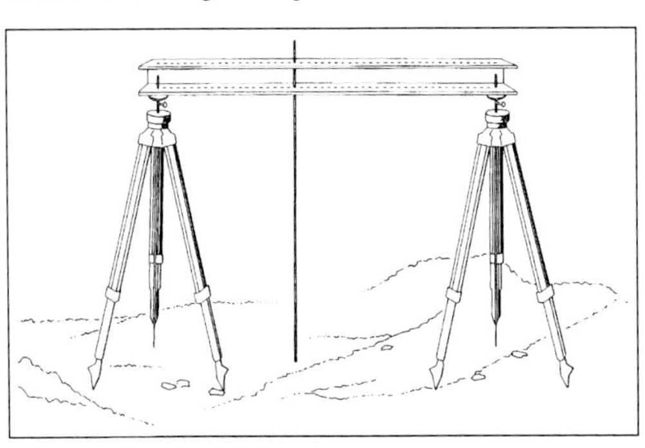

Dieser Grad der Rauhigkeit wird durch die Standardabweichung der Oberflächenhöhenvariation und die Oberflächenkorrelationslänge bestimmt. Deshalb wird die Rauhigkeit mit eindimensionalen Oberflächenprofilen z_i (x_i) mit

Abbildung 14
Profile der Oberflächenrauhigkeit
Profiles of surface roughness

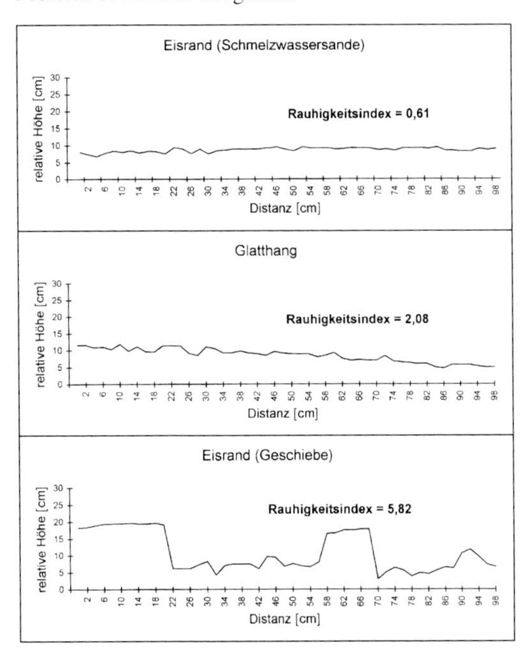

dem Zwischenraum Δx aufgenommen. Normalerweise werden Abstände von etwa 0,1 λ verwendet, was beim C-Band des ERS-1 0,56 cm bedeuten würde. Wenn die Höhenvariation Δz von Δx viel kleiner als die Wellenlänge λ ist, wird dies keinen merklichen Effekt auf die Reflexion haben.

Im Gelände wurden daher Profile mit 2 cm Zwischenraum zwischen den Höhenmessungen aufgenommen. Die Aufnahme erfolgte mit einem eigens konstruierten Instrument, bestehend aus einem 1 m langen U-Stahl mit 50 Bohrungen im 2-cm-Abstand, das auf 2 Fotostativen auflag und bei dem die Höhenmessung mit einer Meßsonde aus Edelstahl erfolgte (Abb. 13). Gemessen wurden jeweils zwei 4-m-Strecken, so daß 400 Meßwerte pro Kartiereinheit resultierten.

Das Ergebnis waren Profile (z. B. Abb. 14), in denen der höhere Rauhigkeitsindex für eine rauhere Oberfläche steht. Im Gelände konnte man recht einfach rauhe Grundmoränenablagerungen mit einzelnen Geschieben von den glatten Schmelzwassersanden unterscheiden.

5. Fernerkundung

Erster methodischer Schritt war die stereoskopische Luftbildauswertung des Gebiets der Potter-Halbinsel mit Luftbildern des British Antarctic Survey im Maßstab 1 : 25 000 vom 20. 12. 1956. Damit wurde die Grundlage für die Geländekartierung gelegt. Der Nachteil der Aufnahmen lag einmal in der Tatsache, daß die Bilder schon 37 Jahre alt sind. Zum anderen war der Aufnahmezeitpunkt im Dezember für die geomorphologische Aufnahme ungünstig, da noch sehr viel Schnee die Halbinsel bedeckte.

Als Vorbereitung für die spätere ERS-1-SAR-Datenauswertung wurden die im Gelände aufgenommenen geomorphologischen Kartiereinheiten auf die räumlich am besten auflösenden panchromatischen SPOT-Daten (10 m) vom 19. 2. 1988 übertragen. Diese Daten sind zum einen recht aktuell, zum anderen zeigen sie die Potter-Halbinsel im Hochsommer mit wenig Schnee – für geomorphologische Auswertungen also geeignet. Sie dienen aber in Ermangelung einer großmaßstäbigen topographischen Kartengrundlage auch als Bezugsbasis für die ERS-1-SAR-Daten und für die geomorphologische Kartierung.

Die am 19. 2. 1988 gewonnenen panchromatischen SPOT-Daten wurden zunächst linear kontrastgedehnt, um möglichst viel Information im Periglazialbereich zu erhalten. In einem weiteren Verarbeitungsschritt wurden sie dann mit einem Kantenverstärkungsfilter gefiltert, um eine möglichst optimale visuelle Interpretierbarkeit zu gewährleisten. Auf diese SPOT-Daten wurde dann die thematische Information der geomorphologischen Kartierung (Abb. 15) interaktiv am Bildschirm eingegeben.

Die BAS-Luftbilder wurden mit verschiedenen Auflösungen gescannt und mit den SPOT-Pan-Daten überlagert (vgl. Abb. 5, Kap. 2.4.).

Neben den panchromatischen sind auch die multispektralen SPOT-Daten ausgewertet worden. Nach Auswahl der Trainingsgebiete wurden sie überwacht klassifiziert, wie im folgenden am Beispiel verschiedener Vegetationsformen erläutert wird:

Die Vegetation der Potter-Halbinsel wird eindeutig von Strauchflechten, sowohl *Usnea antarctica* als auch *Usnea fasciata,* dominiert. Bei spärlichem Wuchs wurden 60 Individuen/m^2, bei dichtem Wuchs immerhin mehr als 200 Individuen/m^2 der 5 bis 6 cm hohen Pflanzen gezählt. Sie sind aufgrund ihrer hohen Reflexion im infraroten Spektrum relativ leicht im Satellitenbild zu erkennen. Morphologisch wichtig sind die Strauchflechten, weil sie nur auf Festgestein wachsen und somit die Bereiche relativer Ruhe auf Moränenkuppen bzw. schon längere Zeit inaktiver Frostschutthalden anzeigen.

Am deutlichsten sind auf den SPOT- oder Landsat-TM-Szenen die Moospolster der Vernässungsbereiche zu erkennen. Die Moose haben die mit Abstand stärkste IR-Reflexion. Ihre morphologische Bedeutung haben sie vor allem als Bereiche potentieller Bodeneisbildung.

Aufgrund der spektralen Eigenschaften waren die Vegetationsformen im Merkmalsraum

Abbildung 15 (folgende Seite)
Geomorphologische Kartiereinheiten wurden nach der Geländekartierung auf die SPOT-Pan-Daten interaktiv übertragen. Sie dienen später als Referenzflächen für die SAR-Daten-Auswertung.
Geomorphological field-mapping units were interactively transferred to the SPOT data and later served as reference areas for the SAR data evaluation.

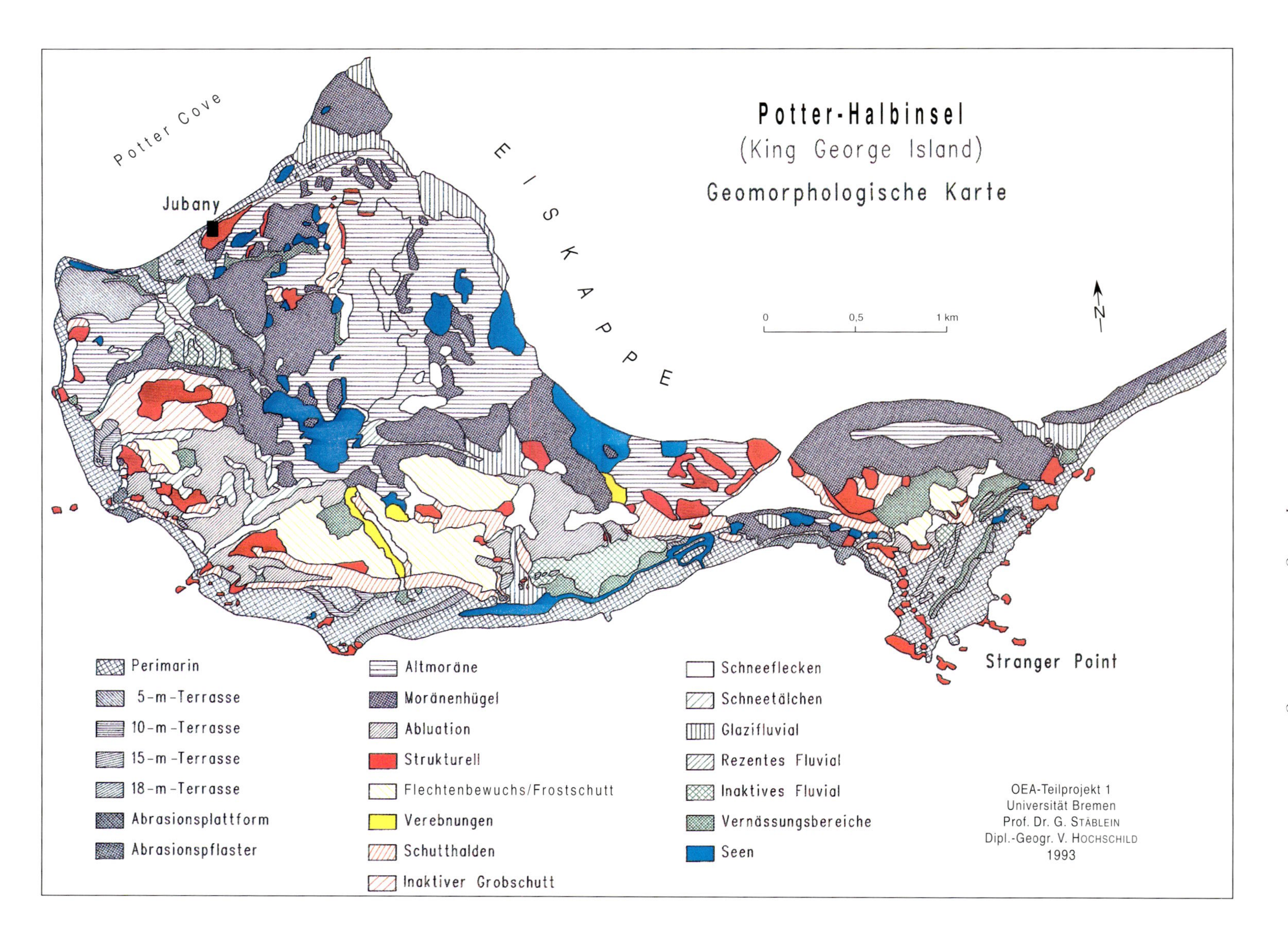
Potter-Halbinsel
(King George Island)
Geomorphologische Karte
Potter Cove
Jubany
E I S K A P P E
0
0,5
1 km
N
Stranger Point
Perimarin
5-m-Terrasse
10-m-Terrasse
15-m-Terrasse
18-m-Terrasse
Abrasionsplattform
Abrasionspflaster
Altmoräne
Moränenhügel
Abluation
Strukturell
Flechtenbewuchs/Frostschutt
Verebnungen
Schutthalden
Inaktiver Grobschutt
Schneeflecken
Schneetälchen
Glazifluvial
Rezentes Fluvial
Inaktives Fluvial
Vernässungsbereiche
Seen
OEA-Teilprojekt 1
Universität Bremen
Prof. Dr. G. Stäblein
Dipl.-Geogr. V. Hochschild
1993

Abbildung 16
Multispektrale Klassifizierung der SPOT-Daten der Potter-Halbinsel am Beispiel verschiedener Vegetationsformen
Multispectral classification of the SPOT data for the Potter Peninsula with respect to the vegetation forms

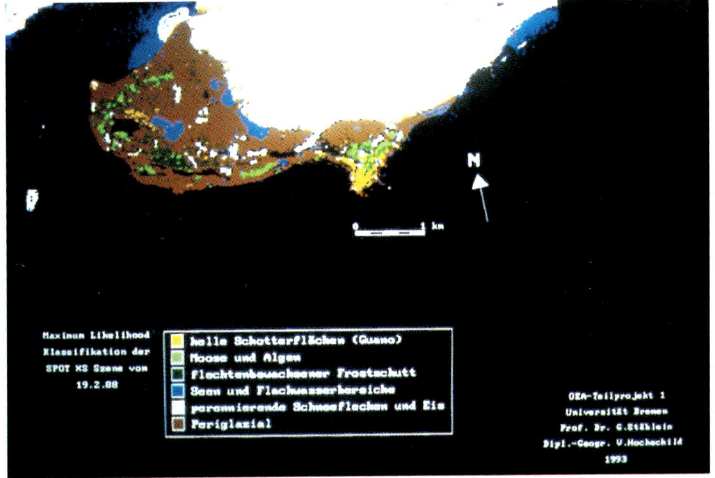

Abbildung 17
Maximum-Likelihood-Klassifizierung der Oberflächenformen der Potter-Halbinsel
Maximum-likelihood classification of the landforms of the Potter Peninsula

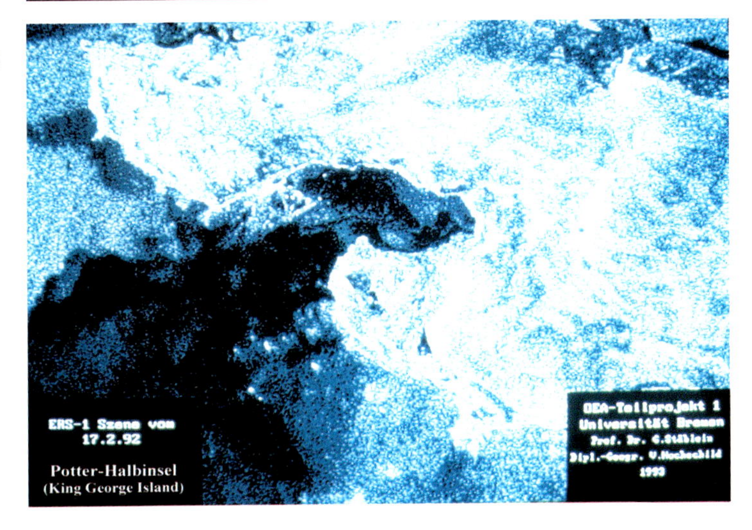

Abbildung 18
ERS-1-Szene vom 17. 2. 1992 der Potter-Halbinsel (King George Island)
ERS-1 scene of February 17, 1992 of the Potter Peninsula (King George Island)

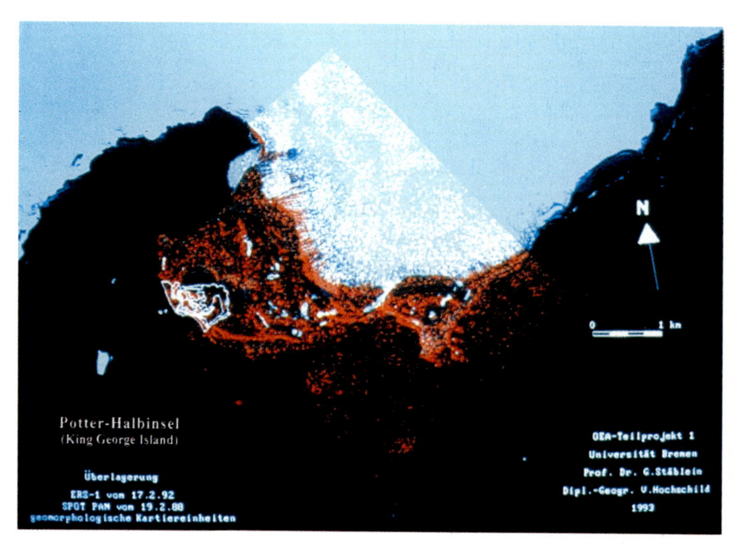

Abbildung 19
Überlagerung der ERS-1-Szene auf die panchromatischen SPOT-Daten. Die geomorphologischen Kartiereinheiten sind eingeblendet.
Overlay of the ERS-1 scene on the panchromatic SPOT data with the geomorphological mapping units included

eindeutig zu differenzieren (Abb. 16). Mit einer Maximum-Likelihood-Klassifizierung wurde die gesamte Potter-Halbinsel kartiert. Das Ergebnis (Abb. 17) zeigt wenig Differenzierung im Periglazialbereich, weshalb mehrere Kanalkombinationen des Landsat-TM verwendet wurden. Hier ist der Periglazialbereich eindeutig stärker differenziert, ohne ihn bisher einer eindeutigen Interpretation zuordnen zu können.

Die ERS-1-Daten der Potter-Halbinsel vom 17. 2. 1992 wurden zunächst visuell interpretiert (Abb. 18). Man kann folgende morphologische Großformen erkennen:

- das um 30 m hoch gelegene Abrasionsniveau,
- die großen Schmelzwasserseen,
- größere Moränenrücken im Gletschervorfeld,
- den leicht ansteigenden Eisrand.

Zur weiteren Analyse wurde die ERS-1-Szene anhand von Paßpunkten auf die panchromatischen SPOT-Daten entzerrt und dann mit den geomorphologischen Kartiereinheiten überlagert (Abb. 19).

Um nun die SAR-Daten mit den Geländemessungen vergleichen und korrelieren zu können, mußten zunächst die parallel zum Geländeaufenthalt 1993 aufgenommenen ERS-1-Szenen auf die SPOT-Daten relativ entzerrt werden, um sie dann wieder mit den geomorphologischen Kartiereinheiten zu überlagern. Anhand eines digitalen Geländemodells wurden Flächen gleicher Neigung und Exposition ausgegrenzt, damit die 16-bit-Originalwerte statistisch analysiert werden konnten.

6. Digitales Geländemodell und GPS

Das digitale Geländemodell ist für die Auswertung der ERS-1-SAR-Szenen aufgrund der reliefbedingten radiometrischen Verzerrungen sehr wichtig. Für die Potter-Halbinsel wurde aus den BAS-Luftbildern photogrammetrisch (FH Karlsruhe) ein digitales Geländemodell abgeleitet.

Während der Geländekampagne 1993 wurden zur Positionsbestimmung der Cornerreflektoren GPS-Empfänger eingesetzt. Zur Genauigkeitserhöhung wurden zwei Geräte mit der Differentialmethode verwendet.

Danksagung

Dank gebührt dem Bundesministerium für Forschung und Technologie für die Förderung des OEA-Projektes seit 1991. Darüber hinaus danken wir dem Alfred-Wegener-Institut in Bremerhaven und dem Instituto Antartico Argentino in Buenos Aires für die logistische Unterstützung der Geländearbeiten.

Literatur

ARAYA, R., & F. HERVE (1972a):
Periglacial Phenomena in the South Shetland Islands.
In: ADIE, R. J. [Ed.]: Antarctic Geology and Geophysics. Symp. Int. Union Geol. Science, B1: 105–109. Oslo.

ARAYA, R., & F. HERVE (1972b):
Patterned Gravel Beaches in the South Shetland Islands.
In: ADIE, R. J. [Ed.]: Antarctic Geology and Geophysics. Symp. Int. Union Geol. Science, B1: 111–114. Oslo.

BARSCH, D., BLÜMEL, W. D., FLÜGEL, W. A., MÄUSBACHER, R., STÄBLEIN, G., u. W. ZICK (1985):
Untersuchungen zum Periglazial auf der König-Georg-Insel, Südshetlandinseln/ Antarktika.
Berichte zur Polarforschung, **24**:1–75. Bremerhaven.

BARSCH, D., u. R. MÄUSBACHER (1986):
Beiträge zur Vergletscherungsgeschichte und zur Reliefentwicklung der Südshetland Inseln.
Z. Geomorph., N. F., Suppl.-Bd. **61**: 25–37. Berlin, Stuttgart.

BIRKENMAJER, K., SOLIANI, E., & K. KAWASHITA (1990): Reliability of potassium-argon dating of Cretaceous – Tertiary island arc volcanic suites of King George Island, South Shetland Islands (West Antarctica). Zbl. Geol. Paläont., Teil I, 1/2: 127–140. Stuttgart.

BLÜMEL, W. D. (1986):
Beobachtung zur Verwitterung an vulkanischen Festgesteinen von King George Island (S-Shetlands/W-Antarktis).
Z. Geomorph., N. F., Suppl.-Bd. **61**: 31–54. Berlin, Stuttgart.

DRAGO, E. (1983):
Estudios limnologicos en la peninsula Potter, Isla 25 de Mayo (Shetland del Sur): Morfologia de Ambientes Leniticos.
Contribution del Instituto Antartico Argentino, No. 265: 1–15. Buenos Aires.

FOURCADE, N. (1960):
Estudio geologico-petrografico de Caleta Potter, Isla 25 de Mayo, Islas Shetland del Sur.
Buenos Aires. = Instituto Antartico Argentino, Publication No. 8.

KLÖSER, H. (1993):
Hydrography of Potter Cove, a small fjord-like inlet on King George Island.
Estuarine, Coastal and Shelf Science [im Druck].

KLENKE, M. (1995):
Küstenmorphologie der Antarktischen Halbinsel.
Diplomarbeit Universität Bremen.

MÄUSBACHER, R. (1991):
Die jungquartäre Relief- und Klimageschichte im Bereich der Fildeshalbinsel, Süd Shetland Inseln, Antarktis.
Heidelberg, 205 S. = Heidelberger Geographische Arbeiten, **89**.

ORHEIM, O. (1972):
Volcanic Activity on Deception Island, South Shetland Islands.
In: ADIE, R. J. [Ed.]: Antarctic Geology and Geophysics. Symp. Int. Union Geol. Science, B1: 117–120. Oslo.

STÄBLEIN, G. (1985):
Dynamik und Entwicklung arktischer und antarktischer Küsten.
Kieler Geographische Schriften, **62**: 1–18. Kiel.

Reliefstrukturen, Vegetationsverteilung und Degradationsprozesse in Patagonien, untersucht mit ERS-1-SAR-Bilddaten

Wilfried Endlicher u. Pia Hoppe

Summary:
Landform patterns, vegetation distribution and degradation processes in Patagonia studied with ERS-1 SAR images

The suitability of ERS-1 SAR imagery for assessing landscape patterns and environmental damage has been tested at three different sites in eastern Patagonia. The tests revealed the excellent capabilities of the SAR sensor for topographic and geomorphological mapping. Landscape damage is more difficult to identify, as the vegetation signal is modified and suppressed with increasing relief intensity. Future work therefore should combine multisensory and multitemporal satellite data with digital elevation models.

Zusammenfassung:

In drei Testgebieten Ostpatagoniens wurde die Tauglichkeit von ERS-1-SAR-Bilddaten zur Erfassung von Landschaftsstrukturen und Umweltschäden untersucht. Dabei konnte eine vorzügliche Eignung des SAR-Sensors zur Kartierung von topographischen und morphologischen Rauminformationen festgestellt werden. Schwieriger gestaltete sich dagegen die Detektion von Landschaftsschäden, da bei stärkerer Reliefierung das spektrale Signal der Vegetation verändert und unterdrückt wird. Deshalb ist in Zukunft multisensoriellen und multitemporalen Fernerkundungsdatensätzen in Verbindung mit digitalen Geländemodellen besonderes Gewicht beizumessen.

1. Klimaökologische Grundzüge Patagoniens

Patagonien ist sowohl für Chile als auch Argentinien ein peripherer Raum. Seine Breitenerstreckung zwischen der Magellanstraße in 53° S und dem Kleinen Süden Chiles bzw. dem Río Negro auf argentinischer Seite in 41° S entspricht auf der Nordhemisphäre der Entfernung Hamburg – Neapel.

Die strahlungsklimatischen Bedingungen sind somit die der höheren Mittelbreiten, bzw. sie reichen nur knapp in die Subtropen hinein. Bezüglich der allgemeinen Zirkulation der Atmosphäre liegt Patagonien im Einflußbereich der südhemisphärischen Westwinddrift. Dies bedeutet ganzjährige Niederschläge, wobei allerdings extreme Unterschiede zwischen der westpatagonischen Luv- und der ostpatagonischen Leeseite bestehen. Während im Großen Süden Chiles an der Pazifikküste an über 300 Tagen Niederschläge zwischen 2000 und 4000 mm im Jahr niedergehen, fallen im andinen Lee nur noch 400 mm, und im mittleren Patagonien gehen die Jahresniederschläge gar auf 200 mm zurück. Auf diesem Niveau von 10 % des Andenluvs bleiben sie auch bis zur Atlantikküste. Die patagonische Kordillere gehört damit zu den extremen Klimascheiden der Erde. Dieser

Luv-Lee-Gegensatz ist nur durch die sehr viel höhere Dynamik der südhemisphärischen Westwinddrift zu erklären (FLOHN 1950, LAMB 1959). Sie hat auf der reibungsärmeren Wasserhalbkugel einen „antarktischen Akzent". Dieser wird durch die ganzjährig hohe Albedo der vergletscherten Antarktis hervorgerufen, während hingegen das Nordpolarmeer im Nordsommer stark auftaut. Dadurch besteht auf der Südhemisphäre ein im Bodenniveau wesentlich größerer Druckgegensatz zwischen dem subtropisch-randtropischen Hochdruckgürtel und der subpolaren Tiefdruckrinne als auf der Nordhemisphäre. Damit sind eine intensivere Zyklogenese und eine raschere Zyklonenfolge verbunden, ohne daß dies Auswirkungen auf die Niederschlagsergiebigkeit der ostpatagonischen Leeseite hat. Föhneffekte sind im Gegenteil um so wirksamer, je höher die Anströmgeschwindigkeit ist. Verbunden mit dem stärkeren Druckgegensatz ist aber auch eine Windgeschwindigkeit, die im Winter ca. 4mal, im Sommer 7 bis 8mal höher ist als diejenige der entsprechenden nordhemisphärischen Breite (vgl. WEISCHET 1968, 1978 u. 1986).

Mit diesen klimatischen Unterschieden zwischen Luv und Lee geht eine ebenso große vegetationsgeographische Differenzierung einher. An windgeschützten Stellen der westpatagonischen Pazifikküste stockt der immergrüne temperierte patagonische Regenwald. Er wird auf der Leeseite nur durch einen 30 km breiten, laubwerfenden *Nothofagus*-Saum von der patagonischen Steppe bzw. Halbwüste getrennt. Nach CABRERA (1978) und SORIANO (1956) läßt sich die patagonische Halbwüste in sechs unterschiedliche floristische Bezirke mit jeweils typischen Charakterpflanzen aufteilen.

Die patagonische Strauchhalbwüste steht unter natürlichen Bedingungen unter einem erheblichen Klimastreß, denn bei den sommerlich langen Einstrahlungszeiten und der durch das Jahresmaximum der Windgeschwindigkeit im Früh- und Hochsommer verursachten hohen Verdunstung kann es bei episodischer Sommerdürre nur zu einer geringen Phytomasseproduktion kommen (SEIBERT 1987, ENDLICHER 1991a). Die Vegetationsbestände sind allerdings extrem gut an diese klimaökologischen Bedingungen angepaßt. Die Kugelform von *Mulinum spinosum* mit seinen Dornen ist ein beredtes Beispiel dafür (HAGER 1991).

2. Schafzucht und Überweidungsproblematik

In Ostpatagonien ist seit ca. 100 Jahren die extensive Schafweidenutzung die vorherrschende Wirtschaftsform. Die Vorteile der Wollschafzucht für Patagonien sind offensichtlich: Schafe verwerten rohfaserreiche, nährstoffarme Futterstoffe, wie sie in der patagonischen Steppe und Halbwüste vorhanden sind, besonders gut. Sie können große Weideflächen aufgrund ihrer beachtlichen Marschfähigkeit und Beweglichkeit optimal ausnutzen. Schließlich ist die Wolle nicht nur ein gut lagerfähiges, sondern auch ein so hochwertiges Produkt, daß die weiten Transportwege zu den Abnehmern in Kauf genommen werden können. Gegen den Wind und die

Abbildung 1a
Schädigung der Mitte eines *Festuca-gracillima*-Horstes durch Schaffraß (Río Gallegos/Argentinien)
Damage of a grass tussock *(Festuca gracillima)* by sheep (near Río Gallegos/Argentina)

Abbildung 1b
Empetrum rubrum – Kriechstrauch auf einer überweideten Schotterfläche mit seiner windzugewandten, stark geschädigten Seite (nahe Oazy Harbour/Chile)
Empetrum rubrum – creeping shrub on an overgrazed gravel pavement with its damaged windward side (near Oazy Harbour/Chile)

Abbildung 1c
Derselbe *Empetrum-rubrum*-Kriechstrauch wie in Abb. 1b, jedoch von seiner windabgewandten Ostseite gesehen
View of the leeward side of the same *Empetrum rubrum* shrub

niedrigen Temperaturen insbesondere der Hochflächen in nahezu 1000 m ü. NN werden die Tiere durch ihr Wollkleid effektiv isoliert. Da auch die Ergiebigkeit der winterlichen Schneefälle nicht sehr groß ist und die hohe Dynamik der Westwinddrift einen raschen Wechsel zwischen Schneefall und Tauwetter mit einschließt, wurde Ostpatagonien mit Unterstützung der argentinischen Regierung für die Wollschafzucht erschlossen. Die Anstöße dazu gaben Ende der 70er Jahre des 19. Jh. die Briten mit der Einführung von Schafen von den Falklandinseln. Im chilenischen Landesteil von Patagonien, der Region Magallanes, wurde Ende der 60er Jahre des 20. Jh. mit fast 3 Mio. Schafen die maximale Bestockungszahl erreicht. Seitdem ist die Kopfzahl rückläufig, was nicht nur auf die Einflüsse des Weltmarktes zurückzuführen ist. Vielmehr sind die Überweidungsschäden in allen Teilen Ostpatagoniens unübersehbar. Die ökologischen Zusammenhänge sind inzwischen erkannt. Durch eine zu hohe Bestockung – unter optimalen Bedingungen an der noch relativ feuchten Magellanstraße im chilenischen Teil Patagoniens beträgt die Tragfähigkeit ca. 1 ha/Schaf, in ungünstigeren Bereichen von Mittelpatagonien ca. 4 ha/Schaf – wird die Gras- und Strauchschicht zu stark überweidet. Fällt diese Situation mit den immer wieder auftretenden und mehrere Jahre andauernden Trokkenperioden zusammen, so kann sich die Vegetationsdecke aufgrund der reduzierten Phytomasseproduktion nicht regenerieren.

Neben der Schädigung einzelner Pflanzen durch Fraß (Abb. 1a) tritt durch das Zusammenwirken von Überweidung und Wind eine Änderung in der Artmächtigkeit und Vitalität von Gräsern und Kräutern auf (FAGGI 1983). In den dann trockenen Sommermonaten führt das Maximum der Windgeschwindigkeit zwischen November und Februar zu einem Auswehen von Feinbodenmaterial. Zurück bleibt ein Steinpflaster, welches wiederum einem Aufkommen der Vegetation entgegensteht bzw. zu einer relativen Zunahme von Chamaephyten führt, die diesen Bedingungen besser angepaßt sind, jedoch einen geringeren Weidewert haben (Abb. 1b u. 1c). Bei gleichbleibender Bestockungszahl wird die Degradation der Weideflächen weiter beschleunigt, bis ein nicht mehr regenerierbarer Rückgang der Phytomasse erreicht ist.

Ein Monitoring der seit einer Generation zu beobachtenden Degradationserscheinungen ist bei der ein Dutzend Breitengrade umfassenden Nord-Süd-Erstreckung Patagoniens nur mit Fernerkundungsmethoden denkbar (FREDERIKSEN 1988). Aus diesem Grunde ist jeder neu entwickelte Satellitensensor daraufhin zu untersuchen, welchen Beitrag er zur kartographischen Aufnahme und zum Monitoring der ostpatagonischen Weideländer leisten kann. Es ist zwar möglich, die ökologischen Zusammenhänge an einigen wenigen Agrarstationen, wie sie vom chilenischen bzw. argentinischen Staat in Punta

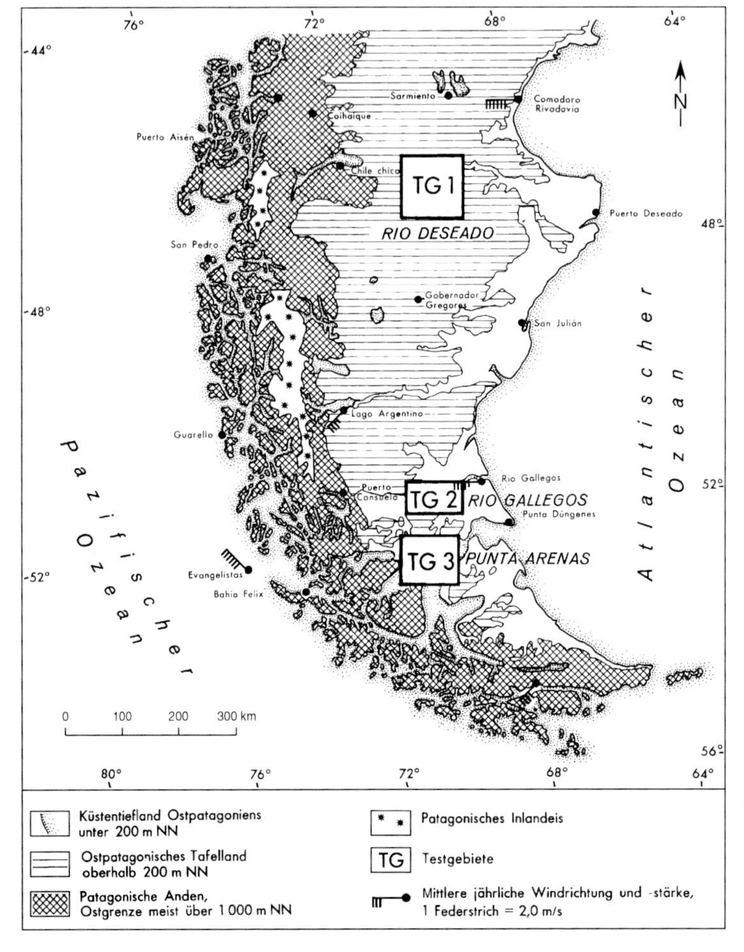

Abbildung 2
Übersicht zur Lage der drei Testgebiete in Mittel- und Südpatagonien
Location of the test sites in central and southern Patagonia

Arenas resp. Río Gallegos eingerichtet worden sind, zu untersuchen, die Auswirkungen in den Weiten der patagonischen Berg- und Tafelländer sind mit punktuellen Untersuchungen und Messungen aber nicht festzustellen.

3. Ablauf und Status des Forschungsprojektes

Spezifisches Ziel dieses vorzustellenden Teilprojektes ist die Untersuchung von ERS-1-SAR-Daten hinsichtlich ihrer Eignung zur Analyse der obengenannten Degradationsprobleme. Aufgrund der Wetterunabhängigkeit der Radartechnologie einerseits und der relativ hohen Repetition bei der Überfliegung andererseits muß das Hauptaugenmerk den Prozessen der Landschaftsdegradation, wie Schädigungen der Vegetationsdecke und der Bodendeflation, gelten. Die Seitenansicht ermöglicht zusätzlich neue Befunde hinsichtlich der Oberflächenformen.

Zum Erreichen des Forschungsziels wurden drei morphologisch, pedologisch und biogeographisch unterschiedliche Testgebiete in Mittel- und Südtpatagonien ausgewählt (Abb. 2). Von diesen Testgebieten wurden die ERS-1-SAR-Bilddaten beschafft und die notwendigen geoökologischen Geländekontrolluntersuchungen während zweier Forschungsreisen 1991/92 und 1992/93 erhoben (Abb. 3).

4. Erste Ergebnisse der SAR-Bilddateninterpretation und der Geländeuntersuchungen

Die folgenden Beispiele zeigen erste Ergebnisse der SAR-Bilder und ihre Interpretation hinsichtlich der Landschaftsstruktur und der Degradationsprozesse.

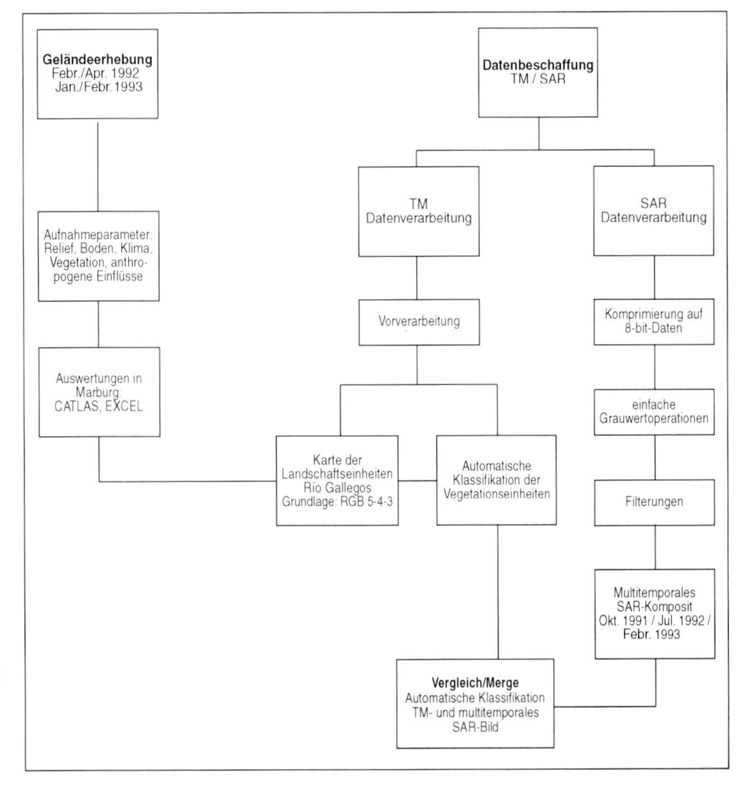

Abbildung 3
Ablaufschema der Projektdurchführung zwischen Januar 1992 und Juni 1993
Project execution between January 1992 and June 1993

4.1. Testgebiet Río Deseado

Das Testgebiet Río Deseado liegt in 47° südlicher Breite. In Abbildung 4 ist das SAR-Bild des Deseado-Grabens vom 2. März 1992 dargestellt. Es ist deutlich in drei Landschaftseinheiten zu gliedern. Im Norden bilden fluvioglaziale Schotterterrassen aus dem Quartär weite Ebenen aus, die von wenigen, inselhaft die Schotterflächen überragenden quartären Bergen unterbrochen werden. Die Strukturierung dieser Terrassenflächen läßt sich im SAR-Bild in Abhängigkeit vom Abbildungsmaßstab bzw. von der digitalen Auflösung mehr oder weniger deutlich erkennen. Zum einen handelt es sich hier um flache Rinnensysteme, die nur wenige Meter tiefer liegen und von lückigen Mata-Negra-Beständen *(Verbena tridens)* besiedelt sind, zum anderen um Geländestufen innerhalb dieser Terrassenflächen, die je nach Lage zur Aufnahmerichtung des Satelliten mehr als hellere oder dunklere weitgeschwungene Bänder hervortreten. Die Mata-Negra-Gesellschaften heben sich im SAR-Bild als dunkle, unregelmäßige Linien nur schwach von den helleren Signaturen der unterschiedlichen Gramineen-Gesellschaften ab. Obwohl die Oberflächenrauhigkeit der Mata-Negra-Bestände mit 70 bis 150 cm Vegetationshöhen gegenüber den mit Polsterpflanzen durchsetzten Gramineen-Beständen mit Vegetationshöhen zwischen 4 und 25 cm deutlich höher liegt, weisen die Strauchbestände ein schwächeres Rückstreusignal auf. Hierfür gibt es zwei Erklärungsmöglichkeiten: Aufgrund der Tatsache, daß der Bedeckungsgrad in den Gramineen-Beständen grundsätzlich niedriger ist als in der Mata-Negra-Gesellschaft und sich zwischen den Vegetationsflecken ein durch Deflation hervorgerufenes Steinpflaster gebildet hat, wird das Radarsignal durch Volumenstreuung an den Schottern verstärkt gebrochen und ergibt ein stärkeres Rückstreusignal als die Mata-Negra-Bereiche. Eine weitere Erklärungsmöglichkeit kann in dem unterschiedlichen Wassergehalt von Gramineen und Mata Negra liegen. Diese Hypothese muß aber noch durch Pflanzenwassergehaltsmessungen überprüft werden. Beim Vergleich der Vegetationsaufnahmen nach Braun-Blanquet, die in diesem Bereich im Januar 1993 erhoben wurden, mit der Intensität der Rückstreusignale im SAR-Bild fällt auf, daß mit zunehmendem Anteil an Polsterpflanzen und/oder Zwergsträuchern an

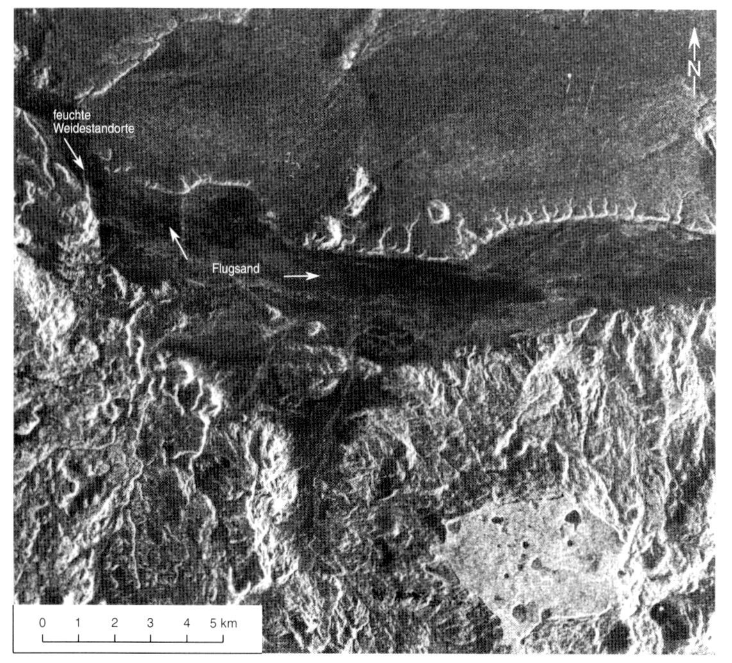

Abbildung 4
Tal des Río Deseado (47° S, 70° W) mit quartären Schotterterrassenflächen im Norden und zerschnittenen mesozoischen Sedimenten sowie Vulkan-Tafelbergen im Süden (Ausschnitt aus der SAR.GEC-Szene 3289/4563 vom 2. 3. 1992, absteigende Flugrichtung)
Río Deseado Valley (47° S, 70° W) with alluvial terraces to the north, Mesozoic sediments and volcanic table mountains to the south (Subscene of SAR.GEC image 3289/4563, March 2, 1992, descending pass)

Abbildung 5
Flugsanddecken im Tal des Río Deseado bei Las Heras
Wind-blown sand cover in the Río Deseado valley near Las Heras

der Vegetation das Radarsignal schwächer wird, unabhängig vom Gesamtbedeckungsgrad.

Von den Terrassenflächen führen kleine, im SAR-Bild deutlich hell erscheinende und tief eingeschnittene Tälchen in die breite Aue hinunter. Sie ist durch hellere und dunklere Abschnitte gekennzeichnet. Bei den dunkleren, von West nach Ost verlaufenden Strukturen handelt es sich um Sanddecken, die durch äolische Umlagerung fluviatil sedimentierten Materials gebildet werden (Abb. 5). Nicht zu differenzieren sind diese dunkel erscheinenden Flugsande im Bildmittelpunkt von den Gunstbereichen des Deseado-Tales, den feuchten Weidestandorten weiter flußaufwärts im westlichen Bereich des Bildes. Beide Ökotope reflektieren das Radarsignal wenig. Während die feuchten Standorte neben einjährigen Gräsern auch von mehrjährigen bestanden werden, findet sich auf den Flugsanden nur während der Frühjahrs- bis Spätsommermonate eine hauptsächlich durch *Cardaria draba* (einjährig) geprägte Vegetation.

Die Südseite des Deseado-Tales wird durch mesozoische Sedimente gebildet, die von quartären Vulkanplateaus überdeckt werden. Ein derartiger Tafelberg mit seinen Maaren ist am Südrand des Bildes sichtbar.

4.2. Testgebiet Río Gallegos

Das Testgebiet Río Gallegos, das sich zwischen 51° 30' und 52° S erstreckt, wird im wesentlichen von Hochflächen mit patagonischen Geröllen, den Auenbereichen der Flüsse Río Coig (Coyle), Río Gallegos und Río Chico, den zugehörigen Terrassenflächen und dem vulkanischen Formenschatz des Vulkanfeldes Pali Aike geprägt.

Bei der ersten Interpretation der SAR-Aufnahme vom 4. Oktober 1991 fällt sofort die Brillanz der Detailerkennung des geomorphologischen Formenschatzes bzw. der Topographie auf. Verschiedene Flußterrassenniveaus lassen sich ebenso eindeutig kartieren wie Hochflächen und Vulkanformen (Abb. 6).

Deutlich hervor treten im nördlichen Bildabschnitt die abflußlosen Hohlformen mit den in ihrer Längsachse nahezu Nord – Süd ausgerichteten Lagunen (hell) und den sich in der Regel ostwärts anschließenden äolischen Akkumulationen (dunkel). Diese Ablagerungen (Abb. 7a) setzen sich aus kleinen Sanddünen (Höhe im Durchschnitt 60 cm, Länge bis 3 m) zusammen und werden durch ein schwaches Radarsignal gekennzeichnet, obwohl die Oberflächenrauhigkeit im Gegensatz zu den von Gramineen bestandenen Hochflächen hoch ist. Letztere haben ein stärkeres Signal.

Bei den Lagunen handelt es sich um seichte Senken mit wechselnden, relativ niedrigen Wasserständen, die in Abhängigkeit von den jeweiligen Jahresniederschlägen temporär trockenfallen. In solchen Zeiträumen können dann die Seebodensedimente ausgeblasen werden. Das Material lagert sich hinter Büschen *(Lepidophyllum cupressiforme)* wieder ab und erstickt die Vegetation, bis nur noch die dürren Äste herausschauen (Abb. 7b).

Abbildung 6
SAR-Bild (1139/4671) vom 4. 10. 1991 (absteigende Flugrichtung) des Interfluviums zwischen Río Coig (Coyle), Río Gallegos und Río Chico
SAR-image (orbit 1139, frame 4671) of the second test site on the interfluve between Ríos Coyle, Gallegos and Chico. Acquisition date: Oct. 4, 1991; descending pass

In den umgebenden Flächen im Norden des Bildes und südlich des Río Gallegos lassen sich in Abhängigkeit vom Abbildungsmaßstab auch die sogenannten „patagonischen Flecken" gut identifizieren (Abb. 6). Hierbei handelt es sich um konkave, nur wenige Dezimeter eingetiefte Hohlformen, die in den Flächen des patagonischen Gerölls und in den Flußterrassen in großer Anzahl anzutreffen sind. Ihre Größe (zwischen 90 bis 150 Metern im Durchmesser) und ihre Form (rund oder länglich oval) sind variabel. Im SAR-Bild treten diese Flecken durch eine schwache Signatur (dunkel) vor allem in Bereichen starker Rückstreusignale (hell) am besten hervor. Für das schwache Signal kann neben der gänzlich anderen Vegetationszusammensetzung *(Acaena plathyacantha, Agrostis pyrogea, Trisetum tomentosum, Colobanthus lycopodioides)* mit einer geringen Oberflächenrauhigkeit (Vegetationshöhen einheitlich < 5 bis 8 cm) auch der Bodenwassergehalt verantwortlich sein, der in diesem schluffig-sandigen Material ohne nennenswerten Skelettanteil nach Regenereignissen höher liegt als in den umgebenden sandigen, stark skelettreichen Sedimenten.

Die Vulkanplateaus von Pali Aike sind im SAR-Bild vornehmlich an ihrer Form bzw. ei-

Abbildung 7a
Abflußlose Hohlform mit einer Flugsanddecke, die sich im Osten an die Laguna Bajo La Leona anschließt und die Vegetation mit dem dominanten Busch *Lepidophyllum cupressiforme* nach und nach überdeckt
Endorheic depression east of Laguna Bajo La Leona with wind-blown sand cover encroaching on the vegetation dominated by *Lepidophyllum cupressiforme*

Abbildung 7b
Detail der Flugsanddecke mit kleinen Sandünen, die im Lee der Vegetation entstehen und diese zuschütten. Am Ende dieses Prozesses verbleiben nur noch die abgestorbenen Äste der Büsche.
Detail of the wind-blown sand cover with sand tails forming on the leeward side of shurbs and eventually burying them. In the end only the dead branches stick out.

ner teilweise geänderten Struktur zu erkennen. Eine eindeutige Identifizierung und Abgrenzung zu den Bereichen der patagonischen Gerölle, z. B. auf der Hochfläche südlich der Flußaue des Río Gallegos, gelingt bisher noch nicht überzeugend. Diese Tatsache würde insoweit die These unterstützen, als im wesentlichen die Vegetation für das Rückstreusignal verantwortlich ist, da in diesem Geländeabschnitt unabhängig vom Untergrund eine weitgehend gleiche Pflanzendecke (*Festuca*-Gesellschaft) auftritt.

Das Lavafeld nordwestlich des Cerro Diablo, Ergebnis des jüngsten vulkanischen Ereignisses des Pali-Aike-Vulkanfeldes vor ca. 15 000 Jahren (SKEWES 1978), in der südöstlichen Ecke des Bildes ist in der SAR-Szene vom 4. 10. 1991 (Abb. 6) nur bei genauer Geländekenntnis zu erkennen. Da es sich bei diesem Alkali-Basalterguß um einen Lavakörper ohne Boden- oder Vegetationsbedeckung handelt und die Oberflächenrauhigkeit innerhalb des Lavastroms mehrere Meter beträgt, wäre ein hohes Rückstreusignal (helle Signatur) zu erwarten gewesen. Dieses wird in der Aufnahme vom 12. 7. 1992 (Abb. 8) auch wiedergegeben. Auf Grund der Tatsache, daß es sich bei beiden Szenen um dieselbe Aufnahmerichtung handelt und hier der Einfluß von Vegetation und Boden auszuschließen ist, kann dieses unterschiedliche Reflexionsverhalten allein auf unterschiedlichen Feuchtegehalt zurückgeführt werden. Das Problem bei der Verifizierung dieses Umstandes liegt darin begründet, daß die nächste Klimasta-

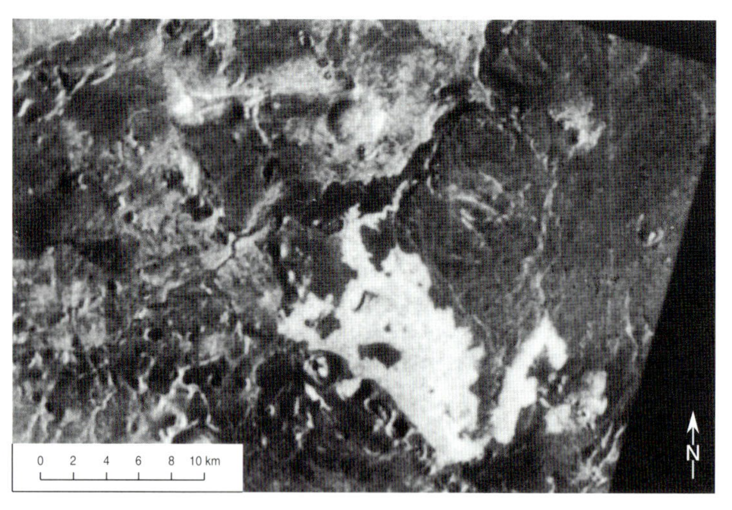

Abbildung 8
Ausschnitt aus der ERS-1-SAR.GEC-Szene (5179/4671) vom 12. Juli 1992 mit dem vulkanischen Komplex des Cerro Diablo, hervorgehoben durch die hohen Rückstreuwerte
Subscene of the ERS-1-SAR.GEC image (orbit 5179, frame 4671) with the volcanic complex of Cerro Diablo standing out due to its strong backscattering signature

Abbildung 9
Landschaftseinheiten im Bereich Río Gallegos, basierend auf der LANDSAT-TM-Szene 228/96 vom 2. 10. 1986
Landscape patterns in the Río Gallegos area based on LANDSAT TM image 228/96 of Oct. 2, 1986

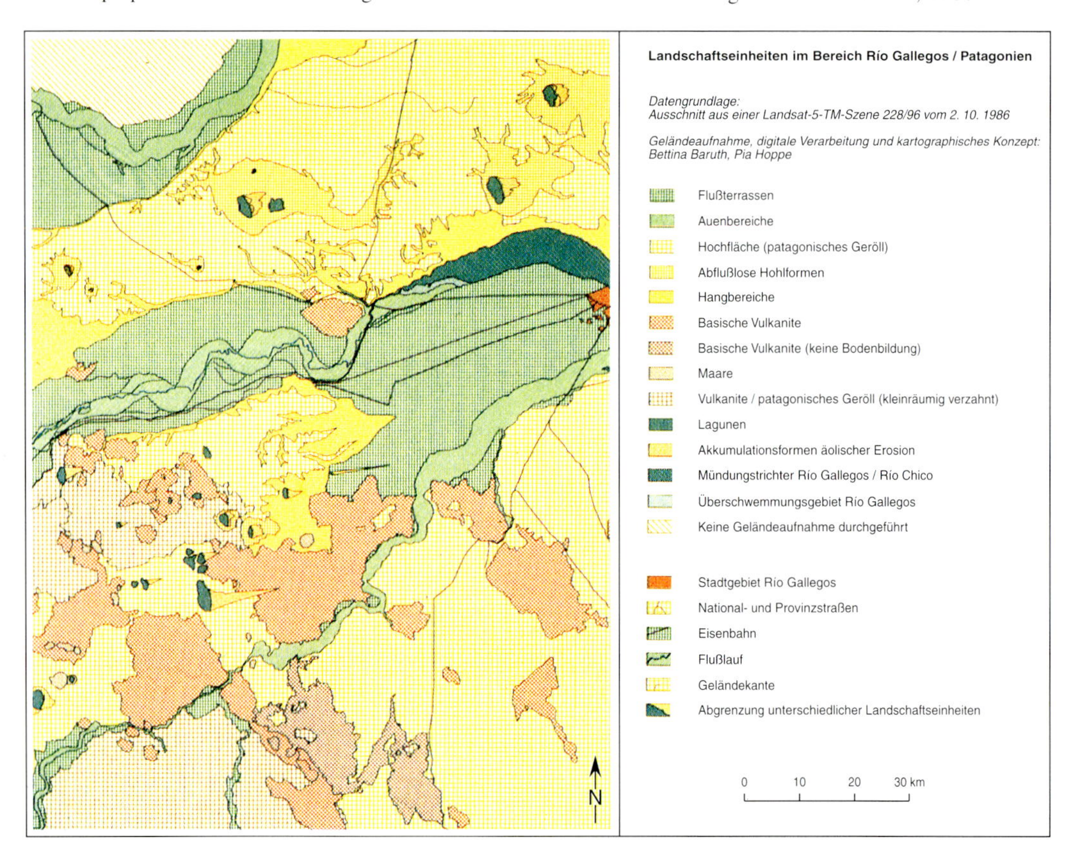

tion ca. 40 km entfernt in Río Gallegos liegt und die Niederschlagsverhältnisse sich kleinräumig voneinander unterscheiden. An diesem Beispiel wird die große Bedeutung von multitemporalen Auswerteansätzen deutlich.

Anhand der LANDSAT-TM-Szene 228/96 (RGB-Darstellung: 4/5/3) vom 10. 2. 1986 wurde eine Karte der Landschaftseinheiten des Testgebietes Río Gallegos (Abb. 9) erstellt. Bei einer Übereinanderlagerung mit den SAR-Daten treten allerdings bisher noch erhebliche geometrische Abweichungen auf.

Vergleicht man die SAR- mit der LANDSAT-Szene, so kann man feststellen, daß nicht alle in der LANDSAT-Szene auftretenden Weidegrenzen (veränderte Vegetationszusammensetzung) im SAR-Bild vollständig zu identifizieren sind. Mehr oder weniger eindeutige Weidegrenzen kann man lediglich im SAR-Bild vom 4. 10. 1991 (Abb. 6) nördlich des Río Chico und nördlich der Nationalstraße nach Calafate erkennen.

4.3. Testgebiet Punta Arenas

Das Testgebiet Punta Arenas an der Magellanstraße in 53° S liegt bereits auf chilenischem Staatsgebiet. Es wird im Gegensatz zu dem überwiegend durch Schotter- und Vulkanitdekken geprägten mittelpatagonischen Testgebiet durch glazigene Oberflächenformen bestimmt. Ein entsprechendes Beispiel zeigt Abbildung 10 mit einem Ausschnitt aus der chilenischen Provinz Magallanes zwischen dem Seno Otway in der linken unteren Bildecke und der Magellanstraße am rechten Bildrand, wenige Kilometer nördlich von Punta Arenas. Es handelt sich dabei um eines der allerersten ERS-1-SAR-Bilder von Südamerika überhaupt. Das Bild wird strukturiert durch die hohe Reflexion der windaufgewühlten Meeres- und Seenoberflächen, die Küstenterrassen am Seno Otway und das große Drumlinfeld an der Laguna Cabeza del Mar. Darüber hinaus sind auf diesem Bild ver-

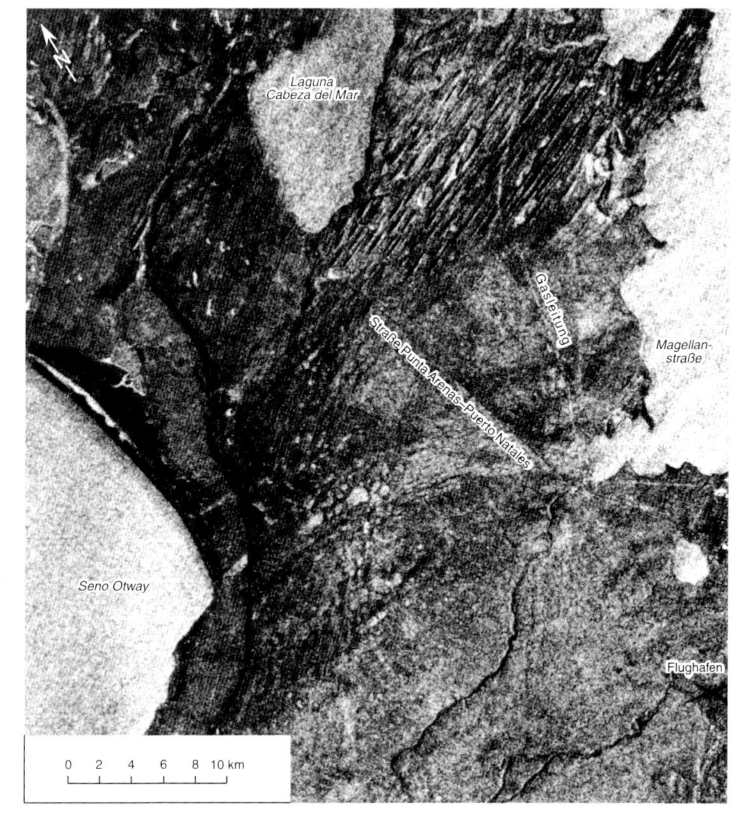

Abbildung 10
ERS-1-SAR-Bild (1139/4689) vom 4. 10. 1991 des Drumlinfeldes von Cabeza del Mar zwischen Seno Otway und der Magellanstraße nördlich von Punta Arenas/Chile
ERS-1-SAR image (orbit 1139, frame 4689) Oct. 4, 1991 of the drumlin field Cabeza del Mar between Seno Otway and the Magallan Street north of Punta Arenas/Chile

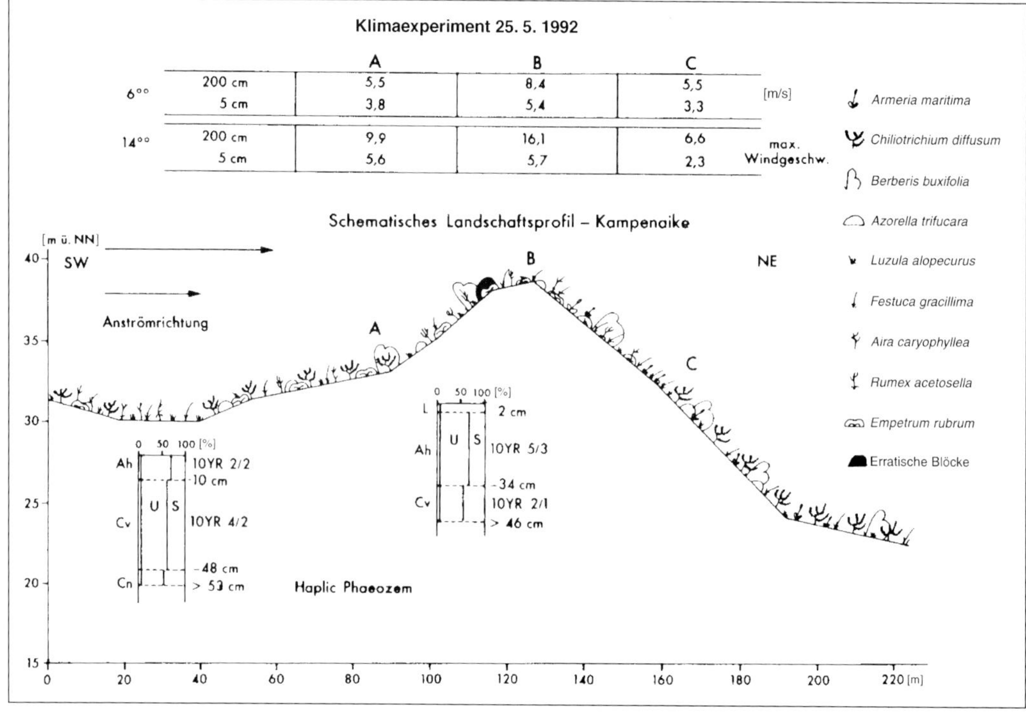

Abbildung 11
Profil über einen Drumlin in der Versuchsestancia Kampenaike des chilenischen Instituto Nacional de Investigaciones Agropecuarias (INIA) mit windbestimmter Vegetationsverteilung und einer Beispielmessung für die Ventilation (Entwurf: W. ENDLICHER, P. HOPPE u. A. SANTANA)
Profile across a drumlin at Kampenaike, a test farm of the Chilean National Institute of Agricultural Investigations (INIA), with wind-adjusted vegetation patterns and a sample measurement of ventilation (Draft: W. ENDLICHER, P. HOPPE u. A. SANTANA)

schiedene Vegetationszusammensetzungen entlang der von Punta Arenas nach Puerto Natales verlaufenden Straße zu erkennen. Auch die Erdgasleitung ist an ihrer starken Reflexion auszumachen. Das in der Fortsetzung des großen Zungenbeckens des Seno Otways verlaufende Drumlinfeld ist durch die unterschiedliche Beleuchtung des SAR-Sensors mit hellen, dem Sensor zugewandten und dunklen, dem Sensor abgewandten Hängen ein prägnantes Beispiel dafür, wie morphologische Strukturen vom SAR-Sensor besonders gut erfaßt werden. Dadurch wird aber die Vegetationsinformation weitgehend unterdrückt. Dies ist bei reliefiertem Gelände immer zu beobachten und verursacht bei der Interpretation von Vegetationsschäden allein aus SAR-Daten erhebliche Probleme. Drumlinfelder sind darüber hinaus derartig klein strukturiert, daß das Auflösungsvermögen dieses satellitengetragenen Systems nicht ausreicht, um ihr Ökotopengefüge in einer vollständig befriedigenden Art und Weise wiederzugeben. Die Verteilung der Vegetationsdecke wird außerdem nicht nur durch die edaphischen Verhältnisse, sondern auch durch den Einfluß der sich zwischen den Drumlins ausbildenden Wasserflächen, d. h. langgestreckten, sehr flachen und im Sommer austrocknenden Seen gesteuert. Schließlich muß auch noch das in ganz Patagonien dominierende Klimaelement Wind berücksichtigt werden. Windzugewandte Drumlinseiten weisen z. T. erhebliche Deflationsschäden in der Vegetationsdecke auf. Sie werden bei Überweidung zusätzlich derart verstärkt, daß ein Vegetationsschluß nicht mehr möglich ist oder allenfalls der Degradationsanzeiger *Empetrum rubrum* als nicht beweidbarer Kriechstrauch aufkommt. Ein Beispiel für die Wind-

Abbildung 12a
Ökotopenverteilung in Mittelpatagonien: windausgesetzte Halbwüstenhochflächen, von Sträuchern besetzte trockene Hänge und feuchte Talböden (Vegas)
Ecotypes in central Patagonia: wind-exposed semidesert plateaus, dry slopes with shrubs and humid valley bottoms (vegas)

Abbildung 12b:
Basaltisches Deflationspflaster auf einer mittelpatagonischen Hochfläche bei der Estancia La Renania (47° S, 70° W) mit *Verbena thymifolia*, an der die Auswehung der Feinkrume zu erkennen ist
Basaltic deflation pavement on a central Patagonian plateau near Estancia La Renania (47° S, 70° W) with *Verbena thymifolia*. The bare stem is evidence of topsoil deflation.

belastung an exponierten und geschützten Drumlinhängen ist in Abbildung 11 wiedergegeben.

Diese extrem kleinräumige Differenzierung der Phytotope aufgrund der klimatischen und insbesondere der ventilatorischen Gegebenheiten, die für ganz Patagonien charakteristisch ist, kann auch in Abbildung 12a ausgemacht werden. Auf diesem Foto sind die drei hauptsächlichen Ökotope von Mittelpatagonien festgehalten. Dabei handelt es sich um weite, aus dem Quartär stammende und relativ feuchte Talböden als die wesentlichen Gunststandorte, denn sie sind nicht nur der stärksten Windbelastung entzogen, sondern darüber hinaus auch aufgrund ihrer Grundwassernähe begehrte Weideplätze in sommerlichen Trockenperioden. Die Hänge sind geprägt durch die Mata Negra *(Verbena tridens)*, die trockene, aber auch relativ windgeschützte Standorte bevorzugt. Davon deutlich zu unterscheiden sind schließlich die windausgesetzten Hochflächen, wo der Feinboden bei Überweidung ausgeweht und nur eine lükkige Vegetationsdecke ausgebildet ist. An Sträuchern ist der Feinbodenverlust von mehreren Zentimetern deutlich zu erkennen (Abb. 12b).

Bisher war es nicht möglich, diese geoökologische Feinstruktur in den ERS-1-SAR-Bildern zweifelsfrei nachzuweisen, da der Reliefeinfluß das Signal der Vegetation zu stark unterdrückt.

Schließlich soll aus dem Testgebiet von Punta Arenas noch ein besonders interessantes Bei-

Abbildung 13
SAR-Bild (1139/4671) vom 4. 10. 1991 des Zungenbeckens von Oazy Harbour an der Magellanstraße nördlich von Punta Arenas
SAR image (orbit 1139, frame 4671) of Oct. 4, 1991, of the glacier tongue basin of Oazy Harbour at the Magellan Straits north of Punta Arenas

spiel für die Möglichkeit der Reliefkartierung vorgestellt werden. Im ERS-1-SAR-Bild des Zungenbeckens von Oazy Harbour an der Magellanstraße nördlich von Punta Arenas sind nicht nur Grundmoränenfelder und Schmelzwasserrinnen auszumachen (Abb. 13). Besonders gut treten die Endmoränenbögen durch die unterschiedliche Hangbeleuchtung hervor.

Damit eröffnen sich erstmals neue Möglichkeiten für eine genaue Kartierung des glazialmorphologischen Formenschatzes von Südpatagonien.

5. Stand der Untersuchungen und Ausblick

Die bisher vorliegenden ERS-1-SAR-Bilddaten haben neue Einblicke in die geographische Strukturierung ostpatagonischer Landschaften ermöglicht. Dies gilt insbesondere für das Relief und die Oberflächenformen. Aber auch Weidegrenzen, Vegetationsschäden, Deflationswannen und Sanddecken können grundsätzlich in SAR-Bildern ausgemacht werden.

Allerdings erschwert das Relief je nach Beleuchtungsrichtung eindeutige Aussagen. Deshalb sind multitemporale SAR-Auswerteansätze unter Einbeziehung von Feldmessungen voranzutreiben. Sie allein bieten die Chance für ein erfolgreiches Umweltmonitoring Patagoniens. Dabei ist dem Wassergehalt von Vegetation, Boden und Substrat besondere Aufmerksamkeit zu widmen. Außerdem sind Vergleichsinterpretationen mit optischen Bilddaten (z. B. Landsat-TM) von Nutzen, wobei allerdings der oft störende Bewölkungseinfluß nicht ausgeschlossen werden kann. Deshalb besteht mittelfristig Bedarf für die Entwicklung eines Multi-Frequenz-SAR.

Literatur

CABRERA, A. L. (1978):
La vegetación de Patagonia y sus relaciones con la Altoandina y Puneña.
In: TROLL, C., u. W. LAUER [Hrsg.]: Geoökologische Beziehungen zwischen der temperierten Zone der Südhalbkugel und den Tropengebirgen. Wiesbaden, 329–343. = Erdwissenschaftliche Forschung, **11**.

ENDLICHER, W. (1991a):
Zur Klimageographie und Klimaökologie von Südpatagonien.
In: ENDLICHER, W., u. H. GOSSMANN [Hrsg.]: Beiträge zur angewandten und regionalen Klimageographie. Festschrift zum 70. Geburtstag von W. Weischet. Freiburger Geographische Hefte, **32**: 181–211.

ENDLICHER, W. (1991b):
Patagonien – klima- und agrarökologische Probleme an der Magellanstraße.
Geographische Rundschau, **43**: 143–151.

ENDLICHER, W. (1992):
Anthropogene Eingriffe in den Naturhaushalt südandiner Lebensräume.
In: REINHARD, W., u. P. WALLMANN [Hrsg.]: Nord und Süd in Amerika. Bd. 1. Freiburg i. Br., 64–77.

FAGGI, A. M. (1983):
Pflanzengesellschaften und Böden im Bereich einer Südpatagonischen Estancia (Cabo Buen Tiempo) und deren Veränderung durch den Menschen.
Dissertation an d. Forstwissenschaftlichen Fakultät d. Ludwig-Maximilians-Universität München.

FLOHN, H. (1950):
Grundzüge der allgemeinen atmosphärischen Zirkulation auf der Südhalbkugel.
Archiv für Meteorologie, Geophysik und Bioklimatologie, Serie A: Meteorologie und Geophysik, **2**: 17–64.

FREDERIKSEN, P. (1988):
Soils of Tierra del Fuego.
A Satellite-based Land Survey Approach.
København. = Folia Geographica Danica, **18**.

HAGER, J. (1991):
Die Halbwüste in Patagonien.
In: WALTER, H., u. S.-W. BRECKLE [Hrsg]: Ökologie der Erde. Bd. 4. Gemäßigte und Arktinale Zonen außerhalb Euro-Nordasiens. Stuttgart, 405–420.

LAMB, H. H. (1959):
The southern westerlies: a preliminary survey; main characteristics and apparent associations.
Quarterly J. of the Royal Meteorol. Society, **85**: 1–23.

SEIBERT, P. (1987):
Ökologische Bewertung und Bewertung des Landnutzungspotentials nach naturräumlichen Einheiten in der Transecta Botánica de la Patagonia Austral.
Erdkunde, **41**: 226–240.

SKEWES, M. A. (1978):
Geologia, petrologia, quimismo y origen de los volcanes del area de Pali-Aike, Magallanes, Chile.
Anales del Instituto de la Patagonia, **9**: 95–104.

SORIANO, A. (1956):
Los distritos florísticos de la Provincia Patagónia. Rev. Inv. Agric, **10**: 323–347.

WEISCHET, W. (1968):
Die thermische Ungunst der südhemisphärischen Hohen Mittelbreiten im Sommer im Lichte neuer dynamisch-klimatologischer Untersuchungen.
Regio Basiliensis, **9**: 170–189.

WEISCHET, W. (1978):
Die ökologisch wichtigen Charakteristika der kühlgemäßigten Zone Südamerikas mit vergleichenden Anmerkungen zu den tropischen Hochgebirgen.
In: TROLL, C., u. W. LAUER [Hrsg.]: Geoökologische Beziehungen zwischen der temperierten Zone der Südhalbkugel und den Tropengebirgen. Wiesbaden, 255–280. = Erdwissenschaftliche Forschung, **11**.

WEISCHET, W. (1985):
Climatic Constraints for the Development of the Far South of Latin America.
GeoJournal, **11**: 79–87.

Die Erfassung der Schneedeckendynamik von King George Island und einem Küstengebiet der Marguerite Bay (Antarktis) mittels SPOT- und ERS-1-Aufnahmen

STEFAN WUNDERLE u. HERMANN GOSSMANN

Summary:
Snow-cover dynamics of King George Island and part of the coastal area of Marguerite Bay (Antarctica) mapped from SPOT and ERS-1 imagery

In the context of Antarctic research the Antarctic Peninsula has a special position, as its thin glaciers are likely to react to any climatic change with a short response time. The most important single element in the mass balance of glaciers is snow-cover dynamics, which is also an important indicator of thermal and hygric changes in the atmosphere. Because of its high temporal and spatial variability, recording the growth and decay of the snow cover calls for the analysis of remote sensing data. Two climatically different test areas (King George Island and Marguerite Bay) were chosen to study the temporal course of areal ablation. The melt-waters, which appear in short periods of time only, erode subglacially and on the periglacial surfaces. The resulting sediment plumes in the coastal waters of King George Island could be recorded in a SPOT-XS scene. The high spatial resolution of the panchromatic SPOT scenes permitted the preparation of a detailed map of the ablation pattern on the Potter Peninsula. – The changes of the snow cover on the McClary and Northeast glaciers in Marguerite Bay which occurred during the short Antarctic summer were visualized by means of ERS-1 data. The images taken during the 3-day orbit phase made it possible to record the short-term melting process and the moisture changes within the snow cover resulting from it.

Zusammenfassung:

Innerhalb der Antarktisforschung nimmt die Antarktische Halbinsel eine bedeutende Stellung ein, da die geringmächtigen Gletscher eine kurze Reaktionszeit auf klimatische Veränderungen erwarten lassen. Das wichtigste Teilglied in der Massenbilanz von Gletschern ist die Schneedeckendynamik, die auch ein bedeutender Indikator für thermische und hygrische Veränderungen ist. Die Erfassung des Schneedeckenauf- und -abbaus erfordert, bedingt durch ihre große zeitliche und örtliche Variabilität, die Auswertung von Fernerkundungsdaten. Zwei klimatisch unterschiedlich geprägte Gebiete (King Georg Island und Marguerite Bay) wurden ausgewählt, um den zeitlichen Verlauf des flächenhaften Ablationsprozesses zu erfassen. Die in kurzen Zeiträumen anfallenden Schmelzwassermengen erodieren subglazial und auf den Periglazialflächen. Die daraus resultierenden Sedimentfahnen im Küstenbereich von King George Island konnten mit einer SPOT-XS-Aufnahme abgebildet werden. Die hohe räumliche Auflösung der panchromatischen SPOT-Szenen ermöglichte die Erstellung einer detailierten Ausaperungskarte von der Potter-Halbinsel. – Die Veränderungen der Schneedecken auf dem McClary- und Northeast Gletscher in der Marguerite Bay, die sich während eines kurzen antarktischen Sommers einstellten, wurden durch den ERS-1 abgebildet. Die Aufnahmen aus dem 3-Tage-Orbit ermöglichen die Erfassung des kurzfristigen Schmelzprozesses und der daraus resultierenden Feuchtigkeitsänderungen in der Schneedecke.

1. Einleitung

Das Eis der Antarktischen Halbinsel hat nur einen Anteil von 0,7 % an der Gesamtmasse des antarktischen Eises (DREWRY 1991). Sein Einfluß auf zukünftig mögliche Meeresspiegelschwankungen ist deshalb gering. Die geringere mittlere Mächtigkeit der Gletscher und eine Lufttemperatur der wärmsten Monate nahe 0 °C lassen allerdings eine kurze Reaktionszeit auf klimatische Veränderungen erwarten.

Der Ost-West-Gegensatz und die große Nord-Süd-Ausdehnung der Antarktischen Halbinsel sorgen für eine große klimatologische und schneehydrologische Differenzierung. Die maritim beeinflußte Westküste hat eine um 5 K höhere mittlere Jahrestemperatur als die Ostseite. Insgesamt weist sie die höchsten Niederschlagssummen der Antarktis (REYNOLDS 1981) auf. Die Unterschiede zwischen dem nördlichen und dem südlichen Teil ergeben sich aus den Einstrahlungsbedingungen und aus der differierenden Entfernung zu den bevorzugten Zugbahnen der in der Bellingshausen Sea entstehenden Tiefdruckzellen.

Es gilt heute als wahrscheinlich, daß die Niederschlagsmenge im Bereich der Halbinsel innerhalb der letzten 30 Jahre zugenommen hat (GIOVINETTO 1992, BROMWICH 1988 u. 1993, PEEL

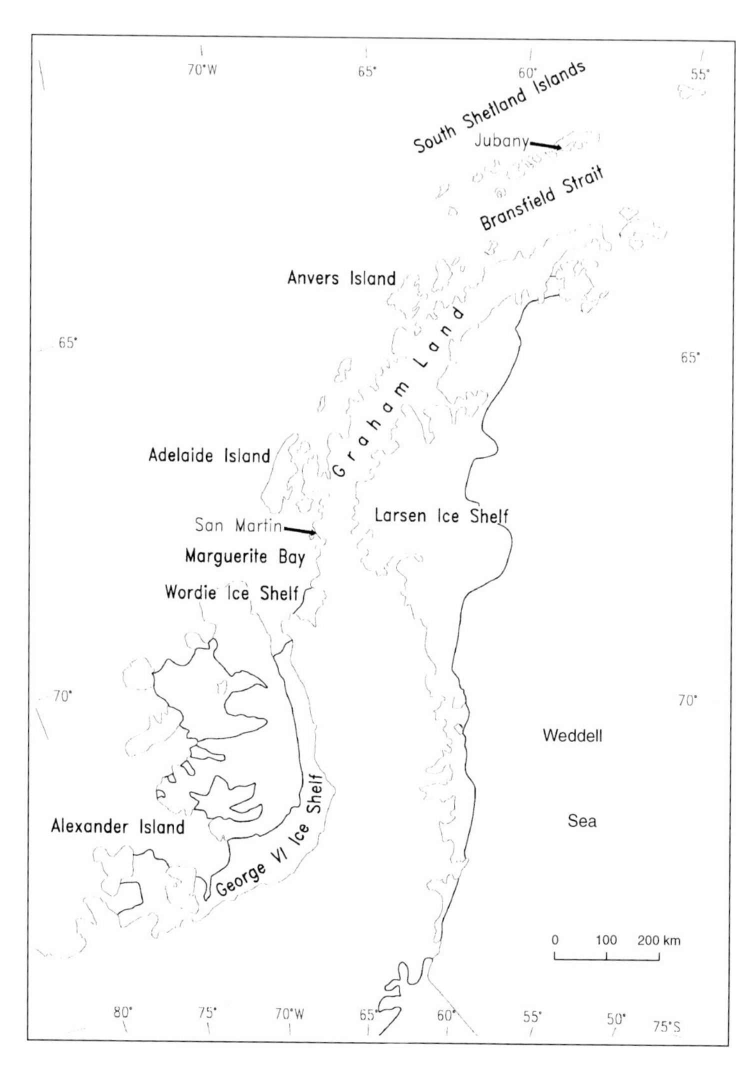

Abbildung 1
Die Antarktische Halbinsel mit der Lage der Untersuchungsgebiete. Die Potter-Halbinsel mit der argentinischen Station Jubany liegt auf King George Island (South Shetland Islands). An der Westküste der Marguerite Bay befindet sich auf einer dem Eiskliff vorgelagerten Insel die argentinische Station San Martin. Der Northeast- und der McClary Glacier ziehen sich über 12 km vom Eiskliff in Richtung Larsen Ice Shelf.
Antarctic Peninsula and location of the study areas. The Potter Peninsula with Argentinian station Jubany is situated on King George Island (South Shetland Islands). Located on an island beyond the ice cliff at the western coast of Marguerite Bay is Argentinian station San Martin. The Northeast and McClary glaciers extend for more than 12 km from the ice cliff towards Larsen Ice Shelf.

1992). Ausschlaggebend für die Zunahme der Niederschlagsmenge ist die Erhöhung der Lufttemperatur im Bereich der Antarktischen Halbinsel um 0,9 K während der letzten 30 Jahre (MORRIS 1992). Die meteorologischen Bedingungen zur Zeit des Niederschlagsereignisses und die Menge des gefallenen Niederschlags sind maßgebend für den Aufbau der Schneedekke. Die große Variabilität der meteorologischen Größen spiegelt sich im räumlichen und zeitlichen Muster des Schneedeckenauf- und -abbaus wider (RUNDLE 1969, PEEL 1992).

Die Schneedeckendynamik stellt demzufolge ein wichtiges Teilglied in der Massenbilanz der Gletscher und einen wichtigen Indikator für die thermischen und hygrischen Aspekte der Klimaänderung dar.

2. Untersuchungsgebiete und Geländekampagnen

Für die Erfassung der Schneedeckendynamik wurden zwei klimatisch unterschiedliche Untersuchungsgebiete ausgewählt. Dies ist zum einen die gletscherfreie, hochozeanisch geprägte Potter-Halbinsel auf King George Island, wo im Jahresverlauf große Veränderungen der Schneedeckenausdehnung und der Schneedeckeneigenschaften zu erwarten sind, und zum anderen ein in kontinentalerem Klima liegendes Gletscherfeld am Rande der Marguerite Bay. Drei Antarktisexpeditionen führten im Dezember 1991 und November/Dezember 1992 zur Potter-Halbinsel und von Januar bis März 1994 in die Marguerite Bay. Die umfangreiche Unterstützung durch Wissenschaftler und Mannschaften der argentinischen Stationen Jubany (King George Island) und San Martin (Marguerite Bay) ermöglichte großräumige Untersuchungen der Schneedeckendynamik.

3. Schneedeckendynamik auf King George Island

Die Dynamik der Schneedeckenausdehnung sowie der Schneemächtigkeit beeinflußt in großem Maße das Klima und die Lebensformen der Antarktischen Halbinsel. Die Ausdehnung der

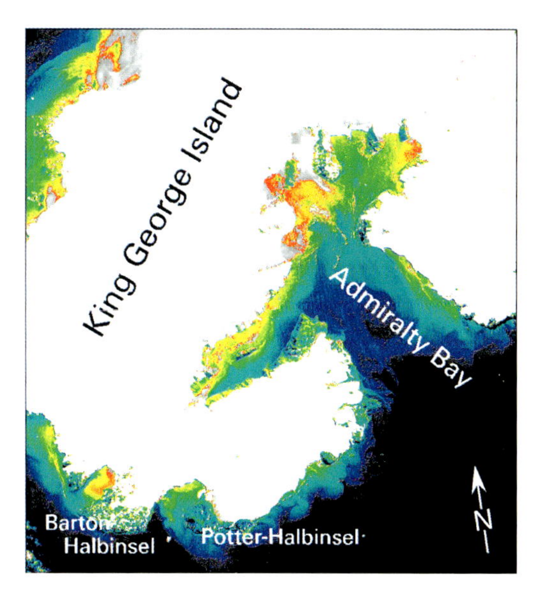

Abbildung 2
Sedimentfracht im Küstenbereich von King George Island, abgeleitet aus dem Spektralkanal 1 des SPOT-XS-Sensors. Die roten Farbtöne weisen auf eine hohe Sedimentkonzentration, die blauen Schattierungen auf eine geringe Sedimentkonzentration hin. Die eis- und schneefreien Periglazialgebiete (Potter- und Barton-Halbinsel) erscheinen in dunkelgrauen Tönen (Bildverarbeitung: S. WUNDERLE).
Sediment transport in the coastal waters of King George Island derived from spectral band 1 of the SPOT-XS sensor. The red shades indicate high, the blue ones low sediment concentration. The ice- and snow-free periglacial areas (Potter and Barton Peninsula) equally show in dark-grey shades (Image processing: S. WUNDERLE).

Schneedecke kann sich in Abhängigkeit von den globalen Zirkulationen und dem Lokalklima sehr schnell ändern. Untersuchungen in den antarktischen Randbereichen erfordern somit eine kontinuierliche und häufige Abbildung der Gebiete mittels verschiedener Fernerkundungssysteme und begleitender In-situ-Aufnahmen der entsprechenden Schneedeckenparameter.

Wegen des vorherrschenden maritimen Klimas mit einer Jahresmitteltemperatur von ca. –2 °C sind auf King George Island keine Trokkenschneebereiche vorzufinden. Infolgedessen wird die Schneedecke der gesamten Insel durch Schmelzereignisse teilweise abgebaut, und beträchtliche Mengen an Schmelzwasser werden in die Küstengewässer geführt.

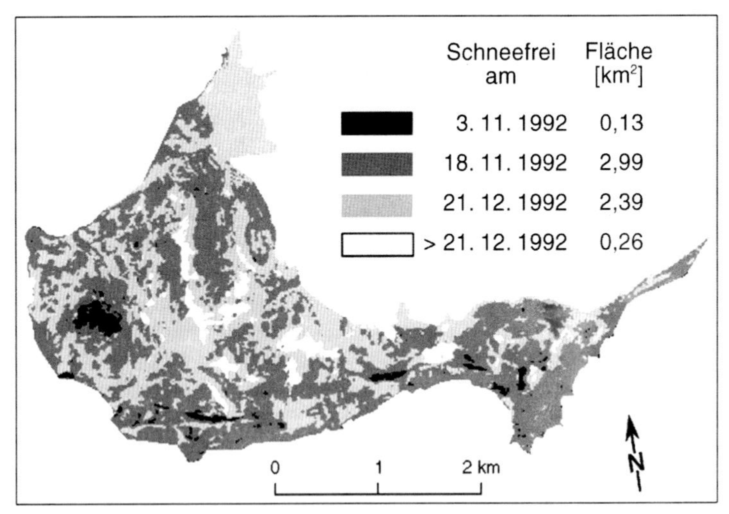

Abbildung 3
Schneedeckenrückzug auf der Potter-Halbinsel vom 3. 11. bis 21. 12. 1992, abgeleitet aus drei panchromatischen SPOT-Aufnahmen. Die schneefreien Flächen werden in verschiedenen Grautönen dargestellt (Bildverarbeitung: S. WUNDERLE).
Snow-cover reduction on the Potter Peninsula from Nov. 2 to Dec. 21, 1992, derived from three panchromatic SPOT scenes. The snow-free terrain shows in various shades of grey (Image processing: S. WUNDERLE).

Die Abbildung 2, die einen großen Teil von King George Island abdeckt, wurde von dem SPOT-Sensor im multispektralen Modus aufgenommen. Zur Bestimmung der Sedimentströme im Küstenbereich wurde nur der kurzwellige Kanal 1 verwendet, um die größere Eindringtiefe der Strahlung in diesem Frequenzbereich (0,5–0,59 µm) zu nutzen. Die qualitative Darstellung der Sedimenttransporte vom Februar 1988 vermittelt einen Eindruck von der Erosionsleistung des Schmelzwassers unter der Gletscherkappe. Die roten Zonen zeigen die höchsten Sedimentraten an und sind hauptsächlich in der Admiralty Bay und nördlich der Barton Peninsula in der Marian Cove zu finden. Die abnehmende Konzentration wird in dunkleren Grautönen dargestellt. Auffallend sind die geringen Sedimenttransporte von der Potter-Halbinsel in die Potter-Bucht und in die Küstengewässer am Stranger Point. Der Schwemmfächer, der sich in die Potter-Bucht schiebt, wird somit hauptsächlich durch den Materialtransport versorgt, der zu Zeiten der Schneeschmelze auf der Halbinsel und der Gletscherzunge stattfindet. Die später zu beobachtende Schmelze in den höheren Regionen fließt kaum noch über die Gletscherzunge ab, sondern versickert in Gletscherspalten und wird anderen Einzugsgebieten zugeführt. Dies führt zu den außerordentlich hohen Sedimentkonzentrationen in der Marian Cove, deren Einzugsgebiet unter dem Gletscher erheblich größer als auf dem Gletscher sein muß. Genauere Angaben sind nur über eine bodengestützte Radarerkundung oder mittels eines großflächigen Einsatzes von Tracerstoffen und einer Vielzahl von Probenstellen zu erhalten. Die Auswertung von Fernerkundungsdaten ermöglicht jedoch, erste Rückschlüsse auf subglaziale Einzugsgebiete und Sedimenttransporte zu ziehen, die durch die Schneeschmelze, d. h. durch die Dynamik der Schneedecken verursacht werden.

Für die Expedition 1992 zu den South Shetland Islands wurde bei SPOT Image ein Aufnahmeantrag gestellt, der innerhalb von 3 Zeitfenstern eine erfolgreiche Abtastung des Untersuchungsgebietes King George Island gewährleistete. Die drei panchromatischen SPOT-Szenen wurden am 3. und 18. November sowie am 21. Dezember 1992 aufgenommen. Die über der Potter-Halbinsel wolkenfreien Szenen wurden überlagert und anschließend unüberwacht klassifiziert. Bedingt durch die unterschiedliche Reflektivität von Boden und Schnee, lassen sich die zu dem jeweiligen Zeitpunkt schneebedeckten Areale problemlos erfassen. Die Darstellung des aus der Klassifizierung erhaltenen Produkts (Abb. 3) zeigt den Verlauf des Schneedeckenrückzuges in unterschiedlichen Grautönen. In Schwarz sind die Gebiete dargestellt, die am 3. November 1992 schneefrei waren. Sie umfassen eine Fläche von nur 0,13 km² (2,3 %), die sich im wesentlichen auf den Three Brothers Hill und einige Steilabbrüche an der Südküste beschränkte. Aufgrund der hohen Lufttemperaturen, die ab dem 10. November durchweg über dem Gefrierpunkt lagen, wurde die geringmächtige Schneeschicht auf den Moränenwällen rasch abgebaut. Die in Mittelgrau dargestellten Areale zeigen einen Zuwachs der schneefreien Fläche um 2,99 km^2. Dies entspricht einem Anteil von über 50 % des Gebietes, das innerhalb von 8 Tagen intensivster Schneeschmelze schneefrei wurde. Bis zum 21. Dezember war der Prozeß der Schneeschmelze auf der Potter-Halbinsel fast abgeschlossen. Nur kleine Areale (0,26 km^2) waren noch von Schnee bedeckt. Bedingt durch die hohe Wassersättigung der Schneeschicht, rutschten Anfang Dezember größere Schneebretter von der Gletscherzunge ab und legten die Eisoberfläche frei.

4. Schneedeckendynamik in der Marguerite Bay

Ein Vergleich der Szene vom 7. 2. 1994 mit der vom 6. 2. 1992 (Abb. 4) zeigt die hohe Variabilität des Schmelzprozesses zur gleichen Jahreszeit. Die doch erheblich größere Intensität der Ablation im Sommer 1992 ist nicht nur an der sehr geringen Rückstreuintensität des nassen Schnees festzustellen, sondern wird besonders durch die kleinräumige Textur auf dem Northeast Glacier sowie zwischen der Butson Ridge und dem Eiskliff belegt. Nach einer längeren Zeitspanne der Schneeschmelze prägt sich die Oberflächenstruktur des Gletschers durch die geringmächtige Schneedecke. Während in Senken und Rinnen des Gletschers innerhalb des Winterhalbjahres große Mengen an Schnee akkumuliert werden, kann sich auf den höher gelegenen Kuppen durch die periodisch auftretenden starken Stürme nur eine geringmächtige Schneeschicht halten. Am Ende des Sommers gefrieren die obersten Dezimeter der Schneedecke, hervorgerufen durch eine negative Strahlungsbilanz oder durch katabatische Winde, welche die in der Schneeschicht gespeicherte Wärmemenge sehr effektiv abführen. Die starke Rückstreuung von der Meeresoberfläche sowie die Leewirbel hinter Neny- und Millerand Island weisen auf starke Ostwinde während der Aufnahme vom 6. Februar 1992 hin. Die dünne Schneeauflage auf den Kuppen gefriert herab bis auf die Oberfläche des Gletschers, so daß sich keine oder nur geringe Mengen an Flüssigwasser in dieser Schicht befinden. Die Volumenstreuung sowie die Reflexion an den Eislinsen erhöhen die Rückstreuung deutlich, wodurch sich diese Zonen in einem helleren Grau abbilden. Der höhere Flüssigwassergehalt in den tieferen Zonen absorbiert einen Teil der Radarstrahlung und läßt dadurch die Senken sehr dunkel erscheinen. Im Vergleich zur Aufnahme vom 1. 2. 1994 hat sich sich die Rückstreuung von der Schneedecke erhöht, was auf einen Rückgang des Flüssigwassergehalts bis zum 7. 2. schließen läßt.

Anfang März machten sich die negative Strahlungsbilanz sowie Lufttemperaturen, die durchweg unter dem Gefrierpunkt lagen, auch in tieferen Schichten der Schneedecke bemerkbar. Der Flüssigwassergehalt nahm kontinuierlich ab und ermöglichte ein tieferes Eindringen der Radarwelle. Die Rückstreuung des Northeast Glacier erreicht in der Aufnahme vom 3. 3. 1994 annährend die Werte, welche auf dem McClary Glacier während der gesamten Aufnahmekampagne beobachtet wurden. Die schneeverfüllten Rinnen im Nordosten von Millerand Island sowie die Schneeschicht auf der flachen Eiskappe an der Südküste sind gefroren und bilden sich sehr hell ab.

Da die Strahlungsbilanz nicht mehr ausreicht, die frisch gefallene Schneeschicht anzutauen, kann der erhöhte Wassergehalt in der Schneedecke vom 15. 3. 1994 nur durch großräumige advektive Prozesse, die warme Luftmassen herantransportierten, oder durch ein Föhnereignis erklärt werden. Für letztere Erklärung spricht erneut die Wirbelbahn im Lee von Neny Island, welche auf die Anströmrichtung vom Northeast Glacier hinweist.

Während des 3-Tage-Orbits des ERS-1 vom Januar bis März 1994 wurde im Konfluenzbereich des McClary- und Northeast Glacier ein Gletschercamp errichtet, um zeitgleich mit den Satellitenüberflügen die maßgeblichen Schneedeckenparameter zu bestimmen. Das engere Untersuchungsgebiet wurde mit vier Winkelreflektoren (A1, A6, D2, D6) markiert. Diese aus Metall bestehenden Reflektoren rufen ein deutliches Signal in der Radaraufnahme hervor, da sie nur einen Bruchteil der einfallenden Energie absorbieren und folglich der größte Teil auf die reflektierte Welle entfällt. Insgesamt konnten 10 ERS-1-SAR-Szenen ausgewertet werden, um die kurzfristigen Veränderungen der Schnee-

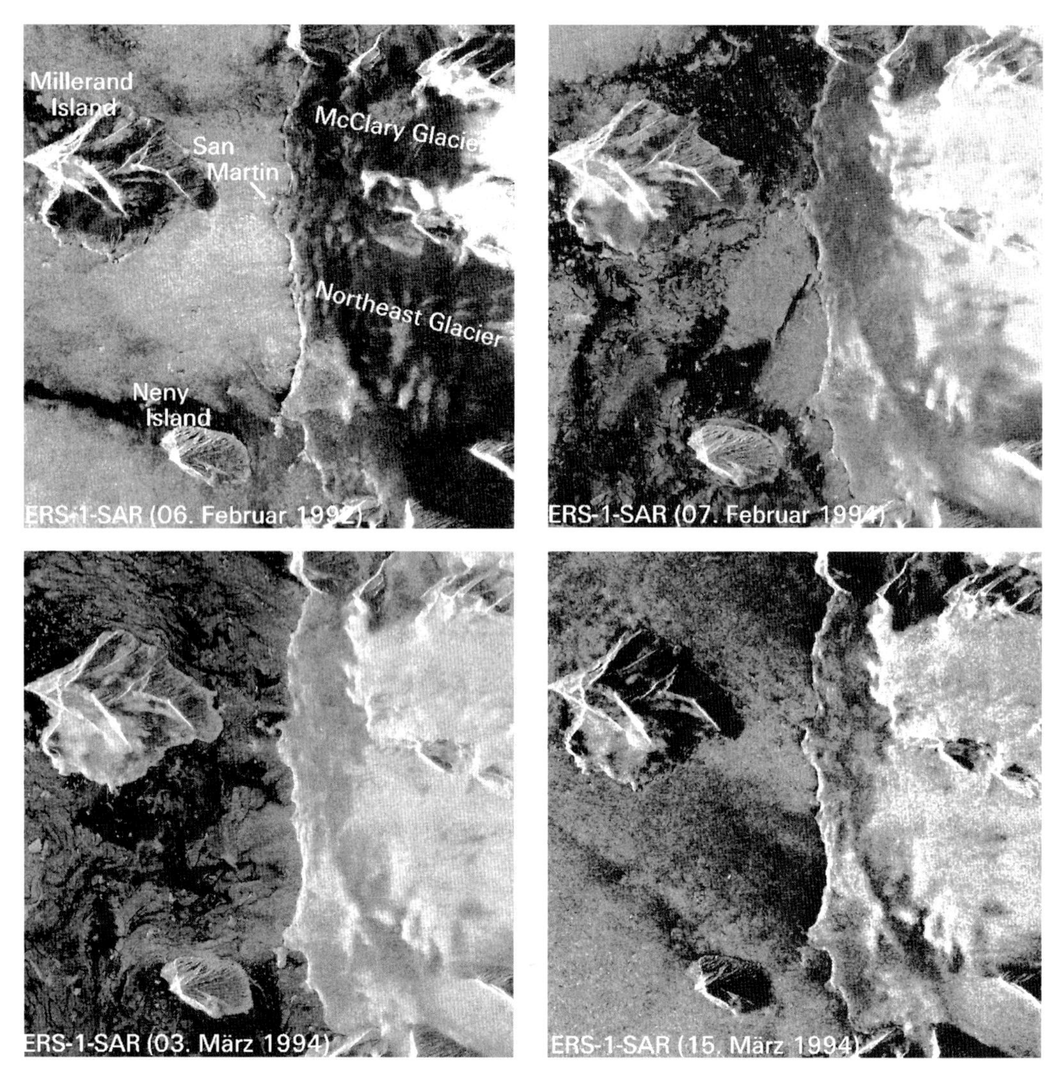

Abbildung 4
ERS-1-Szenen der Marguerite Bay aus dem Zeitraum vom 6. Februar 1992, 7. Februar 1994, 3. März 1994 und 15. März 1994. Dem Eiskliff vorgelagert sind die beiden Inseln Millerand und Neny. Die beiden Gletscher McClary und Northeast in der jeweils rechten Bildhälfte der Aufnahmen zeigen eine hohe Variabilität in der Radarrückstreuung. Ursache dafür sind der Flüssigwassergehalt in der Schneedecke und die große Anzahl an Eishorizonten in der Schneeschicht (© ESA 1992/94).
ERS-1 scenes of Marguerite Bay of Febr. 6, 1992, Febr. 7, 1994, March 3, 1994 and March 15, 1994. In front of the ice cliff islands Millerand and Neny. The two glaciers McClary and Northeast in the upper right corner of each scene show the high variability of radar backscattering due to the liquid water content and the large number of ice horizons within the snow cover (© ESA 1992/94).

decke zu erfassen. Die erste Szene wurde am 20. Januar, die letzte am 15. März 1994 aufgezeichnet. In der Abbildung 5, die aus Aufnahmen vom 26. 1., 7. 2. und 3. 3. 1994 besteht, lassen sich unterschiedliche Zonen auf den Gletschern erkennen. Durch quadratische Rahmen (1 bis 5) wurden einzelne Bereiche markiert, innerhalb derer die Rückstreukoeffizien-

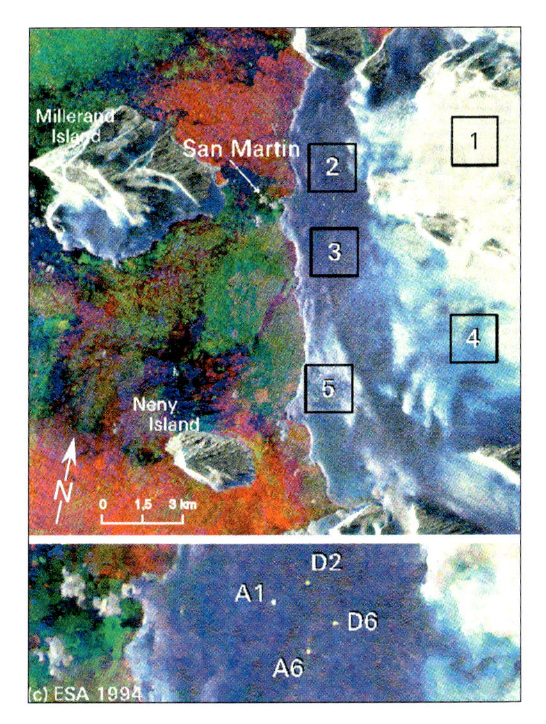

Abbildung 5
Die Schneedeckendynamik des McClary- und Northeast Glacier im Zeitraum vom 26. Januar bis zum 3. März 1994, abgeleitet aus drei ERS-1-SAR-Aufnahmen. Im unteren Teil der Abbildung zeigt ein Ausschnitt die vier Winkelreflektoren (A1, A6, D2 und D6) auf dem McClary Glacier. Die Quadrate (1–5) markieren Flächen, innerhalb derer die Rückstreukoeffizienten berechnet wurden: McClary Glacier = 1, tieferer Teil des McClary Glacier = 2, Northeast Glacier = 4, tieferer Teil des Northeast Glacier = 3, Spaltenzone im Northeast Glacier = 5.
Snow cover dynamics of McClary and Northeast glaciers from Jan. 26 to March 3, 1994 derived from three ERS-1-SAR scenes. An inset in the lower part of the figure shows the four corner reflectors (A1, A6, D2, D6) on McClary Glacier. The squares (1–5) mark areas for which backscattering coefficients were calculated: McClary Glacier = 1, lower part of McClary Glacier = 2, Northeast Glacier = 4, lower part of Northeast Glacier = 3, crevasse zone in Northeast Glacier = 5.

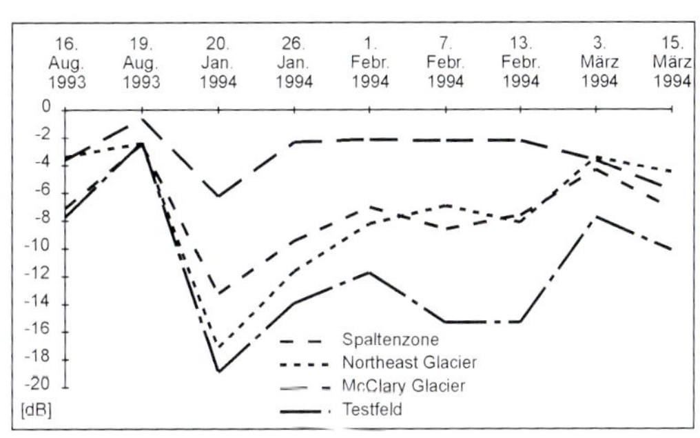

Abbildung 6
Rückstreukoeffizienten für die Quadrate 1–5, berechnet aus den ERS-1-Szenen vom 20. 1. bis 15. 3. 1994 sowie vom 16. 8. und 19. 8. 1993
Backscattering coefficients for squares 1–5 calculated from the ERS-1 scenes from Jan. 20 to March 15, 1995 and from August 16 to 19, 1993

ten für die von verschiedenen Terminen stammenden Aufnahmen berechnet wurden.

Der Ausschnitt (1) repräsentiert einen Teil des McClary Glacier in der Höhe von 500 m ü. NN, wohingegen die markierte Fläche (4) auf dem Northeast Glacier in einer Höhe von 300 m ü. NN lokalisiert ist. Die nahezu parallel zur Eiskliffkante liegenden Untersuchungsflächen (2, 3 und 5) decken die Höhenstufen von 50 – 150 m ü. NN ab. Die erhöhte Rückstreuung im Quadranten (5) gibt den Einfluß der Exposition und die große Rauhigkeit des Gletscherbruches wieder.

Die beiden Testflächen (2 und 3) sind repräsentativ für das engere Untersuchungsgebiet zwischen den vier Winkelreflektoren. Der mittlere Rückstreukoeffizient während des Zeitraums vom 20. 1. bis zum 15. 3. ist in der Abbildung 6 für alle ausgewiesenen Flächen dargestellt. Die Rückstreukoeffizienten wurden über ein 9 × 9-Fenster berechnet und anschließend über die gesamte markierte Fläche gemittelt, um kleinräumige Differenzen zu unterdrücken. Zum Vergleich wurden die Rückstreukoeffizienten derselben Gebiete vom 16. und 19. 8. 1993 gegenübergestellt. Die Aufnahme vom 19. 8. stammt ebenso wie die Szenen vom 20. 1. bis 15. 3. 1994 aus einem aufsteigenden Orbit, wodurch die Einfallswinkel der elektromagnetischen Wellen zu den Testgebieten nahezu identisch sind.

Zwischen den beiden Überflügen vom 16. 8. und 19. 8. wurde an der Basis San Martin jeweils eine Lufttemperatur von –27 °C gemessen. Somit ist davon auszugehen, daß innerhalb dieser drei Tage keine Veränderungen in der Schneedecke auftraten und die Unterschiede von bis zu 4 dB allein auf die abweichende Exposition zurückzuführen sind.

Erheblich dynamischer stellt sich die Situation während der Sommermonate dar. Die hohen Lufttemperaturen des Januars mit Werten bis über 5 °C sorgten für eine sehr feuchte Schneedecke in den Gebieten 2, 3 und 5, so daß die Rückstreukoeffizienten Werte von –19 dB bis –13 dB annehmen. Die große Rauhigkeit des Gletscherbruches (5) sowie dessen Exposition zum Sensor erhöhen die Rückstreuung um 6 dB. Der geringe Feuchtegehalt der Schneedecke des McClary Glacier führt zu einem σ_0 von –6 dB (1). Die Erwärmung der Schneedecke durch die Lufttemperatur und die Einstrahlung waren ausreichend, um den Flüssigwassergehalt der 300-m-Höhenstufe des Northeast Glacier (4) bedeutend zu erhöhen. Daraus resultiert die geringe Rückstreuung von –17 dB. Bedingt durch das stetige Sinken der Lufttemperatur während der darauffolgenden Wochen, nahm der Flüssigwassergehalt kontinuierlich ab und die Rückstreuung zu. Ein kurzer Wärmeeinbruch machte sich nur noch in den Flächen 2 und 3 bemerkbar. Ab dem 26. 1. weist der in etwa 500 m Höhe gelegene Teil des McClary Glacier schon wieder winterliche Rückstreuwerte auf, was auf das Fehlen von Flüssigwasser zurückzuführen ist. Das teilweise starke Absinken von σ_0 zwischen dem 3. 3. und 15. 3. ist wahrscheinlich auf einen massiven Föhneinbruch zurückzuführen, was dadurch belegt wird, daß auch die 500-m-Höhenstufe des McClary Glacier beeinflußt wird.

Die Dominanz des dämpfenden Einflusses des Flüssigwasseranteils kann aus den Ergebnissen der im Rahmen der Geländekampagne 1994 durchgeführten Versuchsanordnung belegt werden: Ein Winkelreflektor wurde in der Verlängerung von A6 nach A1 vollständig in den Schnee eingegraben, ein zweiter wurde in der Verlängerung der Linie D6–D2 mit Schnee verfüllt. Von beiden Reflektoren konnte zu keinem Zeitpunkt ein erhöhtes Rückstreusignal festgestellt werden. Soweit möglich, wurden die Reflektoren (A1, A6, D2 und D6) vor jedem Überflug von Driftschnee und Eis befreit.

5. Schlußbetrachtung

Mit dem Einsatz von aktiven und passiven Fernerkundungsverfahren ist es möglich, die Schneedeckendynamik sowie die daraus resultierenden Prozesse in Teilen der Antarktischen Halbinsel zu erfassen. Dies erlaubt, flächendeckend den zeitlich und örtlich sehr variablen Prozeß des Schneedeckenabbaus zu kartieren. Diese aus Fernerkundungsaufnahmen abgeleiteten Produkte sind ein wichtiges Hilfsmittel für biologische und glaziologische Arbeitsgruppen. Im Rahmen des Forschungsverbundes DYPAG (*Dy*namische *P*rozesse *A*ntarktischer *G*eosysteme) werden die Untersuchungen über die Schneedeckendynamik in eisfreien und vergletscherten Gebieten fortgeführt.

Dank

Die Autoren bedanken sich für die Förderung des Vorhabens durch das Bundesministerium für Forschung und Technologie und für die kostenlose Bereitstellung der ERS-Daten durch die Europäische Weltraumorganisation ESA. Bedanken möchten wir uns außerdem bei dem Alfred-Wegener-Institut Bremerhaven und dem Instituto Antartico Argentino, ohne deren logistische Unterstützung das Projekt nicht durchführbar gewesen wäre.

Literatur

BROMWICH, D. H. (1988):
Snowfall in high southern latitudes.
Reviews of Geophysics, **26** (1):
149–168.

BROMWICH, D. H., & C. R. STEARNS (1993):
Antarctic Meteorology and Climatology:
Studies based on Automatic Weather
Stations.
American Geophysical Union,
Washington, D. C. = Antarctic Research
Series, **61**.

DREWRY, D. J. (1991):
The response of the Antarctic ice sheet to
climatic change.
Antarctica and Global Climatic Change,
90–106.

MORRIS, E. M., & D. G. VAUGHAN (1992):
Snow Surface temperatures in West
Antarctica.
In: MORRIS, E. M. [Ed.]: The contribution of
Antarctic Peninsula Ice to Sea Level Rise.
Report for Commission of the European
Communities Project EPOC-CT90-0015.
BAS, Ice & Climate Special Report No. 1:
17–24.

PEEL, D. A. (1992):
Ice core evidence from the Antarctic
Peninsula region.
In: BRADLEY, R. S., & P. D. JONES [Eds.]:
Climate since A. D. 1500, 549–571.

REYNOLDS, J. M. (1981):
The distribution of mean annual
temperatures in the Antarctic Peninsula.
BAS Bulletin, **54**: 123–133.

RUNDLE, A. S. (1969):
Snow accumulation and ice movement
on the Anvers Island ice cap, Antarctica.
A study of mass balance.
Proceedings International Symposium
on Antarctic Glaciological Exploration,
Dartmouth, 1968, 377–390.

WUNDERLE, S., GOSSMANN, H.,
& H. SAURER (1993):
Snow-cover development as a component
of the local geosystem on Potter Peninsula,
King George Island, Antarctica.
Proceedings of the Second ERS-1 Symposium, Space at the service of our environment,
11–14 October 1993, Hamburg,
ESA SP-361, Vol. **2**: 987–991.

WUNDERLE, S., & H. SAURER (1995):
Snow properties of the Antarctic Peninsula
derived from ERS-1 SAR images.
Proc. of the 21st Annual Conference of the
Remote Sensing Society, 11–14 Sept. 1995,
University of Southampton, 1231–1237.

WUNDERLE, S. (1996):
Die Schneedeckendynamik der Antarktischen Halbinsel und ihre Erfassung mit
aktiven und passiven Fernerkundungsverfahren. Freiburg. = Freiburger Geographische Hefte, **48**.

Vorlandvergletscherungen östlich des Lago Viedma (Südpatagonien) und ihre Erfassung in Satellitenbildern

Gerd Wenzens, Ellen Wenzens, Helmut Schwan u. Gerhard Schellmann

Summary:
Piedmont glaciation east of Lago Viedma (southern Patagonia) and their analysis by means of satellite imagery

The Lago Viedma is a tongue-like basin and has been cut by glaciers into the transitional zone between the Patagonian Cordillera and the eastward dropping Patagonian Highlands. By interpreting satellite images of various techniques it has been attempted to classify the diversely formed landscape, which developed during many glaciations, in order to identify the forms of the differently old glacial advances and to reconstruct the post-glacial relief development. – The interpretation of these photos as well as the field work enables the distinction of at least eight differently aged moraine systems. The area of the last glacial maximum shows three glacier advances and a ground moraine which is divided into meltwater sediments, linear fluvial erosion and dead ice kettles. During the deglaciation different beach terraces, dunes, lagoons, alluvial fans, dry valleys and systems of fluvial terraces were formed. – The satellite-image shows lateral moraines and terminal moraines of four additional piedmont glaciations. Their distinction can be elaborated by means of the altitude of the corresponding meltwater channels above the recent receiving stream, Arroyo de los Paisanos: glaciation I: 10–12 m, II: 25 to 30 m, III: 65–70 m, IV: 120–125 m, V: 150 to 180 m. In addition there is evidence of three more older glaciations. The oldest one could be dated by means of K-Ar-dating as 2.5–3.1 million years BP.

Zusammenfassung:

Der in der Übergangszone zwischen Patagonischer Kordillere und dem nach Osten abfallenden Patagonischen Hochland eingetiefte Lago Viedma stellt ein von glazialen Ablagerungen umsäumtes Zungenbecken dar. Es wurde versucht, diese während mehrerer Vergletscherungen entstandene, vielfältig gestaltete Landschaft mit Hilfe der Satellitenbildauswertung verschiedener Aufnahmesysteme zu klassifizieren, Formen unterschiedlich alter Gletschervorstöße zu identifizieren und die nacheiszeitliche Reliefentwicklung zu rekonstruieren. – Die Interpretation der Satellitenbilder sowie Geländebegehungen lassen mindestens acht verschieden alte Moränensysteme ausgliedern, wobei die jüngste Vergletscherungsphase durch drei Eisrandlagen und ein durch Schmelzwassersedimente, ein fluviatiles Rinnennetz sowie Toteissenken gegliedertes Grundmoränensystem in ca. 300–350 m ü. M. gekennzeichnet ist. Formen der jüngeren Reliefentwicklung sind Strandterrassen, Dünen, Lagunen, Schwemmfächer, Trockentäler und Flußterrassensysteme. – Das Satellitenübersichtsfoto zeigt Seiten- und Endmoränen von vier weiteren Vorlandvergletscherungen. Ihre Differenzierung erfolgte in erster Linie mit Hilfe der Höhenlage der entsprechenden Schmelzwasserabflußrinnen über dem rezenten Vorfluter, dem Arroyo de los Paisanos: Kaltzeit I: 10–12 m; II: 25–30 m; III: 65 bis 70 m; IV: 120–125 m; V: 150 m. Darüber hinaus wurden Belege für drei weitere, wesentlich ältere Vergletscherungsphasen gefunden, wobei dem ältesten Vorstoß aufgrund von K-Ar-Datierungen ein Alter von 2,5–3,1 Mio. Jahren zukommt.

1. Einführung

Als charakteristisches Merkmal der südlichen Patagonischen Hauptkordillere erstreckt sich zwischen 48° 20' S und 51° 30' S ein ca. 330 km langes und 40–80 km breites Eisfeld. Diese 13 500 km² große Eisoberfläche (WARREN u. SUGDEN 1993, S. 317; CLAPPERTON 1993, S. 287 f.) stellt den Rest eines Gebirgseisschildes dar, dessen Auslaßgletscher sich in den Kaltzeiten zu großen Vorlandgletschern vereinigten und bis zu 175 km weit nach Osten vordrangen. Während der mehrmaligen Vorstöße entstanden die beiden Zungenbeckenseen Lago Argentino und Lago Viedma, deren Wasserfläche mit 1520 km² bzw. 1600 km² nahezu die dreifache Größe des Bodensees (538 km²) hat.

Auch heute fließen aus dem durchschnittlich nur 1500–2000 m hohen Eisfeld Gletscher in die Vorländer ab, die im Westen in den chilenischen Fjorden kalben und sich im Osten teilweise bis zu den Seen erstrecken. Zu den Gletschern, die den Lago Argentino erreichen, zählen der 60 km lange Uppsala- und der 25 km lange Perito-Moreno-Gletscher. Gegenwärtig kalbt nur der Gletscher Viedma in den gleichnamigen, 250 m ü. M. gelegenen See (Abb.1).

Die klimatischen Verhältnisse zwischen den Anden und dem östlichen Vorland werden durch eine starke Abnahme der Jahresniederschläge bestimmt. Während das Patagonische Eisfeld mehr als 7000 mm Jahresniederschlag erhält (MARDEN u. CLAPPERTON 1995, S. 198), fallen an den östlichen Seeufern nur ca. 200 mm. So weist die Klimastation El Calafate (220 m ü. M.) am Südufer des Lago Argentino 192 mm Jahresniederschlag und eine Jahresdurchschnittstemperatur von 7,3 °C auf. Bedingt durch die niedrigen Jahrestemperaturen und die hohen Niederschläge, liegt die rezente Firngrenze beim Uppsala- und Viedma-Gletscher bei etwa 1150 bis 1200 m ü. M.

Dem raschen West-Ost-Wandel der Klimabedingungen entsprechend, ändert sich auf kürzeste Entfernung die Vegetationszusammen-

Abbildung 1
Übersichtskarte mit Lage des Satellitenbildes (Abb. 2, 5 und 6)
Location map with area covered by the satellite image (Fig. 2, 5 and 6)

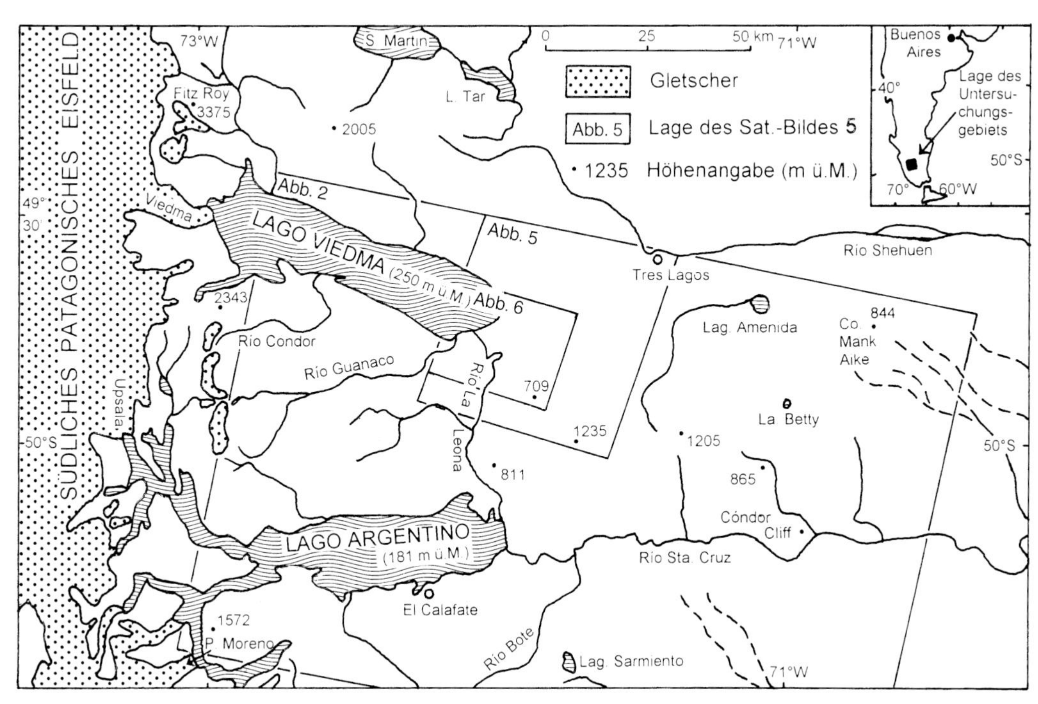

setzung (GARLEFF 1977, S. 80 f.). Auf der Westabdachung der Kordillere wachsen mesophile Wälder der immergrünen Buche *Nothofagus pumilio*, aber schon auf der Höhe der beiden Seen herrscht die xerophile patagonische Gestrüpp- und Hartgrassteppe vor. Sie setzt sich vor allem aus Tussockgräsern, Krautpolstern und Zwergsträuchern zusammen (ENDLICHER 1991, S. 185).

2. Geologisch-geomorphologische Grundzüge des Untersuchungsgebietes

Nach BORELLO (1957, S. 870) weist die andine Ostflanke zwei unterschiedliche Faltungszonen auf. Die innere ist durch intensive Faltung und Bruchbildung, der Außenrand des Gebirges stellenweise durch N–S streichende Verwerfungen gekennzeichnet. Die tektonischen Schwächezonen sind vielfach glazial ausgeräumt und bilden die bis an die östlichen Auslaßgletscher (z. B. Perito Moreno, Uppsala) des Patagonischen Eisfeldes reichenden, sich sowohl nach Süden als auch nach Norden verzweigenden Arme des Lago Argentino (Abb.1). Östlich davon erhebt sich mit nahezu senkrechten Wänden die Präkordillere auf über 2000–2300 m ü. M. Rezent weist die Präkordillere eine Plateau- bzw. eine Karvergletscherung auf; die Schneegrenze liegt hier bereits bei über 1900 m ü. M. An diese nur etwa 5 km schmale äußere andine Zone aus überwiegend jurassischen Vulkaniten schließt sich zwischen den beiden Seen Lago Argentino und Lago Viedma die aus kretazischen Sedimenten bestehende subandine Zone mit ausklingender Faltungsintensität an.

Im Gegensatz zum Lago Argentino grenzt der Lago Viedma im Westen unmittelbar an den Kordilleren-Steilabfall. Dieser ist hier außerordentlich imposant, wozu das sich im Nordwesten des See-Endes erhebende granodioritische Massiv des 3375 m hohen Fitz Roy im besonderen Maße beiträgt.

Im Norden des Sees bilden die teilweise basaltbedeckten Meseten die nur wenig zerschnittene, von knapp 2000 auf 900 m abfallende Wasserscheide zum nördlich angrenzenden Lago San Martín bzw. zum Oberlauf des Río Shehuen (Abb.1).

BORELLO (1957, S. 873) schließt für den knapp 80 km langen und 15 km breiten, NW–SE gerichteten See eine tektonische Anlage aus; die enorme Eintiefung von über 1000 m in die umrahmenden Meseten wäre somit allein auf die mehrfachen Gletschervorstöße zurückzuführen. Auch östlich des Seeufers liegt noch eine breite, erosiv entstandene Ausräumungszone vor. Erst in 15–20 km Entfernung setzen wieder die hier 600–900 m hohen, in einzelne Flächenrelikte aufgelösten patagonische Meseten ein (Abb. 2 u. 3).

Abbildung 2
Die patagonischen Meseten östlich des zentralen südlichen Patagonischen Eisfeldes in der Landsat-TM-Kanalkombination 3/4/7 vom 18. Juli 1989; Lokalitäten 1–4: Erklärungen im Text
Satellite image of the Patagonian Mesetas east of the central southern Patagonian ice field, Landsat TM bands 3, 4 and 7 (July 18, 1989), locations 1–4: see explanations in the text

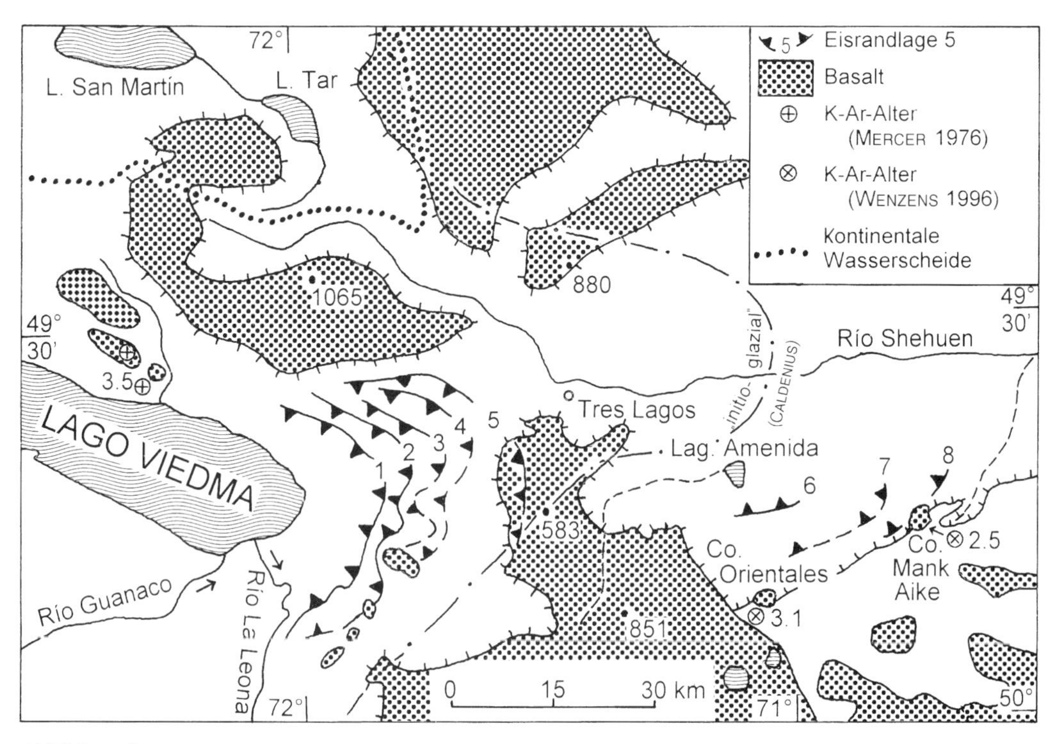

Abbildung 3
Eisrandlagen der Vorlandvergletscherungen östlich des Lago Viedma
Glacial advances of the piedmont glaciations east of Lago Viedma

Im Gegensatz zum Lago Argentino, der vom Río Santa Cruz, der West-Ost-Abdachung folgend, entwässert wird, fehlt dem Lago Viedma seit der letzten Kaltzeit ein am Hauptgefälle orientierter Abfluß. Seither wird der Lago Viedma durch den von Norden in südliche Richtung fließenden Río La Leona mit dem Lago Argentino verbunden. Allerdings wird der größte Teil des sich östlich an den See anschließenden Vorlandes nach wie vor durch Trockentäler, die dem Río Shehuen tributär sind, nach Nordosten entwässert.

3. Stand der Forschung

Die bisher einzige systematische Rekonstruktion der Vergletscherungsgeschichte des patagonischen Andenvorlandes hat CALDENIUS (1932) vorgelegt. Er erkannte eine vierfache Abfolge von selbständigen Moränengürteln, die er mit Hilfe der Warvenchronologie mit den nordeuropäischen spät- bzw. weichseleiszeitlichen Vorstößen des Fini-, Goti- und Daniglazials parallelisierte. Die zeitliche Einordnung der ältesten, als „Initioglazial" bezeichneten Eisrandlage, die im östlichen Vorland des Lago Argentino und Lago Viedma fast den 71. Längengrad erreichte (Abb. 3), blieb offen.

Spätere Untersuchungen ließen jedoch die Datierungsversuche von CALDENIUS als äußerst zweifelhaft erscheinen (MERCER 1976). Heute gilt es als gesichert, daß die Vergletscherungsgeschichte der südlichen Anden und ihres Vorlandes bis in das jüngere Pliozän zurückreicht und als eine der vollständigsten auf der Erde gilt (RABASSA u. CLAPPERTON 1990). Vor allem die Arbeiten von MERCER (1976, 1983) und MERCER et al. (1975, 1982) geben Hinweise auf die ältesten Vergletscherungen. Mit Hilfe von K-Ar-Datierungen basaltischer Laven, die in Wechsellagerung mit glazialen Sedimenten vorkommen, konnte die erste Hauptvergletsche-

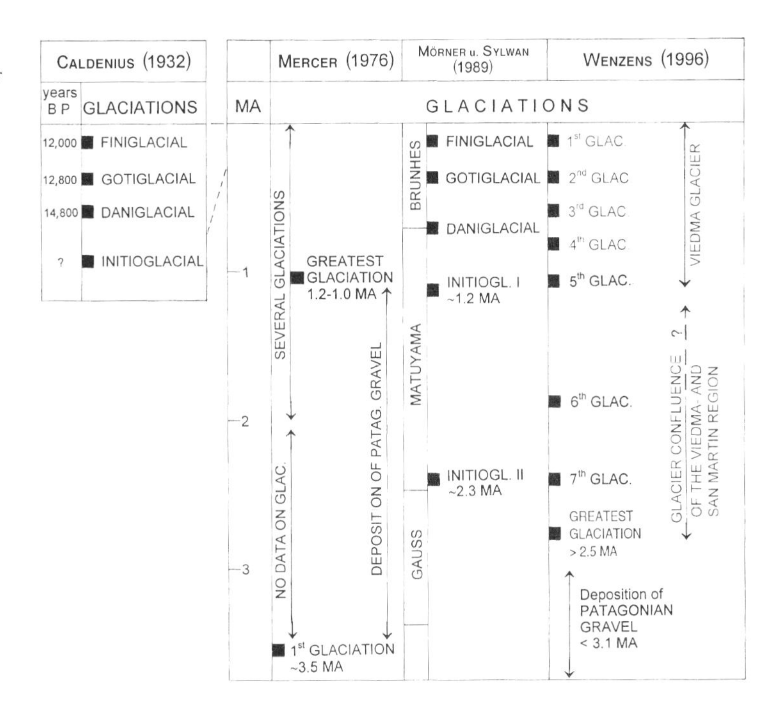

Abbildung 4
Versuch der Korrelierung der Vergletscherungen in den südlichen Anden
Tentative correlation of the glacial sequences in the southern Andes

rung der südlichen Anden von MERCER (1983, S. 113) um 3,5 Mio. Jahre BP angesetzt werden. Einige dieser Fundstellen (Abb. 3) sind in der nördlichen Umrahmung des Lago Viedma am Abhang der Meseta Desocupada in 1430 m und der Meseta Chica in 1250 m Höhe anzutreffen (MERCER 1976, S. 130). Allerdings stimmen die von MERCER angegebenen Koordinatenwerte nicht mit den Geländeverhältnissen überein.

MERCER (1976) vermutet für den Zeitraum zwischen 2,1 Mio. und 1 Mio. Jahren weitere Eisvorstöße, wobei zwischen 1,2 und 1 Mio. Jahren BP die ausgedehnteste Vorlandvergletscherung stattfand (Abb. 4). Nach MÖRNER u. SYLWAN (1989), die fünf unterschiedlich alte Endmoränengenerationen am Lago Buenos Aires (46° 30' S) mit Hilfe der paläomagnetischen Methode zeitlich einordneten, gehören nur die von CALDENIUS (1932) als Fini- und Gotiglazial bezeichneten Gletschervorstöße der Brunhes-Periode an (Abb. 4). Die „daniglazialen“ Endmoränen stellen die Autoren in den Übergangszeitraum vom Brunhes zum Matuyama und unterscheiden beim „initioglazialen“ Vorstoß zwischen ca. 1,2 Mio. Jahre bzw. 2,3 Mio. Jahre alten Endmoränen. Auch nach CLAPPERTON (1983, S. 143) lassen sich innerhalb der letzten 1,2 Mio. Jahre vier Hauptvergletscherungen unterscheiden, die in zwei Gruppen gegliedert werden können. Bei den beiden älteren befinden sich die glazialen Ablagerungsrelikte auf den hochgelegenen, unzerschnittenen Meseten, während die beiden jüngeren Vereisungen mehr oder weniger den heutigen Reliefverhältnissen angepaßt sind. Ursache dieser Differenzierung soll nach RABASSA u. CLAPPERTON (1990, S. 168) eine tektonisch initiierte Phase der Flußeintiefung mit gleichzeitiger Heraushebung der Meseten während des mittleren Pleistozäns gewesen sein. Die jüngeren Vorstöße sind deshalb stärker an die eingeschnittenen Täler geknüpft. Die Lage der Endmoränen ließ im Zuge des Abschmelzens der Gletscher in den glazial erodierten Becken die heutigen Seen entstehen. STINGL u. GARLEFF (1984) vertreten die Auffassung, daß die starke Taleintiefung in diesem Gebiet auf den erheblichen Schmelzwasserabfluß zurückzuführen ist.

Für die letztkaltzeitlichen Vorlandvergletscherungen setzen RABASSA u. CLAPPERTON (1990) die maximale Ausdehnung um 70 000 Jahre BP, MERCER (1976) vor 56 000 Jahren BP an. Weitere Vorstöße sollen nach RABASSA u. CLAPPER-

Abbildung 5
Ostufer des Lago Viedma in der Landsat-TM-Kanalkombination 3/4/7 vom 18. Juli 1989.
EM: Endmoränen der Vergletscherungen 1–5, SM: Seitenmoränen der Vergletscherungen, Sch: Schotterfelder der Vergletscherungen 1–5
Landsat TM scene of the eastern shore of Lago Viedma (bands 3, 4 and 7; July 18, 1989).
EM: Terminal moraines of glaciations 1–5, SM: Lateral moraines of glaciations, Sch: Outwash plains of glaciations 1–5

TON zwischen 20 000 und 18 000 sowie zwischen 15 000 und 10 000 Jahren BP, nach MERCER um 19 500 und 13 000 Jahre BP erfolgt sein. Über die Problematik der spätglazialen und holozänen Vergletscherungsgeschichte der südlichen Anden wird an anderer Stelle berichtet (WENZENS u. WENZENS 1998).

Während über Anzahl und Ausdehnung der pleistozänen Vorlandvergletscherungen im Bereich des Lago Argentino mehrere Arbeiten vorliegen (vgl. FERUGLIO 1944, MERCER 1965, 1968, 1976; SCHELLMANN u. WENZENS 1996, SCHELLMANN 1998), ist neben der Untersuchung von CALDENIUS (1932) nur noch die Publikation von WENZENS et al. (1996) über die Eisrandlagen im Umfeld des Lago Viedma erschienen. Die letzkaltzeitliche Eisrandlage (Abb. 6) entspricht im wesentlichen dem von CALDENIUS (1932, S. 107 f.) als „gotiglazial“ eingestuften Vorstoß.

4. Formen der Vorlandvergletscherungen

4.1. Satellitenbildauswertung (H. SCHWAN)

Die visuelle Interpretation der Ostseite des Lago Viedma stützt sich auf Ausschnitte einer Landsat-TM-Vollszene vom 18. Juli 1989 sowie auf Ausschnitte der ERS-1-Szenen vom 18. Juli und 5. Dezember 1992, jeweils im absteigenden Orbit. Die Tabelle 1 zeigt eine Übersicht der ERS-1-Aufnahmeparameter und -statistiken.

Mit Methoden der Bildverarbeitung wurden die Daten bisher so aufbereitet, daß sie für die Erkennung von Oberflächenformen geeignet sind. Da es sich beim Untersuchungsgebiet um eine semiaride Region handelt, treten die Formen weitgehend offen zutage, und besonders

Abbildung 6
Ausschnitt des Satellitenbildes in Abbildung 5
Subset of satellite image in Fig. 5

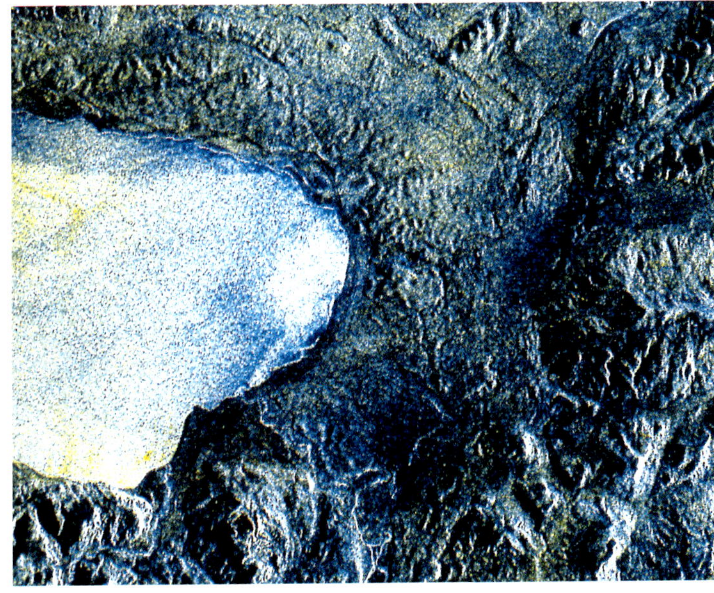

Abbildung 7
Multitemporale Kombination der ERS-1-Szenen vom 18. Juli 1992 (Rot und Grün) und 5. Dezember 1992 (Blau)
Multitemporal combination of ERS-1-data: July 18, 1992 red and green, and December 5, 1992 blue

Datum (Orbit)	Aufnahmezeit	Reflexion				
		Minimum	Maximum	Mittel	Median	Standardabweichung
1	2	3	4	5	6	7
18. 7. 1992 (5265/4617)	14:19:22.263	0	4075	290,4	254,7	132,7
5. 12. 1992 (7269/4617)	14:19:12.597	0	3314	228,9	207,1	94,2

Tabelle 1
ERS-1-Aufnahmeparameter und -statistik
ERS acquisition data

in der Gesamtübersicht werden die großräumigen Strukturen als Komplex erkennbar. Bei der digitalen Bildverarbeitung wird zwischen Vorverarbeitungen und Bildverbesserungen unterschieden (vgl. SCHELLMANN et al. 1997b).

Optomechanische Scanner (Zeilenabtaster) wie Landsat hinterlassen nach dem Abtastvorgang im Bild eine Streifenstruktur, da es innerhalb der 16 Detektoren eines Kanals zu Störungen kommt. Diese Erscheinung wirkt sich vor allem in gleichmäßigen, kontrastarmen Bildteilen störend aus. Unter den von CRIPPEN (1989) beschriebenen Routinen zur Störungsbeseitigung wurde für die Schwarzweißdarstellung die erste Hauptkomponente der sieben TM-Kanäle bevorzugt. Sie liefert ein streifenfreies Bild mit scharfen Konturen. Die Vorverarbeitung der ERS-1-Precision-Images wird routinemäßig vom Zentrum zur Verarbeitung und Archivierung (PAF) der Deutschen Forschungsanstalt für Luft- und Raumfahrt (DLR) in Oberpfaffenhofen durchgeführt.

Für multisensorale Kombinationen zwischen optischen Szenen und Radaraufnahmen müssen die Daten noch geocodiert werden. Wie bisherige Erfahrungen im reliefierten Gelände zeigen, sollte wegen der Abbildungsgeometrie des SAR ein digitales Geländemodell die Datengrundlage bilden (vgl. BUCHROITHNER et al. 1991, MARKWITZ 1991). Die erforderliche Genauigkeit erscheint jedoch mit den zur Verfügung stehenden topographischen Karten (1 : 100 000) des Instituto Geográfico Militar nicht einzuhalten zu sein.

Für die geomorphologische Satellitenbildinterpretation wurde die Landsat-TM-Kanalkombination 3/4/7 verwendet (Abb. 5 u. 6). Die multitemporalen Radardaten legen eine Darstellung als Farbkomposite nahe, um die Veränderungen farblich darstellen zu können (Abb. 7). Die Zuweisung erfolgte mit dem 18. Juli 1992 auf Rot und Grün sowie mit dem 5. Dezember 1992 auf Blau. Dabei muß auf das Intervall von 140 Tagen und auf die Tatsache hingewiesen werden, daß sich ein augenscheinlicher Wechsel der Oberflächenform auf sehr kleine Bereiche beschränkt. Zusätzlich lenken in Gewässernähe die Modifikationen der Oberflächenrauhigkeit die Aufmerksamkeit auf sich. Da die Kombination unterschiedlicher ERS-1-Aufnahmen keine Probleme bereitet, wurde hier darauf verzichtet.

In einem großen Halbkreis folgen die Staffeln der unterschiedlichen Glazialformen nacheinander vom Ostufer des Lago Viedma in östlicher Richtung. Im gewählten Ausschnitt handelt es sich um See- und Flußterrassen sowie Grund- und Endmoränen, die nachfolgend in den Satellitenbildern exemplarisch verglichen werden.

Einzelne Seeterrassenniveaus können in der Landsat-Farbkomposite insbesondere am Nordostufer des Lago Viedma durch das Auftreten von Kliffs ausgewiesen werden. Diese linienhaften Objekte treten zwar in der Gesamtübersicht der Radarkomposite kaum hervor, in der Vergrößerung sind sie jedoch besser zu erkennen als im Landsat-Bild. Dies gilt vor allem für Böschungen, die dem Einfallswinkel des Radars von 23° entsprechen. Interessant wäre für diese Fragestellung sicherlich eine ERS-1-Aufnahme im aufsteigenden Orbit, bei der dann diese

Geländekanten dem Radarstrahl zugewandt wären.

In den optischen Daten erkennt man als dunkle, mäandrierende Linie den Río La Leona und ein Trockental, welches auf ein höheres Talniveau des Río La Leona ausläuft. Etwas weiter im Norden erscheint sehr markant in der TM-Komposite ein Bereich in gelben Farbtönen, bei dem es sich um ein ehemaliges Toteisloch handelt und das heute eine abflußlose Lagune darstellt. Der zusätzliche Informationsgehalt in der Radarkomposite ist sehr gering. Das liegt an der bereits erwähnten geringen Morphodynamik im Testgebiet und dem geringen Wechsel der Parameter Oberflächenrauhigkeit und Bodenfeuchte. Auch hier müssen die Informationen anderer Orbits und Aufnahmezeitpunkte abgewartet werden.

Die Grundmoränen sind im Landsat-Bild besonders an ihren dem See radial zulaufenden Streifen zu erkennen. In den Radardaten ist es aufgrund des Eindringvermögens des SAR teilweise möglich, subaerische Strukturen in Form einzelner Kuppen zu erkennen. Das hängt stark vom Bodenwassergehalt des Substrates innerhalb der oberen 5 cm ab und gibt Hinweise auf sedimentologische Unterschiede.

Die höchsten Erhebungen nehmen im Bildausschnitt die mit älteren Moränen bedeckten Meseten ein. Sie erreichen Geländehöhen über 600 m ü. M. und bilden die äußere Umrahmung des betrachteten Gebietes. Hier zeigen sich am deutlichsten die Vor- und Nachteile des jeweiligen Systems. Im Landsat-Bild sind durch den Lichteinfall sehr stark überstrahlte Bereiche bereits in der Sättigung, während man in den

Abbildung 8
Morphologische Karte des Satellitenbildausschnittes (Abb. 6)
Geomorphological map of the area covered by the satellite image (Fig. 6)

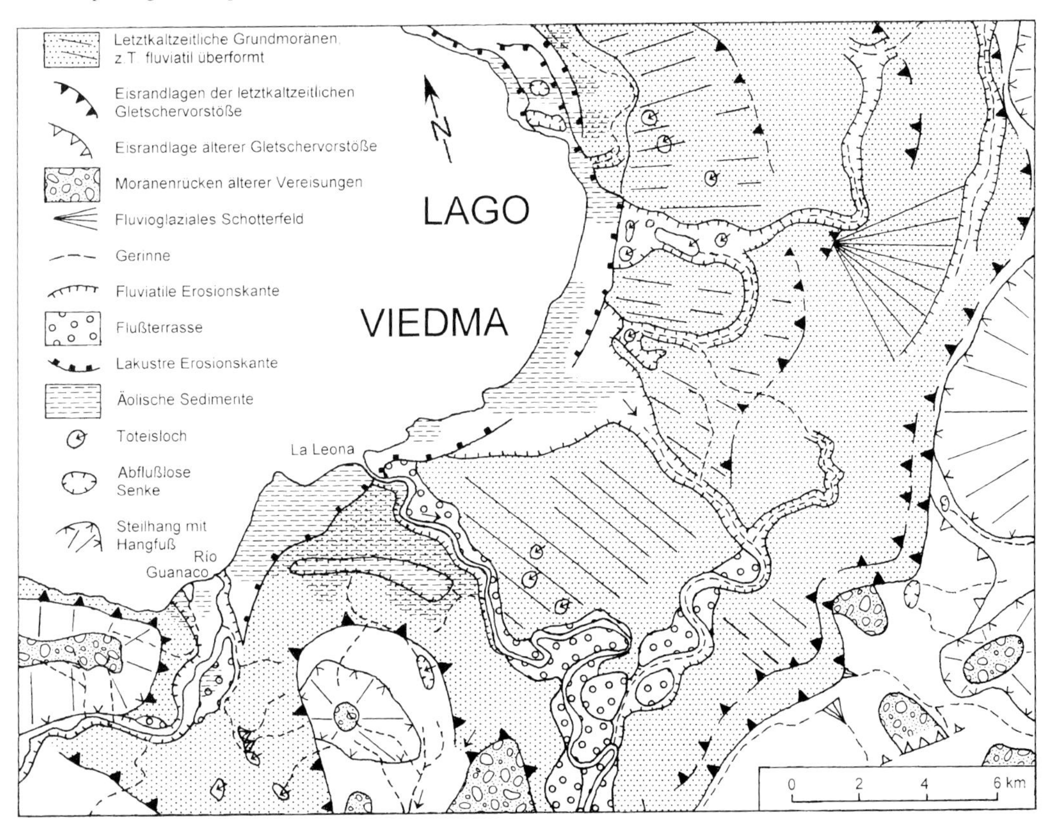

Radardaten noch Einzelheiten, wie Täler, differenzieren kann. Jedoch müssen durch die Aufnahmegeometrie verursachte Effekte, wie Foreshortening (Verkürzung der Hänge), Layover (Überlagerung) und Shadowing, berücksichtigt werden.

4.2. *Geländebefunde*

Im folgenden soll der in Abbildung 6 wiedergegebene Ausschnitt der Vorlandverletscherung aufgrund von Geländebegehungen und Kartierungen vorgestellt werden (Abb. 8).

4.2.1. Der glaziale Formenschatz

Der glaziale Formenschatz wird im wesentlichen von den Ablagerungen der letzten Kaltzeit beherrscht. Sie erreichen maximale Höhen von 350 m ü. M. Eisrandlagen und isolierte Moränenrücken älterer Vereisungen treten in höher gelegenen Reliefpositionen zwischen 400 und 630 m ü. M. auf und werden im folgenden nicht weiter differenziert.

Die Jungmoränenlandschaft weist im dargestellten Bildausschnitt eine prägnante Vielfalt auf, die durch lakustrine und fluvioglaziale Elemente gegliedert wird und teilweise auch eine fluviale Überprägung erfahren hat. Die maximale Eisrandlage ist kaum durch markante Rükken gekennzeichnet, vielmehr läßt sie sich durch vorgelagerte, rezent nur noch nach heftigen Niederschlägen durchflossene Schmelzwasserrinnen ausmachen. Einem zweiten Vorstoß ist das in der oberen Bildhälfte hervortretende fluvioglaziale Schottervorfeld zuzuordnen. Seine kegelförmige Gestalt zeigt die Lage eines größeren Gletschertores an; die hier austretenden Schmelzwässer haben die vorgelagerten Moränen erodiert bzw. eingeebnet. Das rezente Gerinne am distalen Ende des Schotterfeldes hat sich nur etwa 2 m eingeschnitten und weist somit auf die geringe postglaziale fluviatile Aktivität in diesem Teil der Jungmoränenlandschaft hin.

Die seewärtige Fortsetzung des ehemaligen Gletschertores bildet eine Hohlform innerhalb der Grundmoräne. Die Differenzierung in zwei unterschiedlich alte Eisrandlagen läßt sich auch mit der Eintiefung der Entwässerungsrinnen des jüngeren Vorstoßes in die älteren Schmelzwasserabflußbahnen belegen. Die nur selten markant hervortretenden Endmoränen der letztkaltzeitlichen Vorstöße weisen darauf hin, daß die jeweilige Eisrandlage nur während eines relativ kurzen Zeitraumes bestand. Vor allem im Nordosten zeigen die in mehrere Staffeln gegliederten Moränenrücken ein wiederholtes Oszillieren der Gletscherfront an. Beide Eisrandlagen werden ebenso wie die eines dritten Vorstoßes, die lediglich in der oberen Bildhälfte zu erkennen ist, dem letztkaltzeitlichen Maximum, also der Zeit zwischen 18 000 und 21 000 Jahren BP zugeordnet.

Unmittelbar östlich der Leona folgen die beiden ältesten Eisrandlagen dicht aufeinander. Dies liegt vor allem daran, daß hier meist über 500 m ü. M. aufragende Moränenrücken älterer Vereisungen das weitere Vordringen der letztkaltzeitlichen Eismassen blockiert haben. Daher fehlen auch breite Schmelzwasserrinnen.

Völlig andere Reliefverhältnisse liegen westlich des Río La Leona vor. Der 580 m hohe Kreiderücken Cerro Guacho teilte die vordringenden Eismassen in zwei Loben. Der westliche schob sich in das untere Guanaco-Tal vor und staute so den Fluß auf.

Auffallend strukturiert sind die östlich der Leona zu erkennenden Grundmoränenplatten. Am oberen Bildrand werden die Moränen von länglichen Streifen durchzogen, die nahezu radial angeordnet sind und nach Osten allmählich auslaufen. Die dort auftretenden Toteislöcher weisen an ihrer seeseitigen Umrahmung eine barchanähnliche Sichelform auf, wobei die dadurch entstandenen Hörner nur wenige Meter lang sind. Wegen der radialen Anordnung der Streifen können weder sie noch die Hohlformen äolischer Entstehung sein.

Die östlich der Leona angrenzende Grundmoränenplatte scheint völlig von diesen streifenförmigen Strukturen beherrscht zu sein. Sie hat im Vergleich zu den übrigen letztkaltzeitlich überprägten Gebieten eine ausgesprochen niedrige Lage (unter 300 m ü. M.), so daß die rinnenartigen Strukturen nicht glazialer bzw. fluvioglazialer Entstehung sind, sondern durch einen plötzlichen Überlauf des Lago Viedma während des ersten spätglazialen Vorstoßes gebildet wurden (WENZENS et al. 1997).

4.2.2.
Der fluviatile und lakustrine Formenschatz

Während der Abschmelzperiode der letztkaltzeitlichen Eismassen kam es im frühen Spätglazial zu einem Gletschervorstoß, durch den ca. 85 % der heutigen Seefläche mit Eismassen bedeckt wurden (WENZENS et al. 1997). Dies führte zu einem Überlauf des östlich gelegenen Restsees. Die enormen Wassermassen drangen in die offensichtlich noch mit Toteisresten bedeckte Grundmoränenlandschaft ein. Sie erodierten schmale Rinnen teilweise bis in die glazialen Ablagerungen und hinterließen so die radial angeordnete Entwässerungsstruktur, die im Satellitenbild deutlich als längliche, helle Streifen, im Gelände dagegen kaum sichtbar in Erscheinung tritt. Mit allmählich fallendem Seespiegel schnitt sich schließlich am östlichen Ufer die in 280 m ansetzende trichterförmige Hauptentwässerungsrinne ein. Aufgrund der tiefen Lage der westlich gelegenen Grundmoränenplatte bog sie nach Südosten um und mündete in den kaltzeitlich angelegten, nach Süden entwässernden Schmelzwasserabfluß, den Vorläufer des Río La Leona. Noch während dieser Phase bildete sich der heutige Auslaß des Río La Leona. Seine höchste Flußterrasse weist nahezu die gleiche Höhe auf wie der Mündungstrichter.

Erst mit dem sukzessiven Fallen des Seespiegels entstand die lakustrine Erosionskante unterhalb dieses Niveaus. Seither hat sich der Seespiegel kontinuierlich auf 250 m abgesenkt; längere Stillstandsphasen führten zur Ausbildung von Ufer- und Flußterrassen. Selbst auf dem Satellitenbild sind neben einzelnen Terrassenkanten vor allem die Prallhänge ehemaliger Mäanderbögen gut zu erkennen. Es ist wahrscheinlich, daß die Terrassenabfolge im Zusammenhang mit Seespiegelschwankungen während der spät- und postglazialen Vorstöße des Viedma-Gletschers entstanden ist. Dies gilt auch für die Uferterrassenabfolge, die vor allem das östliche Seeufer mehrfach gliedert. So sind am oberen Bildrand drei Terrassenniveaus gut zu erkennen.

Auch im Mündungsgebiet des Río Guanaco sind Hinweise auf nacheiszeitliche Seespiegelschwankungen erhalten. Während der Anlage der höchsten Uferterrasse mündete der Fluß ca. 2,5 km südlicher als heute in den Lago Viedma. Reste eines breiten Deltas in 275 m Höhe markieren die damalige Uferzone. Der Fluß hat sich seither kontinuierlich eingeschnitten. In Abbildung 8 ist das ehemalige Delta als Terrasse kartiert.

Den extrem semiariden Klimabedingungen entsprechend, ist die fluviatile Überprägung der Jungmoränenlandschaft gering. Außer den beiden Flüssen La Leona und Guanaco gibt es nur noch episodisch fließende Gerinne; wo sie flaches Gelände erreichen, haben sie vielfach Schuttkegel oder Lagunen hinterlassen.

4.2.3.
Äolische Formen und Formungsprozesse

Unmittelbar westlich des rezenten Mündungsdeltas des Río Guanaco sitzen der Uferzone Dünen auf, die einen älteren Mündungsarm blokkiert haben. Äolische Ablagerungen, d. h. insbesondere Kuppen- und Längsdünen sowie Sandstreifen, bedecken westlich des La-Leona-Auslasses sowohl die rezente Uferzone als auch die sich anschließenden, höher gelegenen Grundmoränen.

Die Längsdünen unterscheiden sich von dem Rinnensystem der östlich der Leona gelegenen Grundmoränenplatte nicht nur in bezug auf die unterschiedliche Ausrichtung, sondern auch durch ihre unscharfe Begrenzung. Die Ausrichtung der Sandstreifen zeigt als vorherrschende Windrichtung NWW–SEE (280°/290°–100°/110°) an. Nordöstlich des La-Leona-Auslasses beschränken sich äolische Ablagerungen, von wenigen Ausnahmen abgesehen, auf den seenahen Bereich. Während diese meist mit einer schütteren Vegetation bedeckt sind, weist die helle keilförmige Fläche im Mündungstrichter des ehemaligen La-Leona-Auslasses (Abb. 6) auf eine frische Sandanwehung hin.

Die Entstehung der in der Umrahmung des Lago Viedma in verschiedenen Reliefpositionen auftretenden äolischen Formen kann einzelnen glazialen, spätglazialen und holozänen Phasen zugeordnet werden (WENZENS et al. 1997).

Auch östlich des Lago Argentino haben SCHELLMANN u. WENZENS (1996) mindestens drei holozäne, durch Bodenbildungen unterbrochene äolische Aktivitätsphasen nachgewiesen. Während die die Strandzone bedeckenden Flugsande ebenfalls diesen Perioden zuzuordnen sind, entstanden die östlich der letztkaltzeitlichen Eisrandlagen den älteren Moränen und Schotterfeldern aufliegenden Flugsanddecken im Hochglazial. Im Satellitenbild werden die Sand- und Kiesoberflächen durch einen bräunlichen Farbton deutlich sichtbar wiedergegeben (Abb. 5: Sch 2–5).

5. Anzahl der Vorlandvergletscherungen im Untersuchungsgebiet

Wenn auch die Untersuchungen über Anzahl und Gliederung der älteren Vorlandvergletscherungen noch nicht abgeschlossen sind, so kann doch mit Hilfe der bisherigen Geländearbeiten und der Satellitenfotos (Abb. 2 u. 5) folgende Interpretation der Vergletscherungsgeschichte vorgenommen werden:

5.1. Die Vorlandvergletscherungen im ufernahen Bereich des Lago Viedma

Östlich von der letztkaltzeitlichen Eisrandlage (Abb. 5: EM 1) trennt das zum Río Shehuen entwässernde Trockental zwei unterschiedlich geprägte Altmoränenlandschaften. Im Süden hat nur eine geringe glaziale Ausräumung stattgefunden, so daß Schotterfelder nicht zur Ausbildung kamen. Die Schmelzwässer wurden von einer parallel zur Basaltstufe eingetieften Rinne zum Río Shehuen abgeführt. Nördlich des breiten, SW–NE verlaufenden Talbodens schließen sich dagegen an die einzelnen Eisrandlagen ausgedehnte Schotterfelder (Sch 1 – Sch 5) an, deren unterschiedliche Höhen über dem Vorfluter auf eigenständige, durch lang andauernde Erosionsphasen getrennte Vergletscherungen schließen lassen.

So hat sich das Gerinne um 10–12 m in das letztkaltzeitliche Schotterfeld (Sch 1) eingetieft. Die Schmelzwässer haben einen Großteil der Moränenrücken eines älteren Vorstoßes ausgeräumt, so daß nur wenige Relikte des Endmoränenzuges (EM 2) erhalten sind. Das diesem vorgelagerte Schotterfeld (Sch 2) befindet sich 25–30 m über dem rezenten Talboden und grenzt mit scharfer Erosionsstufe an einen höheren Moränenkomplex (EM 3). Das zugehörige proglaziale Schotterfeld (Sch 3) endet mit einer 65–70 m hohen Stufe über dem Arroyo de los Paisanos. Von der nächstälteren Vorstoßphase sind Seiten- und Endmoräne (SM 4, EM 4) besser erhalten; das breite, proglaziale Schotterfeld (Sch 4) bildet die nächsthöhere Terrasse. Sie befindet sich 120–125 m über dem rezenten Talboden.

Der nächstältere, auf dem Satellitenfoto gut zu verfolgende Gletschervorstoß wird am oberen Bildrand durch eine am Südabfall der Basaltmeseta als wuchtiger Wall erhaltene Seitenmoräne (SM 5), die im Osten in eine zweigeteilte Endmoräne (EM 5) übergeht, markiert. Das ehemalige Schotterfeld (Sch 5) ist stark erodiert. Relikte liegen 150 m über dem Arroyo de los Paisanos. Die südliche Fortsetzung dieser Eisrandlage bilden ca. 30 m hohe Rücken, die der 550 m hohen Basaltmeseta aufsitzen.

Die Frage, ob die 5 Eisrandlagen jeweils eine Vergletscherungsperiode repräsentieren, ist nicht mit Sicherheit zu beantworten, da keine Möglichkeit einer Datierung gegeben ist. Sollte im Viedma-Gebiet der Vorstoß während des Isotopenstadiums 4 (d. h. zwischen 50 000 und 70 000 Jahren BP) weiter als der des sog. letztkaltzeitlichen Maximums (18 000–21 000 Jahre BP) vorgedrungen sein, so käme hierfür die Eisrandlage 2 in Betracht. Auf Grund der vergleichsweise geringen Taleintiefung zwischen der Ausbildung der Endmoränenkomplexe 1 und 2 ist dies zwar grundsätzlich nicht auszuschließen, doch ist auch zu bedenken, daß während beider Vergletscherungsphasen bereits ein Teil der Schmelzwässer nach Süden zum Río Sta. Cruz seinen Abfluß fand.

Da sich darüber hinaus die Flußterrassen der Schotterfelder 1 und 2 längs des Río Shehuen verfolgen lassen, werden beide Eisrandlagen jeweils einer Kaltzeit zugeordnet. Die beträchtliche Tieferlegung der glazialen und fluvioglazialen Ablagerungen zwischen der Ausbildung der Endmoränen der Vorstöße 3–5 legt es nahe, hier ebenfalls von eigenständigen Vergletscherungen auszugehen, zumal sich die Schotterfelder als Flußterrassen talabwärts verfolgen lassen. Grundsätzlich ist in Anbetracht der gegenwärtigen Formungsruhe offensichtlich, daß die Ausräumung des Materials vorwiegend durch Schmelzwässer erfolgte.

5.2. Hinweise auf die ältesten Vorlandvergletscherungen

Die von CALDENIUS (1932) kartierten Eisrandlagen seiner beiden ältesten (dani- und initioglazialen) Vereisungen befinden sich im Río Shehuen-Tal nahe der Siedlung Tres Lagos bzw. 25 km östlich davon (Abb. 3). Nach den Geländebefunden handelt es sich jedoch bei diesen von CALDENIUS als Moränen angesprochenen Sedimenten um max. 350 m hoch gelegene Erosionsreste des Schotterfeldes 5 (Terrasse 5), die als isolierte Rücken dem weitflächig erhaltenen Schotterfeld 4 (Terrasse 4) aufliegen.

Hinweise auf eine nächstältere Vergletscherung liegen erst wieder ca. 35 km östlich der Eisrandlage 5 vor. Südlich der Laguna Amenida (Abb. 2: 1) sind Seitenmoränen in 450–500 m Höhe unterhalb einer aus kretazischen Sedimenten aufgebauten Verebnung erhalten. Petrographische Zusammensetzung, Topographie der Rücken sowie einzelne Blöcke über 2 m Durchmesser lassen keinen Zweifel an ihrem glazialen Transport. Die stark abgeflachten Moränenrücken brechen ca. 10 km östlich der Laguna Amenida am Talausgang eines von der südlichen Meseta kommenden und in der abflußlosen Senke endenden Gerinnes ab. Wenn auch zur Zeit keine Hinweise auf die Lage der zugehörigen Endmoränen vorliegen, werden die Seitenmoränen als Beleg für einen eigenständigen Gletschervorstoß gewertet. Er wird der Vergletscherungsperiode 6 (Abb. 2: 2; Abb. 3) zugeordnet.

Auf der die Seitenmoränen der Eisrandlage 6 im Süden überragenden 500–600 m hohen Verebnung sind ebenfalls Seitenmoränenrelikte erhalten. Reste der zugehörigen Endmoräne befinden sich nördlich der Ea. Las Petisos in knapp 500 m ü. M. In die proglazialen Ablagerungen hat sich der Río Shehuen seither um ca. 300 m eingetieft.

Die höchsten Seitenmoränenrelikte, die dem ältesten Eisvorstoß zuzuordnen sind, liegen einen Kilometer westlich des Basaltstiels Cerro Mank Aike (Abb. 3) unmittelbar unterhalb der hier 820 m hohen Kreidemeseta. Dem Steilabfall sitzt ein Rücken auf, dessen Blockreichtum auf glazialen Transport hinweist. Auf dem Hochplateau selbst kommen zwar ebenfalls viele Blöcke mit etwa 50 cm Durchmesser vor, ein hügliges, moränenähnliches Relief fehlt allerdings. Die etwas tiefer gelegene Oberfläche des nördlich vorgelagerten Basaltplateaus des Cerro Mank Aike ist nur mit einer lockeren Streu von Geröllen unter 5 cm Durchmesser bedeckt, d. h., die Intrusion des Basaltstiels ist jünger als der Gletschervorstoß 7. Eine K-Ar-Datierung des Basaltes ergab 2,53 ± 0,14 Mio. Jahre als Alter. Nordöstlich des Vulkanstiels überragen einzelne Kreidekuppen in 640 m ü. M. das flachwellige Relief. Sie sind mit andinen Blöcken über 50 cm im Durchmesser bedeckt; ihnen sind flach zum Río Shehuen abfallende Schotterflächen vorgelagert. Da diese nur östlich der Kreidekuppen vorkommen, werden sie als Schottervorfelder des ältesten Gletschervorstoßes angesprochen. Die maximale Eisrandlage befindet sich somit ungefähr auf dem gleichen Längengrad wie die Endmoräne östlich des Cóndor-Cliffs (Tab. 2) im Sta.-Cruz-Tal. Es ist jedoch deshalb nicht anzunehmen, daß beide Gletschervorstöße derselben Vereisungsperiode zuzuordnen sind.

Die Position der Seitenmoräne im Zungenbereich des Vorstoßes 8 nur wenige Meter unterhalb der Mesetafläche zeigt an, daß die Eismassen weiter westlich der Meseta auflagen. Einen Hinweis auf die ehemalige Existenz von Seitenmoränen auf der Hochfläche gibt der Verlauf der Wasserscheide zwischen Río Shehuen und dem Río Sta. Cruz. Zwischen der basaltbedeckten Meseta westlich des Basaltstiels Cerro Orientales und dem Cerro Mank Aike (Abb. 3) befindet sie sich unmittelbar am nördlichen Rand der in 900 m Höhe im Westen einsetzenden und kontinuierlich nach Südosten abfallenden Kreidemeseta. In der Nähe des Steilabfalles setzen zahlreiche, dem Río Sta. Cruz tributäre Trockentäler ein, deren Breite auf ehemals beträchtlichen Abfluß hinweist. Es ist naheliegend, die Anlage dieser Täler als Folge der abfließenden Schmelzwässer während des Eisvorstoßes 8 zu sehen, zumal sich östlich des Cerro Mank Aike die Hydrographie abrupt ändert. Mit dem zum Río Shehuen entwässernden Cañadón Mank Aike greift erstmals ein zum Río Shehuen entwässerndes Tal in die Kreidemeseta zurück, und die Wasserscheide zum Río Sta. Cruz verlagert sich insgesamt nach Süden.

Die heutige Höhenlage der Meseta läßt sich nur mit ihrer Heraushebung nach dem Gletschervorstoß 8 erklären. Sie steht im Zusammenhang mit tektonischen Vorgängen, in deren Verlauf im Westen Basaltergüsse die glazialen Sedimente bedeckten.

Das Basaltplateau steigt bis auf 1200 m ü. M. an und ist von zahlreichen größeren, wassergefüllten Hohlformen durchsetzt. Auf ein relativ junges Alter der Basaltlaven weist auch das nur schwach entwickelte Entwässerungsnetz hin. Die Verbreitung dieser Vulkanzone entspricht auf dem Satellitenfoto (Abb. 2) in etwa der gelben Farbe, die zum Aufnahmezeitpunkt (18. Juli 1989) die schneebedeckten Gebiete, d. h. die Hochflächen über 900 m ü. M., wiedergibt.

6. Die Patagonischen Gerölle

Östlich der basaltbedeckten Meseta liegen der Kreidehochfläche zum Teil mehrere Meter mächtige Gerölle teilweise andinen Ursprungs auf. Die Geröllauflage (Abb. 3) reicht weit nach Osten; die Größe der Komponenten nimmt in dieser Richtung kontinuierlich ab. Diese für Ostpatagonien typischen Klastika werden als „Patagonian gravel" bezeichnet.

Da sie mehrfach umgelagert wurden, treten sie in verschiedenen Geländepositionen auf und haben daher eine vielfältige Deutung erfahren (Clapperton 1993, S. 473 f.). Nach Mercer (1976, S. 139) handelt es sich in primärer Lage um die Schmelzwasserablagerungen der Eisvorstöße zwischen 3,6 und 1,6 Mio. Jahren BP. Aufgrund ihrer weitflächigen Verbreitung können die südlich des Stufenrandes auftretenden Gerölle jedoch nur zu einem geringen Teil als Schmelzwassersedimente des Eisvorstoßes 8 angesehen werden; der größte Teil muß auf andere, ältere Sedimentationsvorgänge zurückgehen. Hierbei kann es sich sowohl um fluvioglaziale Ablagerungen einer noch älteren Vereisung als auch um eine Pedimentauflage eines früheren terrestrischen Formungsprozesses handeln. Da jedoch die Basaltauflage des Cerro Orientales die Gerölle bedeckt, muß die Intrusion jünger sein. Eine K-Ar-Datierung dieses Basaltes ergab ein Alter von 3,10 ± 0,15 Mio. Jahren.

Tabelle 2
Position der Eisrandlagen, ihre Entfernung von den Seen Argentino und Viedma und ihre Zuordnung zu Kaltzeiten
Position of the ice limits, their distance from the Argentino and Viedma Lakes and their glaciochronological classification

Lago Argentino (71° 58')				Lago Viedma (71° 57')			
Kaltzeit	Eisrandlage	Geographische Lage [w. L.]	Entfernung [km]	Kaltzeit	Eisrandlage	Geographische Lage [w. L.]	Entfernung [km]
1	2	3	4	5	6	7	8
I	EM 1a	71° 50'	12	I	EM 1	71° 47'	13
	EM 1b	71° 42'	18	II	EM 2	71° 45'	17
II	EM 2a	71° 34'	28	III	EM 3	71° 42'	22
	EM 2b	71° 29'	36				
III	EM 3	71° 16'	51	IV	EM 4	71° 39'	25
IV	EM 4a	71° 12'	57	V	EM 5	71° 24'	32
	EM 4b	71° 09'	59				
V	EM 5a	71° 00'	70	VI	EM 6	70° 55'	75 (?)
	EM 5b	70° 50'	81				
VI	EM 6	70° 49'	83	VII	EM 7	70° 46'	85
				VIII	EM 8	70° 41'	95

7. Problematik der Altersabschätzung der Gletschervorstöße

Da derzeit nur wenige absolute Datierungen von Basalten vorliegen, die eine Altersabschätzung der ältesten Vorstöße ermöglichen (Abb. 3), soll versucht werden, die acht ausgegliederten Vorlandvergletscherungen mit den in der Literatur diskutierten Vergletscherungsphasen zu korrelieren (Abb. 4).

Ein Problem ergibt sich allerdings daraus, daß bisher zwar die Datierungen von CALDENIUS (1932) widerlegt, aber seither nur wenige Neukartierungen vorgenommen wurden, so daß seine Einteilung in 4 eigenständige Vorstoßphasen nach wie vor im wesentlichen akzeptiert wird. Selbst MÖRNER u. SYLWAN (1989), die am Lago Buenos Aires inzwischen 15 Endmoränenstaffeln erkannt haben, halten sich bei ihrer Zuordnung zu 5 selbständigen Vereisungen weitgehend an das von CALDENIUS (1932) vorgegebene Modell.

Für die von MERCER (1976) als größte Vergletscherung eingestufte Vorlandvereisung, die er zwischen 1,2 und 1 Mio. Jahre BP datiert, kommt im Untersuchungsgebiet die Eisrandlage 5 in Betracht, da ihre Moränen mit Abstand das umfangreichste Schuttvolumen aller Vorlandvergletscherungen aufweisen und sie während der letzten Plateauvergletscherung östlich des Lago Viedma entstanden (WENZENS et al. 1996, S. 786 f.). Das doch relativ hohe Alter von etwa 1 Mio. Jahren scheint zwar im Widerspruch zum guten Erhaltungszustand dieser Moränen zu stehen, allerdings ist hierbei zu berücksichtigen, daß sie sich immer in erosionsgeschützter Position befinden. Von allen älteren Vergletscherungen konnten nur noch einzelne Relikte gefunden werden.

Auffallend ist der Abstand von 44 km zwischen den Eisrandlagen 5 und 6. Es ist nicht ausgeschlossen, daß sich unter den Basaltlaven glaziale Ablagerungen weiterer Vergletscherungen befinden. Da die Eisrandlage 8 älter als 2,5 Mio. Jahre ist, wurde die nächstjüngere Vorlandvergletscherung (Eisrandlage 7) mit dem von MÖRNER u. SYLWAN (1989) als Initioglazial II bezeichneten, ca. 2,3 Mio. Jahre alten Vorstoß parallelisiert. Es ist allerdings schwierig, die erheblich von lokalen Faktoren abhängige Vergletscherungsgeschichte verschiedener Regionen miteinander zu verknüpfen. Dies zeigt die Gegenüberstellung der Eisrandlagen im Río-Sta.-Cruz-Tal und im Río-Shehuen-Tal (Tab. 2).

SCHELLMANN (1998) hat im Santa-Cruz-Tal den Glazialen II, IV und V jeweils 2 Eisrandlagen zugeordnet und insgesamt nur 6 Glaziale ausgegliedert. Da in beiden Gebieten andere Reliefgegebenheiten vorliegen, läßt sich die Reichweite der einzelnen Vorstöße nicht ohne weiteres parallelisieren, zumal östlich des Lago Argentino eine am Verlauf des Río Sta. Cruz orientierte Talvergletscherung vorliegt, während die Vorlandvergletscherungen östlich des Lago Viedma als Piedmontvergletscherungen anzusprechen sind (Abb. 2). Ein Vergleich der Vergletscherungen östlich des Lago Viedma und des Lago Argentino wird dadurch erschwert, daß bei den ältesten Vorstößen (6–8) die Eismassen aus dem Lago-Viedma-Gebiet und dem Lago-San-Martín-Raum im Río-Shehuen-Tal einen gemeinsamen Eisstrom gebildet haben. Es kann nicht ausgeschlossen werden, daß die beiden ältesten Vorstöße östlich des Lago Viedma im Río-Sta.-Cruz-Tal nicht mehr erhalten sind.

Dank

Das Projekt wurde bis zum Jahre 1994 vom BMFT gefördert. Seit 1994 unterstützt die Deutsche Forschungsgemeinschaft die Untersuchungen. Beiden Institutionen sei herzlich gedankt.

Literatur

BORELLO, A. V. (1957):
Der tektonische Bau der Ostflanke der Patagonischen Kordillere südlich 46° S-Breite.
Geologische Rundschau, **45**: 858–872.

BUCHROITHNER, M. F., RAGGAM, J., u. D. STROBL (1991):
Geokodierung und geometrische Qualitätskontrolle. Grundlagen für kartographisch-geowissenschaftliche Auswertung von ERS-1-SAR-Daten.
Die Geowissenschaften, **9**: 116–121.

CALDENIUS, C. (1932):
Las glaciaciones cuaternarias en la Patagonia y Tierra del Fuego.
Geografiska Annaler, **14**: 1–164.

CLAPPERTON, C. M. (1983):
The glaciation of the Andes.
Quaternary Science Reviews, **2**: 83–155.

CLAPPERTON, C. M. (1993):
Quaternary Geology and Geomorphology of South America. Amsterdam.

CRIPPEN, R. E. (1989):
A simple spatial filtering routine for the cosmetic removal of scan-line noise from Landsat TM P-Tape imagery.
Photogrammetric Engineering and Remote Sensing, **55** (3): 327–331.

ENDLICHER, W. (1991):
Zur Klimageographie und Klimaökologie von Südpatagonien.
Freiburger Geogr. Hefte, **32**: 181–211.

FERUGLIO, E. (1944):
Estudios geológicos y glaciológicos en la región del Lago Argentino (Patagonia).
Boletín de la Academía Nacional de Ciencias de Córdoba, **37**: 1–208.

GARLEFF, K. (1977):
Höhenstufen der argentinischen Anden in Cuyo, Patagonien und Feuerland.
Göttinger Geogr. Abh., **68.**

MARDEN, CH. J., & CH. M. CLAPPERTON (1995):
Fluctuations of the South Patagonian Ice Field during the last glaciation and the Holocene.
Journal of Quaternary Science, **10** (3): 197–210.

MARKWITZ, W. (1991):
Das ERS-1-Bodensegment. Empfang, Verarbeitung und Archivierung von Synthetik-Apertur-Radar-Daten.
Die Geowissenschaften, **9**: 111–115.

MERCER, J. H. (1965):
Glacier variations in Southern Patagonia.
Geogr. Review, **55**: 390–413.

MERCER, J. H. (1968):
Variations of some Patagonian glaciers since the Late Glacial I.
American Journal of Science, **266**: 91–109.

MERCER, J. H. (1976):
Glacial history of southernmost South America.
Quaternary Research, **6**: 125–166.

MERCER, J. H. (1983):
Cenozoic glaciation in the Southern Hemisphere.
Annual Review of Earth and Planetary Science, **11**: 99–132.

MERCER, J. H., FLECK, R. J., MANKINEN, E. A., & W. SANDER (1975):
Southern Patagonia: Glacial Events between 4 m.y. and 1 m.y. ago.
Quaternary Studies.
The Royal Society of New Zealand, **13**: 223–230.

MERCER, J. H., & J. F. SUTTER (1982):
Late Miocene – earliest Pliocene glaciations in Southern Argentina: implications for a global ice-sheet history.
Palaeogeography, Palaeoclimatology and Palaeoecology, **38**: 185–206.

MÖRNER, N.-A., & C. SYLWAN (1989):
Magnetostratigraphy of the Patagonian moraine sequence at Lago Buenos Aires.
J. of South American Earth Sciences, **2**: 385–389.

RABASSA, J., & C. M. CLAPPERTON (1990):
Quaternary glaciations of the Southern Andes.
Quaternary Science Reviews, **9**: 153–174.

SCHELLMANN, G. (1998):
Andine Vorlandvergletscherungen und marine Terrassen – ein Beitrag zur jungkänozoischen Landschaftsgeschichte Patagoniens (Argentinien).
Essener Geogr. Arbeiten [im Druck].

SCHELLMANN, G., u. G. WENZENS (1996): Jungquartäre Morphodynamik im Bereich des Lago Argentino und Lago Viedma (Patagonien) – erste Ergebnisse. Bamberger Geographische Schriften, **15**: 144–166.

SCHELLMANN, G., SCHWAN, H., RADTKE, U., u. G. WENZENS (1998): Marine Terrassen und ihre Erfassung in Satellitenbildern verschiedener Aufnahmesysteme am Beispiel von Bahía Bustamante (Patagonien). In: GOSSMANN, H. [Hrsg.]: Patagonien und Antarktis. Geofernerkundung mit ERS-1-Radarbildern. Gotha, 85–100. = PGM, Ergänzungsheft, **287**.

STINGL, H., u. K. GARLEFF (1984): Tertiäre und pleistozäne Reliefentwicklung an der interozeanischen Wasserscheide (Gebiet von Río Turbio, Argentinien). Berliner Geogr. Abh., **36**: 113–118.

WARREN, C., & D. SUGDEN (1993): The Patagonian Icefields: A Glaciological Review. Arctic and Alpine Research, **25:** 316–331.

WENZENS, G., & E. WENZENS (1998): Late Glacial and Holocene glacier advances in the area of Lago Viedma (Patagonia, Argentina). Zbl. Geol. Paläont., Teil I [in Vorbereitung].

WENZENS, G., WENZENS, E., & G. SCHELLMANN (1996): Number and types of the piedmont glaciations east of the Central Southern Patagonian Icefield. Zbl. Geol. Paläont., Teil I (7/8): 779–790.

WENZENS, G., WENZENS, E., & G. SCHELLMANN (1997): Early Quarternary genesis of glacial and aeolian forms in semi-arid Patagonia (Argentina). Zeitschr. Geomorph., N. F., Suppl.-Bd., **111**: 131–144.

Untersuchung der Dynamik und Thermodynamik von Polynien im Weddellmeer durch Zusammenschau von SAR-Daten, meteorologischen Daten und In-situ-Messungen

Rainer Roth, Rüdiger Brandt, Olaf Schulze u. Marcus Thomas

Summary:
Dynamics and thermodynamics of polynyas in the Weddell Sea derived from SAR data, meteorological data and in situ measurements

During the antarctic winter, SAR data from the European Remote Sensing Satellite ERS-1 are used to investigate sea ice dynamics and thermodynamic processes over open water areas (Polynyas and Leads) in the Weddell Sea. Most of the results have to rely on the additional use of meteorological data (ECMWF and in-situ-measurements) for interpretation because meteorological parameters modify the surface structure which controls the radar backscattering. Sea ice classification using SAR data allows to distinguish between open water, smooth first year ice, rough first year ice, multi year ice, icebergs and ice shelf. – The backscatter coefficient for smooth open water regions is $\sigma_0 = -20$ dB, for first year ice $\sigma_0 = -14$ dB, for multi year ice $\sigma_0 = -8$ dB, and for icebergs and ice shelf $\sigma_0 = -1$ dB. Differential properties of the icedrift velocity field are analysed using velocity fields which are computed from two SAR pictures made from the same area with a time lag of 8 h 12 min.

Zusammenfassung:

Die Nutzung von SAR-Daten des Europäischen Fernerkundungssatelliten ERS-1 für die Untersuchung der Meereisdrift und thermodynamischer Vorgänge über offenen Wasserflächen (Polynien und Rinnen) im Weddellmeer während des antarktischen Winters zeigt erst unter Hinzunahme meteorologischer Daten (EZMW-Daten und In-situ-Messungen) eindeutig interpretierbare Ergebnisse, da die Oberflächenstruktur, die die Intensität des zurückgestreuten Radarsignals bestimmt, von diesen Größen beeinflußt wird. Eine Meereisklassifikation mit Hilfe von SAR-Bildern unterscheidet zwischen offenem Wasser, erstjährigem glattem Eis, erstjährigem rauhem Eis, mehrjährigem Eis und Eisbergen bzw. Schelfeis. – Typische Rückstreukoeffizienten ergeben für glatte Wasseroberflächen $\sigma_0 = -20$ dB, für erstjähriges Eis $\sigma_0 = -14$ dB, für mehrjähriges Eis $\sigma_0 = -8$ dB und für Eisberge und Schelfeis $\sigma_0 = -1$ dB. Mit Hilfe von Eisdriftgeschwindigkeitsfeldern, die aus zwei SAR-Bildern desselben Gebietes ermittelt werden konnten, können auch differentielle Eigenschaften des Eisbewegungsfeldes analysiert werden.

1. Einleitung

Fernerkundung mit verschiedenen Satellitensensoren ermöglicht eine großflächige kontinuierliche Beobachtung von Oberflächenzuständen und deren Veränderungen in nahezu allen Bereichen der Erde. Die Verbindung von Satellitenbilddaten und meteorologischen Analysen des Europäischen Zentrums für mittelfristige Wettervorhersage (EZMW) gestattet, die Meereisdynamik großflächig zu beschreiben. Die SAR-Bilder des Europäischen Fernerkundungssatelliten ERS-1 eignen sich aufgrund ihrer hohen räumlichen Auflösung und wegen der Unabhängigkeit der Beobachtungen von den Bewölkungsverhältnissen zu diesem Zweck ganz besonders.

Die Kryosphäre der Erde nimmt eine Gesamtfläche von etwa $6 \cdot 10^7$ km^2 ein, die einem jahreszeitlich bedingten Wandel unterworfen ist. Jahreszeitliche Änderungen der Eisbedekkung bedingen Änderungen der Oberflächenalbedo und der Oberflächenrauhigkeit und isolieren den Ozean zeitweise von der Atmosphäre. Sie bewirken den Eintrag von Salzlauge in den oberen Ozean während der Gefrierprozesse bzw. wirken als Quelle für Süßwasser beim Schmelzen. Außerdem beeinflußt die Eisbedeckung

- die Energiebilanz an der Oberfläche,
- die turbulenten Austauschprozesse von Wärme und Impuls zwischen Ozean und Atmosphäre,
- die unter ozeanographischen Gesichtspunkten wichtige vertikale Durchmischung des Ozeans,
- die Produktion kalten Tiefenwassers,
- die Salzgehaltsverteilung in polaren Meeresgebieten.

Eine wichtige Rolle für die Koppelung zwischen Ozean und Atmosphäre spielen offene Wasserflächen wie Polynien und Rinnen (engl.: Leads). Ihre Bedeutung hinsichtlich der Atmosphäre liegt darin, daß an ihren Oberflächen über turbulente Flüsse erhebliche Mengen von Wasserdampf und Wärme an die Atmosphäre abgegeben werden. Dies ist insbesondere im Winter von Bedeutung, da die Temperaturdifferenz zwischen Meeresoberfläche und Atmosphäre in dieser Jahreszeit maximal wird. Darüber hinaus haben Polynien einen erheblichen Einfluß auf die Massenbilanz des Meereises und auf die Struktur der ozeanischen Deckschicht.

Abbildung 1
Definition der Geschwindigkeitsvektoren und Winkel sowie der flächenbezogenen Kräfte, die an einer Eisscholle angreifen. Die Kräfte haben die Dimension N/m^2.
Definition of the vectors of the ice velocity, angles, and forces acting on an ice floe. The dimension of the forces is N/m^2.

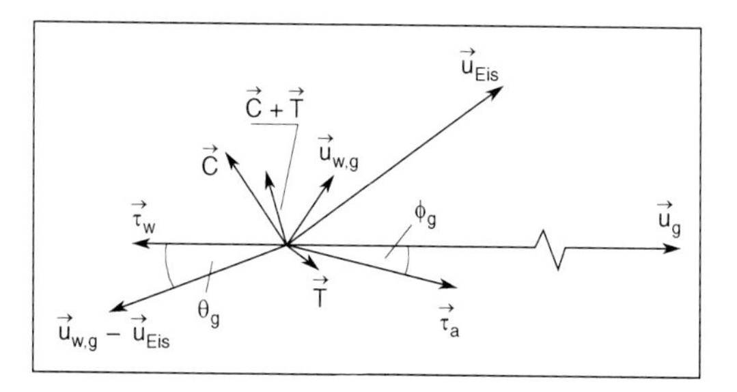

2. Atmosphärischer Antrieb der Meereisdrift

Die Untersuchung der Dynamik und Thermodynamik von offenen Wasserflächen im antarktischen Meereisbereich ist zum einen an die Analyse der Eisbedeckung und Eisbewegung mittels SAR-Daten gebunden, zum anderen an die physikalische Beschreibung und Interpretation der Bewegungsvorgänge, die durch den atmosphärischen und ozeanischen Antrieb hervorgerufen werden. Die Bewegung der im Mittel etwa einen Meter dicken Eisschollen wird in erster Linie durch den atmosphärischen Antrieb verursacht; ozeanischer Antrieb hingegen ist für das Driftverhalten von Eisbergen, die nur mit ca. 1/7 ihrer Gesamtmasse aus dem Wasser ragen, entscheidend.

Die Drift des Meereises wird durch den windinduzierten Schubspannungseintrag an der Eisoberseite gesteuert. Entstehen dabei divergente Eisbewegungen, kommt es zur Bildung oder Aufrechterhaltung offener Wasserflächen (Polynien oder Rinnen) im Packeis; wann diese wieder überfrieren, hängt von den meteorologischen Randbedingungen ab. Physikalisch wird die Meereisdrift durch die Bewegungsgleichung für das Eis beschrieben, die sich bei Vernachlässigung interner Spannungen und bei stationären Verhältnissen, d. h. nach Abschluß der Beschleunigungsphase, wie folgt schreiben läßt:

$$-m \cdot f \cdot \vec{k} \times \vec{u}_{Eis} + \vec{\tau}_a + \vec{\tau}_w - m \cdot g \cdot \nabla H = 0 \quad (1).$$

In dieser Gleichung ist m die Masse des Eises pro Fläche, f der Coriolisparameter und g die Schwerebeschleunigung. Der erste Term auf der linken Seite ist die Corioliskraft $\vec{C}$, $\vec{\tau}_a$ die Windschubspannung, $\vec{\tau}_w$ die Wasserschubspannung, und der vierte Term auf der linken Seite der Gleichung beschreibt die Kraft $\vec{T}$ auf das Eis, die aus der Neigung der Meeresoberfläche resultiert (Coon 1980; vgl. Abb. 1).

Die Windschubspannung läßt sich unter der Voraussetzung, daß der Betrag der Windgeschwindigkeit sehr viel größer ist als der Betrag der Eisdrift, schreiben als:

$$\vec{\tau}_a = \rho_a \cdot c_{a,g} \cdot |\vec{u}_g| \cdot \vec{u}_g \cdot D_{\phi,g} \qquad (2).$$

Die Schubspannung an der Eisunterseite ergibt sich zu

$$\vec{\tau}_a = \rho_w \cdot c_{w,g} \cdot |\vec{u}_{w,g} - \vec{u}_{Eis}| \cdot (\vec{u}_{w,g} - \vec{u}_{Eis}) \cdot D_{\theta,g} \qquad (3),$$

wobei ρ_L und ρ_W die Dichten für Luft bzw. für Wasser sind. Die Drehmatrix $D_{\phi,g}$ ist definiert als

$$D_{\phi,g} = \begin{pmatrix} \cos\phi_g & \sin\phi_g & 0 \\ -\sin\phi_g & \cos\phi_g & 0 \\ 0 & 0 & 1 \end{pmatrix} \qquad (4)$$

und die Drehmatrix $D_{q,g}$ analog zu Gleichung 4 für den Winkel θ_g. Die Matrizen beschreiben die Ablenkwinkel des Eisdriftvektors gegenüber dem geostropischen Wind bzw. der geostrophischen Ozeanströmung und sind in Abbildung 1 dargestellt. Der Winkel θ_g, der von der Rauhigkeitslänge an der Eisunterseite $z_{0,Eis}$ abhängt, beträgt nach McPhee (1979) zwischen 21° ($z_{0,Eis}$ = 6 cm) und 24° ($z_{0,Eis}$ = 12 cm). Engelbart (1992) bestimmte diesen Winkel zu 20°. Die Variablen $c_{a,g}$ und $c_{w,g}$ sind die geostrophischen Schubspannungskoeffizienten an der Grenzfläche Eisoberfläche/Atmosphäre bzw. Eisunterseite/Ozean. Hibler (1979) verwendet in seinem Modell für $c_{a,g}$ einen Wert von $c_{a,g} = 1{,}2 \cdot 10^{-3}$ und für $c_{w,g}$ einen Wert von $c_{w,g} = 5{,}5 \cdot 10^{-3}$. McPhee (1979) benutzt für $c_{w,g}$ einen Wert von $5{,}4 \cdot 10^{-3}$.

3. Die Daten des Europäischen Zentrums für mittelfristige Wettervorhersage (EZMW)

Zur Bestimmung der Schubspannung an der Eisoberseite werden Gitterpunktdaten der globalen meteorologischen Analysen des Europäischen Zentrums für mittelfristige Wettervorhersage verwendet. Das EZMW-Modell hat eine

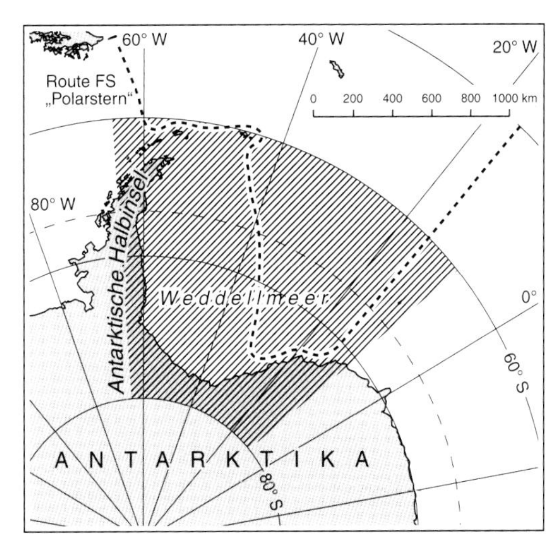

Abbildung 2
Geographische Begrenzung der verwendeten Daten des EZMW-Modells. Eingezeichnet ist die Fahrtroute des FS „Polarstern“ während der Winter-Weddell-Gyre-Study 1992.
Geographical boundary of data supplied from the ECMWF model. The course of RV "Polarstern" during the Winter-Weddell-Gyre-Study 1992 is shown.

Gitterpunktauflösung von 1,125° × 1,125° und liefert Felddarstellungen verschiedener meteorologischer Größen in bestimmten Druck- bzw. Höhenniveaus.

Die Analysen werden viermal täglich zu den synoptischen Hauptterminen (00, 06, 12 und 18 UTC) erstellt. Abbildung 2 zeigt in einem Kartenausschnitt die Bereiche der Antarktis und angrenzender Gebiete, für die Gitterpunktdaten beschafft worden sind. Die Eckkoordinaten sind 80° S, 65° W im Südwesten des Feldes und 60° S, 9° E im Nordosten des Feldes. Für den Zeitraum vom 1. Mai 1992 bis zum 31. August 1992 liegen folgende Bodendatensätze vor:

- Oberflächentemperatur,
- Lufttemperatur in 2 m Höhe,
- Luftdruck am Boden,
- u- und v-Komponente der Windgeschwindigkeit in 10 m Höhe,
- Oberflächenrauhigkeit und Albedo,
- turbulente Flüsse fühlbarer und latenter Wärme,
- die Komponenten der Schubspannung.

Aus dem 1000-hPa-, 925-hPa- und 850-hPa-Niveau werden folgende Datensätze zur Analyse benutzt:

- Geopotential,
- Lufttemperatur,
- u-, v-, w-Komponenten der Windgeschwindigkeit.

Die Albedo α und die Oberflächenrauhigkeit z_0 sind im EZMW-Modell auf konstante Werte gesetzt, bei denen im Weddellmeer nur zwischen Meereis und offenem Ozean unterschieden wird, unterschiedliche Eisbedeckungsgrade jedoch nicht berücksichtigt werden. Die Oberflächentemperaturen basieren auf klimatologischen Daten, so daß diese Werte nicht zur Berechnung von aktuellen Wärmeflüssen herangezogen werden können. Ein Vergleich der Druckfeldanalysen des EZMW-Modells mit den Analysen der Bordwetterwarte auf dem FS „Polarstern" zeigt hingegen eine gute Übereinstimmung.

3.1. Interpretation der SAR-Szenen mittels EZMW-Analysen

Die Radarrückstreueigenschaften einer Oberfläche sind von der Struktur der Oberfläche ab-

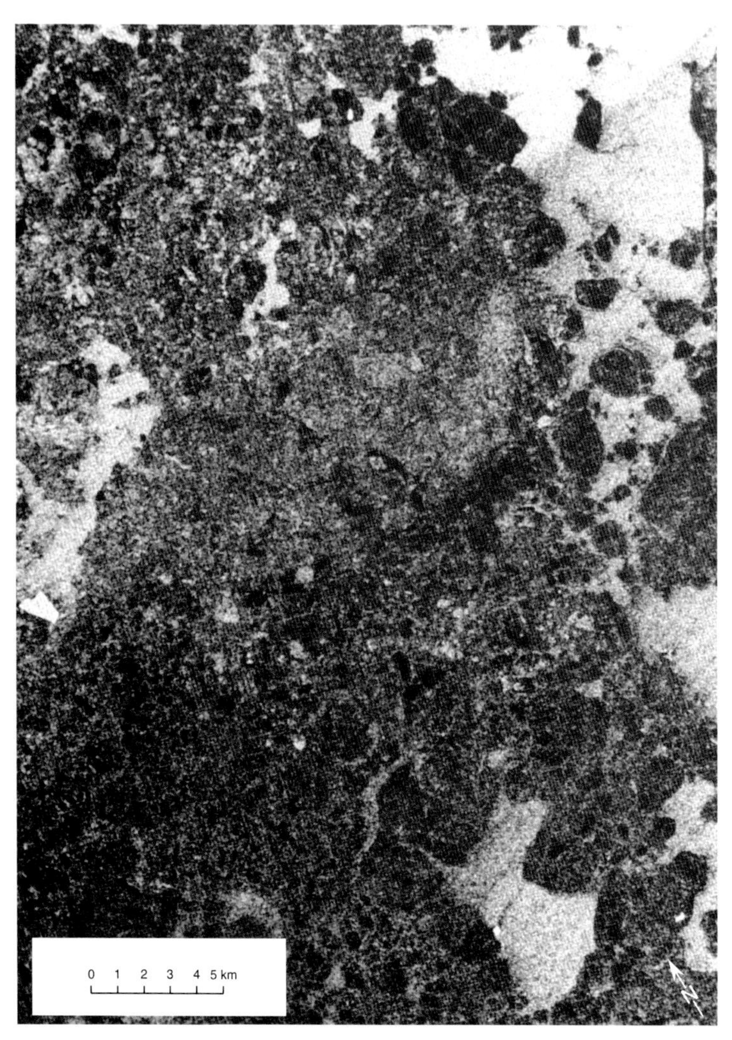

Abbildung 3
SAR-PRI-Bild des ERS-1 vom 26. 7. 1992, 11:50 UTC; Bildgröße 28 km × 49 km; Zentrumskoordinaten: 61,2° S, 42,0° W
ERS-1 SAR-PRI-image from July, 26th, 1992 at 11:50 UTC; Size 28 km × 49 km; Center coordinates: 61.2° S, 42.0° W

hängig. Die Oberflächenstruktur einer Wasseroberfläche wird durch den Einfluß des Windes stark verändert, da die geometrische Rauhigkeit der Wasseroberfläche durch Wellenbildung zunimmt. Dies hat Auswirkungen auf die Intensität des rückgestreuten Radarsignals. So erscheint eine Wasseroberfläche bei hohen Windgeschwindigkeiten aufgrund der größeren geometrischen Rauhigkeit auf SAR-Bildern als helle, homogene Fläche, während bei geringen Windgeschwindigkeiten eine Wasseroberfläche auf den SAR-Bildern dunkel wiedergegeben wird. Abbildung 3 zeigt eine SAR-PRI-Szene des ERS-1 aus dem nordwestlichen Weddellmeer vom 26. Juli 1992, 11:50 UTC. Das Zentrum der Aufnahme liegt bei 61,2° S, 42,0° W; die Aufnahme deckt eine Fläche von 28 km × 49 km ab. In der stark strukturierten Fläche fallen drei hellgraue, feinkörnig gemusterte Bereiche besonders auf, bei denen es sich um offenes Wasser handelt. Sie liegen im Südosten, im Nordosten und im Westen des Aufnahmebereiches. Die Gesamtfläche der eisfreien Wasseroberflächen beträgt 168 km^2, d. h. 12 % der Gesamtfläche des Bildes. Der Einfluß des Windes zeigt sich besonders deutlich an der im Südosten des Aufnahmebereiches liegenden offenen Wasserfläche. Im Lee eines als heller Punkt erscheinenden Eisberges ist der nach Nordosten gerichtete Windschatten deutlich über die gesamte Länge der offenen Wasserfläche als dunkelgrauer länglicher Streifen erkennbar, während die restliche Fläche eine hohe Reflektivität aufweist.

Die Verifizierung dieser Interpretation erfolgt durch Hinzunahme der meteorologischen Felder für den entsprechenden Aufnahmetermin. Abbildung 4 zeigt das Isohypsenfeld des 850-hPa-Niveaus vom 26. 7. 1992, 12 UTC, und die Windvektoren in 10 m Höhe. Die Lage des SAR-Bildes ist durch ein schwarzes Rechteck gekennzeichnet. Ein Tiefdruckgebiet über dem Ostteil des zentralen Weddellmeeres beeinflußt das betrachtete Gebiet. Der Bereich des SAR-Bildes liegt in einer nordwestlichen Strömung mit Windgeschwindigkeiten um 14 m s^{-1} in 10 m Höhe.

Das Beispiel macht deutlich, daß erst die Verbindung der SAR-Daten mit meteorologischen Feldern zu einer eindeutigen Interpretation der SAR-Bilder hinsichtlich der Eisbedeckung führt.

Abbildung 4
Isohypsenfeld in 850 hPa (oben) und Windvektoren in 10 m über Grund (unten) vom 26. 7. 1992, 12 UTC, aus EZMW-Analyse. Das schwarze Rechteck kennzeichnet die geographische Lage des SAR-Bildes (Abb. 3).
Field of contour lines at 850 hPa (above) and wind vectors at 10 m a. g. l. (below) of July, 26th, 1992, 12 UTC (ECMWF data). The black-coloured rectangle shows the location of the SAR-image (Fig. 3).

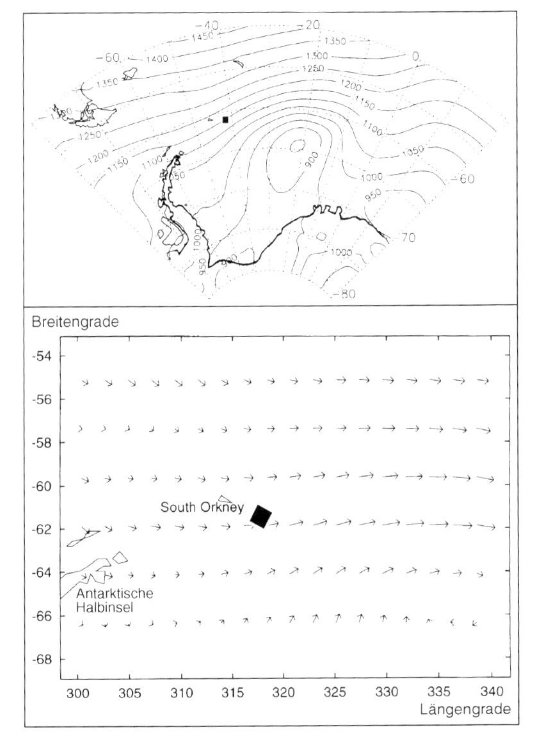

4. ERS-1-SAR-Bilder

Die Untersuchungen stützen sich auf einen Satz von ERS-1-SAR-Bildern, die im Juli 1992 von der deutschen SAR-Empfangsstation O'Higgins (Antarktische Halbinsel) empfangen wurden. Zur selben Zeit befand sich das deutsche Forschungsschiff „Polarstern" im Rahmen der Winter-Weddell-Gyre-Study 1992 (Lemke 1994) auf einem von der deutschen Neumayer-Forschungsstation bis zur Antarktischen Halbinsel führenden Meridionalschnitt durch das Wed-

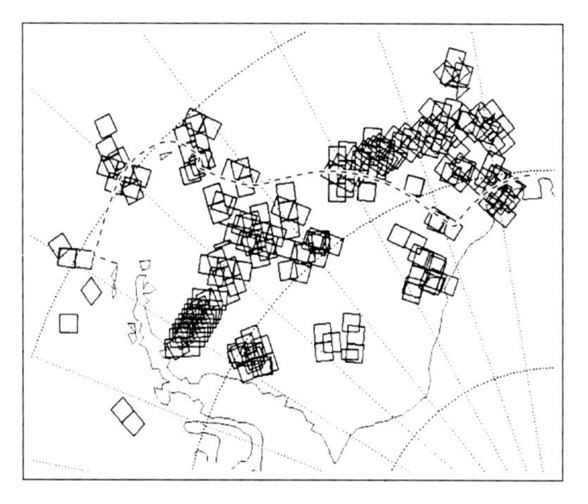

Abbildung 5
Die Lage der untersuchten SAR-Bilder im Bereich des Weddellmeeres. Gestrichelte Linie: „Polarstern"-Fahrtroute im Juli 1992
Location of the SAR-images analysed in the Weddell Sea. Dashed line: Cruise track of RV "Polarstern" in July 1992

dellmeer. Zu dieser Zeit wurde der ERS-1 in einem 35-Tage-Orbit betrieben; dies bedeutet, daß die Überflugstreifen des Satelliten nach jeweils 35 Tagen deckungsgleich sind. Im 3-Tage-Abstand erfolgen jeweils um ca. 80 km nach Westen versetzte Überflüge (3-Tage-Suborbit).

Abbildung 6
Abhängigkeit des Rückstreukoeffizienten σ_0 von der bodennahen Lufttemperatur für erstjähriges und mehrjähriges Meereis
Backscattering coefficient σ_0 as a function of near-surface air temperature for first year and multi year sea ice

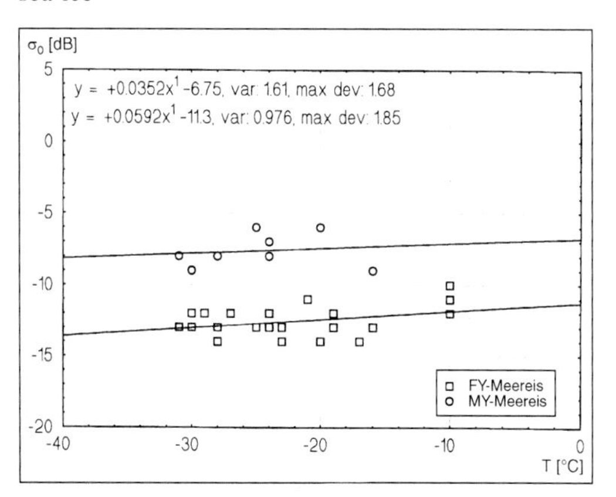

Insgesamt wurden 250 SAR-Bilder analysiert. Bei der Auswahl der Bilder wurden folgende Kriterien berücksichtigt:

- räumliche Nähe der „Polarstern"-Fahrtroute,
- möglichst komplette Abdeckung des Weddellmeeres in einem Ost-West-Schnitt,
- zur Untersuchung der Eisdynamik sollten möglichst zahlreiche, zeitlich kurz aufeinanderfolgende Paare von Bildern zur Verfügung stehen,
- die Szenen sollten Informationen über Polynien und Rinnen enthalten.

Der gesamte Datensatz aus dem Bereich des Weddellmeeres ist in Abbildung 5 dargestellt.

4.1. SAR-Daten-Analyse

Um eine quantitative Aussage über die Energiebilanz zwischen Ozean und Atmosphäre zu erhalten, muß ein Algorithmus bereitgestellt werden, der die Unterscheidung der Rückstreusignaturen von offenem Wasser und meereisbedeckten Gebieten ermöglicht. Dies ist beim SAR-Verfahren nicht unproblematisch, da junge, undeformierte Eisschollen sowie dünne Eishäute (Nilas) eine Rückstreuung verursachen, die der einer glatten Meeresoberfläche gleicht. Diese Unterscheidung ist sehr wichtig, da im antarktischen Winter der Wärmestrom von der Meeresoberfläche in die atmosphärische Grenzschicht hinein um mehr als eine Größenordnung höher ist als über jungem Eis, das wie ein Isolator wirkt. Über dickerem (> 1 m) Packeis bestimmen bereits Offenwassergebiete mit einem Flächenanteil von 1 % die Thermodynamik (BADGLEY 1966).

Das Problem kann gelöst werden, wenn man in Betracht zieht, daß Meeresoberflächen einen von der Windgeschwindigkeit (in geringerem Maße auch von der Windrichtung) abhängigen Rückstreuquerschnitt aufweisen, weil die geometrische Oberflächenrauhigkeit mit zunehmender Windgeschwindigkeit steigt. Diese Tatsache wird z. B. von einem ebenfalls an Bord des ERS-1 befindlichen Scatterometer genutzt, um durch Messungen der Oberflächenreflektivität des Meeres den Windvektor zu bestimmen (VASS u. BATTRICK 1992). In der untersuchten Mittwinterperiode ist eine Unterscheidung von

Offenwasserflächen (OW), dünnem Neueis und Nilas (N), einjährigem (FY, first-year) und mehrjährigem (MY, multi-year) Meereis möglich. Steigen die Lufttemperaturen jedoch bis in die Nähe des Gefrierpunktes, ist die Unterscheidung zwischen OW und FY problematisch, da die Rückstreuung des Eises insbesondere oberhalb von –10 °C mit der Temperatur zunimmt (DIERKING 1992). Um dies zu verifizieren, wurden die Rückstreuquerschnitte von deutlich identifizierbaren Bereichen von FY- und MY-Meereis in Beziehung zu Oberflächentemperaturen gesetzt, die durch Interpolation von Temperaturmessungen meteorologischer Driftbojen ermittelt wurden. In den hier untersuchten Fällen ist dieser Trend zu höherer Rückstreuung bei höheren Temperaturen zu erkennen, der jedoch nicht sehr signifikant ausfällt, da in allen betrachteten Fällen die Lufttemperatur unter –10 °C liegt (Abb. 6). So nimmt der Rückstreukoeffizient im Temperaturintervall von –30 °C bis –10 °C lediglich um 1,3 dB (FY) bzw. 1,7 dB (MY) zu, was jeweils weniger als dem Zweifachen der Varianz der Rückstreuung entspricht.

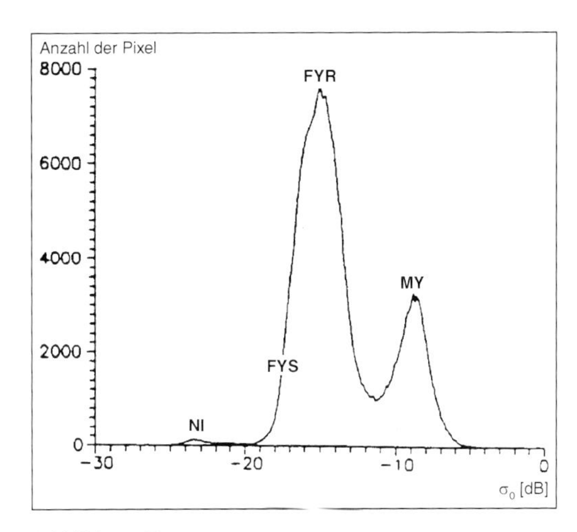

Abbildung 7
Histogramm einer simulierten ERS-1-SAR-Meereis-Szene. Die Maxima der verschiedenen Eistypen sind deutlich getrennt (MY: mehrjähriges Eis; FYR: deformiertes einjähriges Eis mit hoher Oberflächenrauhigkeit; FYS: ebenes einjähriges Eis; NI: Neueis/offenes Wasser bei geringen Windgeschwindigkeiten). Aus KWOK et al. (1992)
Histogram of a simulated ERS-1 SAR sea ice image. The peaks of the different ice types are well separated (MY: multi-year ice; FYR: rough deformed first-year ice; FYS: smooth first-year ice; NI: new ice/open water under calm conditions). From KWOK et al. (1992)

4.2. Radiometrische Auflösung

Die SAR-PRI-Bilder haben eine radiometrische Auflösung von 16 Bit, d. h., die Pixelwerte stammen aus dem Wertebereich $0 \leq p \leq 65535$, was einem Wertebereich des Rückstreukoeffizienten von –58,2 bis +38,1 dB entspricht. Ein Rückstreukoeffizient von $\sigma_0 = 0$ dB entspricht dabei dem Pixelwert p = 825 (LAUR 1992). Höhere Werte treten dabei vor allem bei Landoberflächen auf. Von den untersuchten Eisstrukturen erreichen nur Eisberge solch hohe σ_0-Werte. Die ursprünglichen Pixelwerte P_0 werden daher transformiert gemäß

$$P_1 = 0{,}2 \cdot P_0 \quad \text{für} \quad 0 \leq P_0 \leq 1275;$$
$$P_1 = 255 \quad \text{für} \quad P_0 > 1275.$$

Damit werden sowohl die radiometrische Auflösung als auch der Wertebereich reduziert. Der reduzierte Wertebereich ergibt sich nunmehr zu $0 \leq P_1 \leq 255$ (8 Bit), entsprechend einer Rückstreuung zwischen –58,2 dB und +3,9 dB. Sowohl theoretische Arbeiten mit synthetischen ERS-1-SAR-Daten (KWOK et al. 1992) als auch unsere eigenen Untersuchungen haben gezeigt, daß diese Reduzierung der radiometrischen Auflösung keinen Einfluß auf die korrekte Klassifikation von Eisstrukturen hat. So beträgt z. B. bei einjährigem Eis mit einem typischen Maximum der σ_0-Verteilung bei –16 dB die Halbwertsbreite der Verteilung ca. 4 dB (Abb. 7), die radiometrische Auflösung liegt nach Datenreduktion in diesem Intervall dagegen lediglich bei 0,35 dB.

4.3. Geometrische Auflösung

Die SAR-PRI-Bilder liegen in einem Pixelraster mit einer Bodenauflösung von 12,5 × 12,5 m² vor, die „wirksame" Auflösung liegt bei 30 m. Für die vorliegende Untersuchung ist eine Auflösung im 100 × 100-m²-Raster ausreichend, da bei einer eindeutigen Klassifikation aller die-

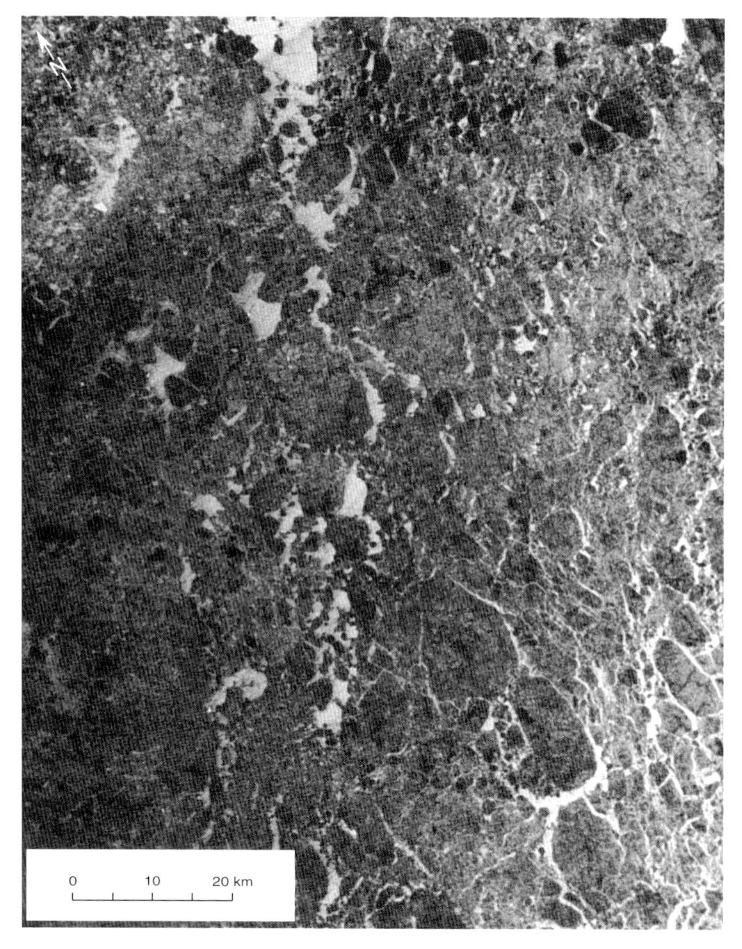

Abbildung 8
SAR-PRI-Bild vom 26. Juli 1992. Zentrumskoordinaten: 61° S, 42° W. Größe der Szene: 96 km × 104 km. Da hohe Windgeschwindigkeiten herrschen, erscheinen Offenwasserflächen heller als das Meereis.
SAR-PRI-image of July, 26th, 1992. Position is 61° S, 42° W. Size of the image: 96 km × 104 km. Due to high wind velocities the open water regions are brighter than the sea ice.

ser 10 000-m^2-Teilflächen eines SAR-Bildes (Gesamtfläche ca. 10 000 km^2) eine relative Genauigkeit in der Flächenbestimmung von 10^{-6} erreicht wird. Daher kann man die SAR-PRI-Bilder vor Bestimmung von Flächenstrukturen auf ein Achtel in Länge und Breite verkleinern. Insgesamt erreichen wir eine Reduzierung des Datenvolumens um den Faktor 128; es ergibt sich somit die handhabbare Dateigröße von ca. 1 MByte pro SAR-PRI-Bild.

Im folgenden wird als Beispiel die Analyse des oben bereits ausschnittsweise gezeigten SAR-Bildes dargestellt. Die behandelte Szene wurde am 26. 7. 1992 bei 61° S, 42° W aufgenommen (Abb. 8). Die Pixelwert-Histogramme vor und nach der Datenreduktion sind in den Abbildungen 9 und 10 dargestellt. Die Windgeschwindigkeit beträgt nach den EZMW-Analysen 14,4 ms^{-1}, was eine geometrisch rauhe Wasseroberfläche und damit eine starke Rückstreuung verursacht. Wasserflächen erscheinen daher heller als das Meereis. Ein Profil (Schnitt entlang einer Bildzeile) durch den oberen Teil der Szene zeigt, daß sich die Pixelwertbereiche der Meereis- und OW-Gebiete teilweise überlappen (Abb. 11). Auf die Bilddaten wird daher ein Medianfilter mit einer Fenstergröße von 5 × 5 Pixel angewendet; man erreicht dadurch eine Glättung der Pixelstruktur. Die Wertebereiche von Meereis- und OW-Gebieten sind daraufhin disjunkt (Abb. 12), wobei die Rückstreukoeffizienten von Wasser und Meereis um $\sigma_0 = -4{,}5$ dB bzw. $\sigma_0 = -7{,}5$ dB zentriert sind. Durch Hoch-, Tief- oder Bandpässe werden Regionen mit bestimmten Wertebereichen ausgeblendet, und deren Flächeninhalt wird bestimmt (Abb. 13). Man

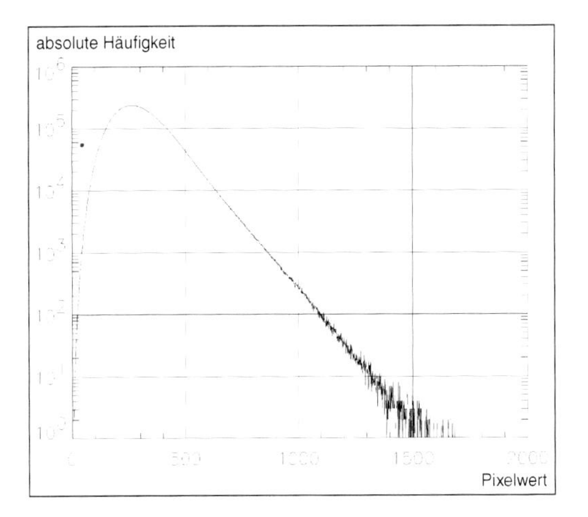

Abbildung 9
Histogramm des Original-SAR-PRI-Bildes (130 MBytes). Der größte noch signifikante Pixelwert beträgt ca. $P_0 = 1700$ ($\sigma_0 = 6{,}3$ dB). Das lokale Extremum bei $P_0 = 7$ ($\sigma_0 = -41$ dB) gehört zu den Gebieten mit sehr ebenem Neueis (Nilas).
Histogram of the original SAR-PRI-image (130 MBytes). The maximum significant pixel value is $P_0 = 1700$ ($\sigma_0 = 6.3$ dB). The peak at $P_0 = 7$ ($\sigma_0 = -41$ dB) represents very smooth areas of young ice (nilas).

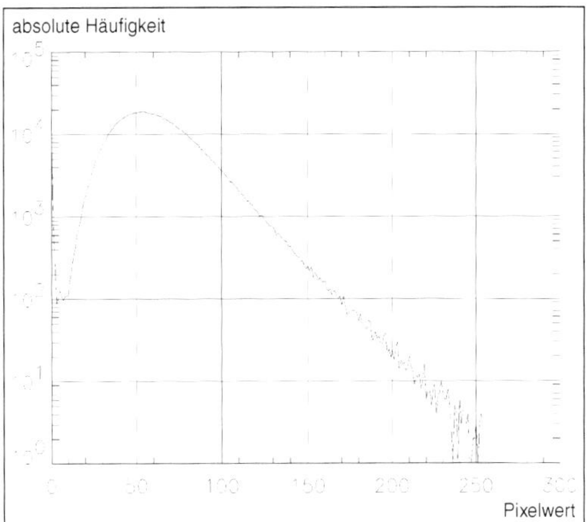

Abbildung 10
Histogramm des SAR-PRI-Bildes nach Datenreduktion. Nach Reduzierung von radiometrischer und geometrischer Auflösung beträgt die Bilddateigröße ca. 1 MByte.
Histogram of the SAR-PRI-image after data reduction. After reduction of radiometric and geometric resolution the image data amounts to approximately 1 MByte.

Abbildung 11
Profil des SAR-Bildes entlang einer Datenzeile. Die Wertebereiche der verschiedenen Oberflächenstrukturen überlappen sich teilweise.
Profile of the SAR-image (one line of data). The pixel values of different surface structures partly overlap.

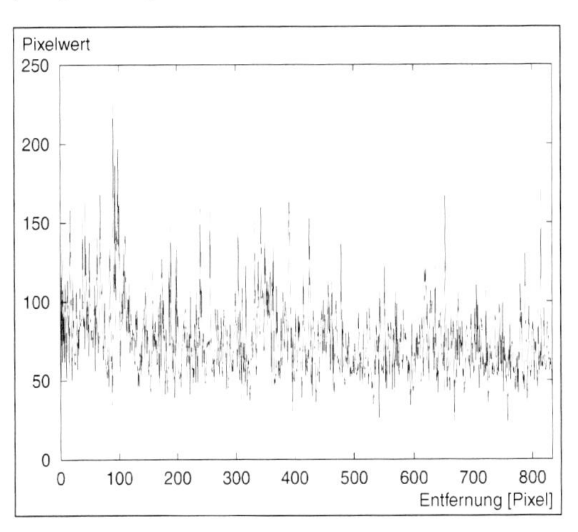

Abbildung 12
Profil der SAR-Szene entlang derselben Datenzeile wie in Abbildung 11 nach Medianfilterung des Bildes. Die Wertebereiche der verschiedenen Eistypen sind disjunkt.
Profile of the same data line as in Fig. 11, after median filtering of the SAR-image. The pixel values of the different surface structures are disjunct.

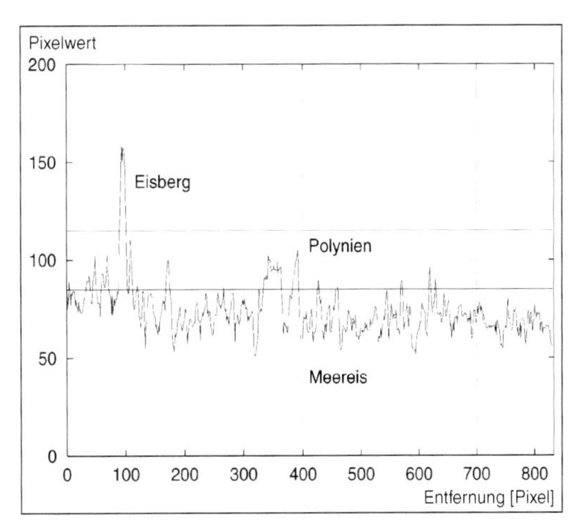

Abbildung 13
Klassifikation der SAR-Szene. Schwarz: Eisberge und sehr rauhes Trümmereis, grau: Offenwassergebiete, weiß: Meereis. Die Gesamtfläche des offenen Wassers beträgt 770 km², das sind 7,7 % des Gesamtbildes. Für die Bandpaßoperation benutzte Grenzwerte: –5,8 dB < σ_0 < –3,1 dB. Da die Lufttemperatur im Aufnahmegebiet –25 °C beträgt, wird der Wärmeübergang in die Atmosphäre durch die Offenwasserflächen dominiert.
Classification of the SAR-image. Black: Icebergs and brash ice; grey: open water; white: sea ice. Total area of open water is 770 km² or 7.7 % of the image area. Threshold values for open water classification: –5.8 dB < σ_0 < –3.1 dB. The air temperature is –25 °C, therefore the heat flux into the atmosphere is controlled by the open water regions.

erhält den Anteil von Offenwasserflächen im Gesamtbild, den man in Beziehung zu Windvektor, Eisdrift und Meeresströmung setzen kann.

5. Meereisklassifikation anhand von SAR-Bildern

Aufgrund der vielfältigen Einflüsse auf die Radarrückstreuung können den verschiedenen Meereistypen keine festen Werte der Rückstreukoeffizienten zugeordnet werden. Daher wurden diese in allen Aufnahmen separat interaktiv ermittelt. Es können aber mittlere, charakteristische Werte angegeben werden: Sowohl der typische Rückstreukoeffizient für mehrjähriges Eis als auch der für Pfannkucheneis liegt bei etwa –8 dB, Eisberge und Schelfeis erscheinen in der Regel sehr hell (–1 dB und höher). Erstjähriges, ebenes Eis weist in den meisten Fällen eine geringere Rückstreuintensität auf (–14 dB). Eine geometrisch glatte Wasseroberfläche hat jedoch eine noch geringere Rückstreuintensität (–20 dB) und erscheint somit auf den SAR-Bildern dunkel.

Im folgenden wird die Klassifikation an einem Beispiel durchgeführt. Detailliertere Analysen finden sich bei ROTH et al. (1994).

Abbildung 14a zeigt einen Ausschnitt aus einer SAR-Szene aus dem südlichen Weddellmeer, in dem im oberen Bereich zahlreiche mehrjährige Eisschollen zu erkennen sind, die eine typische, unregelmäßige Form mit vielen Bruchzonen aufweisen. Die dunkleren Bereiche bestehen dagegen aus erstjährigem Eis. Ein Datenprofil entlang des gekennzeichneten Schnittes durch die SAR-Szene sowie das Histogramm der σ_0-Verteilung sind in den Abbildungen 14c und 14d dargestellt. Wählt man wie hier einen Bildausschnitt so, daß verschiedene Eisstrukturen etwa gleich häufig vertreten sind, so hat die σ_0-Verteilung zwei ausgeprägte relative Ma-

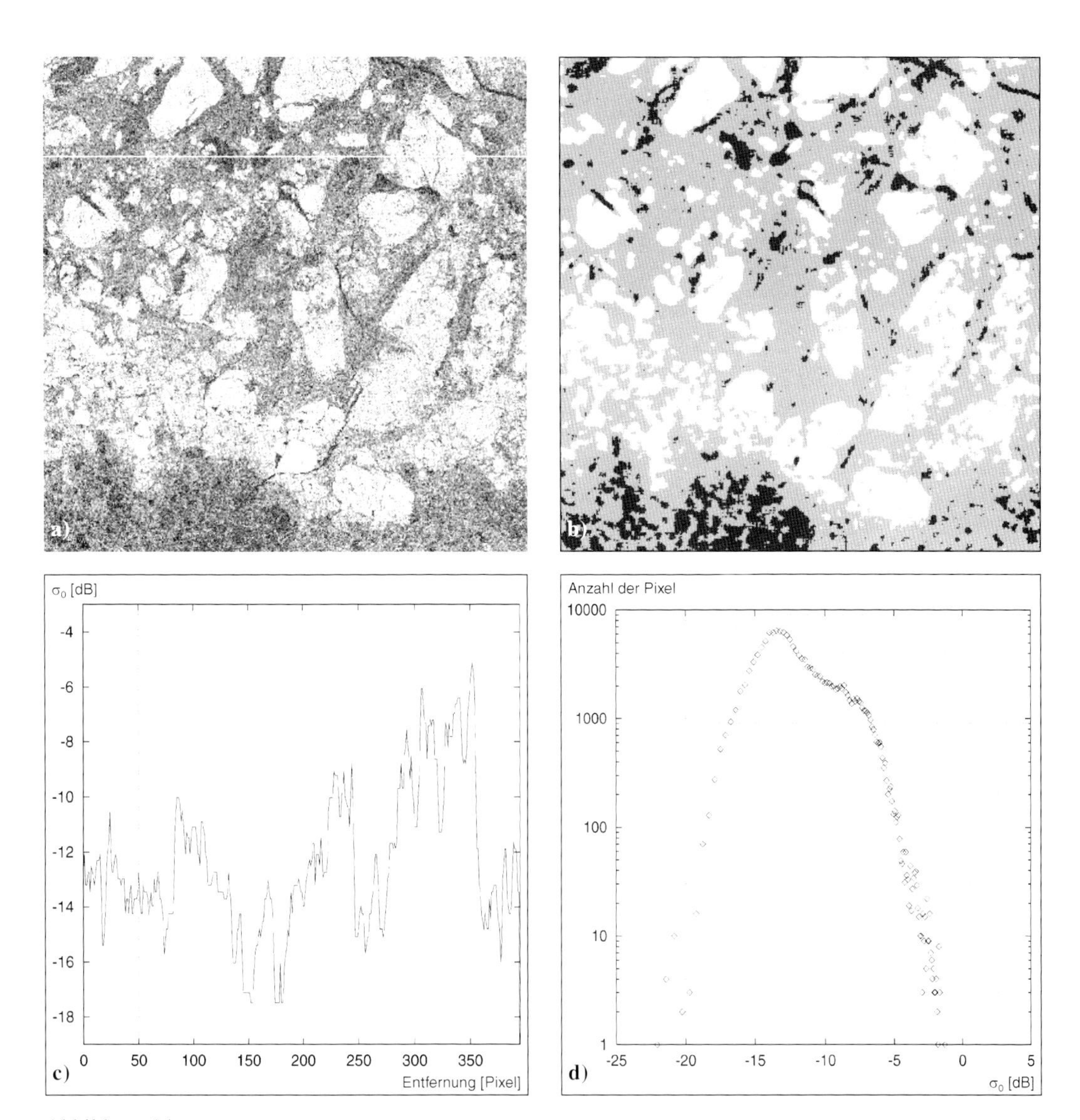

Abbildung 14
ERS-1-SAR-Bild vom 16. 7. 1992. Zentrumskoordinaten: 73,6° S, 42,3° W. Lufttemperatur –20 °C.
a) Standardbild ungefiltert; b) Klassifikation: schwarz: Neueis, grau: erstjähriges Eis, weiß: mehrjähriges Eis; c) Profil des SAR-Bildes nach Medianfilterung; d) Histogramm: relative Extrema bei –13 dB (FY) und –9 dB (MY)
ERS-1 SAR-image of July, 16th, 1992. Center coordinates: 73.6° S, 42.3° W. Air temperature –20 °C.
a) Standard image unfiltered; b) Classification in Nilas (black), FY (grey), and MY (white); c) Horizontal profile within the median-filtered filtered SAR-image; d) Histogram with peaks at –13 dB (FY) and –9 dB (MY)

xima entsprechend dem häufigsten Rückstreukoeffizienten der verschiedenen Eistypen. Nach der Medianfilterung sind diese Maxima noch ausgeprägter und verschieben sich dabei zu geringeren Werten, da Ausreißer vor allem bei hohem σ_0 auftreten. In Abbildung 14d sind relative Maxima der Rückstreuung bei –13 dB und –9 dB zu erkennen.

Eistyp	Flächenanteil [%] beim Grenzwert $\sigma_{0,Grenz}$ [dB]								
	–8,0	–8,5	–9,0	–9,5	–10,0	–10,5	–11,0	–11,5	–12,0
1	2	3	4	5	6	7	8	9	10
Erstjähriges Meereis	87,7	76,4	72,7	69,9	66,7	63,0	58,7	55,3	43,5
Mehrjähriges Meereis	14,8	17,1	20,8	23,6	26,8	30,5	34,8	38,1	49,0

Tabelle 1
Reaktion der relativen Flächenanteile von erst- und mehrjährigem Eis auf eine Abweichung vom idealen Klassengrenzwert $\sigma_{0,Grenz}$ = –10 dB
Behaviour of the relative portions of the area of first-year and multi-year ice due to deviations from the ideal threshold $\sigma_{0,Grenz}$ = –10 dB

Die Klassengrenze zwischen erst- und mehrjährigem Eis ergibt sich anhand des Rückstreuprofils zu σ_0 = –10 dB. Darüber hinaus kann man in diesem Falle zwischen geometrisch rauhem und geometrisch glattem erstjährigem Eis unterscheiden, wobei das glatte erstjährige Eis durch einzelne kleinere Schollen von sehr geringer Rückstreuung (–16 dB und geringer) repräsentiert wird. Das Ergebnis der Klassifikation ist in Abbildung 14b dargestellt.

Anhand dieses Beispiels mit relativ klar voneinander trennbaren Eisstrukturen soll nunmehr untersucht werden, inwieweit sich Unsicherheiten bei der Bestimmung von Klassengrenzen auf das Ergebnis der Segmentation auswirken. Hierzu wird die Klassengrenze zwischen rauhem erst- und mehrjährigem Eis (σ_0 = –10,0 dB) in Schritten von 0,5 dB erhöht bzw. erniedrigt; die sich daraus ergebenden relativen Flächenanteile sind in Tabelle 1 dargestellt. Der Flächenanteil des glatten erstjährigen Eises bleibt dabei konstant bei 6,5 %.

Aus Tabelle 1 ist ersichtlich, daß die Berechnung der relativen Flächenanteile empfindlich auf die Wahl der Klassengrenzen reagiert. So ergibt sich hier bereits bei einer um 0,5 dB höher oder geringer gewählten Klassengrenze eine absolute Änderung des Flächenanteils von ca. 3 %, was bei einer Klasse mit geringem Flächenanteil zu hohen relativen Fehlern führen kann. Die Wahl der korrekten Klassengrenze wird zunehmend unproblematischer, je größer die Differenz der Mediane der Rückstreuung der einzelnen Klassen ist. Die Erfahrung hat gezeigt, daß im allgemeinen das arithmetische Mittel dieser Mediane die beste Wahl für die Klassenbreite darstellt.

6.
Eisdrift und differentielle Eigenschaften der Meereisdrift aus SAR-Analysen

Aus SAR-Bildern des ERS-1, die bei 67° S im zeitlichen Abstand von 8 h 12 min von demselben Gebiet im Weddellmeer gemacht wurden, lassen sich mit Hilfe eines Algorithmus zur Verfolgung von Meereisstrukturen (Fily u. Rothrock 1987) Driftgeschwindigkeiten bestimmen. Die geringe Zeitdifferenz wird durch die Nutzung von auf- und absteigenden Orbits ermöglicht, die sich dort überkreuzen. Man erhält so ein deckungsgleiches Gebiet mit einer Größe von maximal etwa 70 × 70 km^2.

Nach der Umrechnung von Rückstreuintensitäten in Helligkeiten wird durch eine Maximierung der Korrelation von Helligkeitswerten in etwas kleineren Ausschnitten der SAR-Bilder die Verlagerung von Eisstrukturen durch den Algorithmus bestimmt. Aus dem bekannten Zeitabstand zwischen den beiden Aufnahmen ist so die Bestimmung der Driftgeschwindigkeiten möglich. Vorraussetzung ist hierbei, daß der zeitliche Abstand oder die Driftgeschwindigkeit nicht so groß ist, daß wesentliche Teile des Meereises aus dem Beobachtungsgebiet herausdriften. Je nach Driftgeschwindigkeit (z. B. 0,1 m s^{-1}–0,3 m s^{-1}) bewegt sich das Meereis während der oben angegebenen Zeitspanne 3–10 km, so daß bei einer Größe der hier zur Driftbestimmung verwendeten Gebiete von ca. 25,2 × 25,2 km^2 bei einer geometrischen Auflösung von 25 m pro Pixel diese Bedingung erfüllt ist. Der Algorithmus liefert Geschwindigkeitsvektoren mit einer räumlichen Auflösung von 500 m. In den hier beschriebenen Beispielen sind aus Gründen der Übersichtlichkeit Mittelwerte aus jeweils 4 × 4- bzw. 2 × 2-Vektoren dargestellt.

Die Genauigkeit der Bestimmung der Driftgeschwindigkeiten aus SAR-Bildern hängt im wesentlichen von zwei Faktoren ab:

- von der Ungenauigkeit, mit der der Algorithmus Meereisstrukturen lokalisieren kann,
- vom Fehler durch Ungenauigkeiten in der geographischen Zuordnung der Bilder.

Die Ungenauigkeit des Algorithmus wird mit etwa 75 m (entsprechend 3 Pixeln) angegeben (FILY u. ROTHROCK 1987) und hängt von der Konstanz der Oberflächenstruktur ab, da diese mittels Kreuzkorrelationen angepaßt wird. In den SAR-Szenen ist dies nicht immer gegeben, da sich durch die unterschiedlichen Blickrichtungen der SAR-Antenne bei auf- und absteigendem Orbit Strukturen mit bestimmten Vorzugsrichtungen sehr unterschiedlich abbilden können. Der Fehler, der durch Ungenauigkeiten in der geographischen Zuordnung der Bilder entsteht, wird vom Deutschen Fernerkundungs-Datenzentrum (DLR) mit 100 bis 200 m angegeben. Der relative Gesamtfehler in der Driftgeschwindigkeit beträgt somit unter Annahme einer mittleren Driftgeschwindigkeit von ca. 0,1 m s^{-1} bei dem gegebenem Zeitabstand zwischen den SAR-Bildern etwa 9 %. Der absolute Meßfehler beträgt etwa 1 cm s^{-1}. Bei größerem zeitlichem Abstand zwischen den Bildern reduziert sich dieser Fehler. Auf Grund der kurzen Reaktionszeit des Meereises auf den atmosphärischen Antrieb sollte der zeitliche Abstand zwischen zwei Bildern, will man die Bildung und das Schließen von Rinnen oder Polynien untersuchen, möglichst klein gewählt werden. Dies ist insbesondere bei sich rasch verlagernden Druckgebilden zu beachten, wenn die Driftgeschwindigkeit des Meereises innerhalb weniger Stunden starke Änderungen aufweist.

Zur Analyse des auf diese Art und Weise ermittelten Driftgeschwindigkeitsfeldes wird mit der Methode der kleinsten Quadrate an jede Geschwindigkeitskomponente ein Polynom zweiter Ordnung angepaßt:

$$\begin{aligned} u(x,y) &= a_0 + a_1x + a_2y + a_3x^2 + a_4xy + a_5y^2 \\ v(x,y) &= b_0 + b_1x + b_2y + b_3x^2 + b_4xy + b_5y^2 \end{aligned} \qquad (5)$$

x,y: Entfernung vom gewählten Nullpunkt,
$a_{0...5}$,$b_{0...5}$: Koeffizienten der Polynome,
u,v: betrachtete Geschwindigkeitskomponente.

Mit Hilfe des angenäherten Geschwindigkeitsfeldes lassen sich wichtige Eigenschaften des Eisfeldes beschreiben. So sind Translation, Rotation, Divergenz, Deformation sowie kleinräumige Symmetrieeigenschaften bezüglich des Rotations- und Divergenzfeldes ableitbar.

Durch Differentiation der Polynome erhält man die Rotation

$$\zeta = \frac{\delta v}{\delta x} - \frac{\delta u}{\delta y} \qquad (6),$$

die Divergenz

$$D = \frac{\delta u}{\delta x} + \frac{\delta v}{\delta y} \qquad (7),$$

die Dehnungsdeformation

$$def1 = \frac{\delta u}{\delta x} - \frac{\delta v}{\delta y} \qquad (8)$$

sowie die Scherungsdeformation

$$def2 = \frac{\delta v}{\delta x} + \frac{\delta u}{\delta y} \qquad (9).$$

Die differentiellen Größen können aufgrund der erwähnten Fehler des Algorithmus mit einer Genauigkeit von $1 \cdot 10^{-7}$ s^{-1} bestimmt werden. In der Mehrzahl der untersuchten Fälle liegt z. B. die Divergenz unterhalb dieser Genauigkeit (Abb. 19), so daß diese Werte nicht als signifikant angesehen werden können.

Im folgenden wird nun insbesondere das Divergenzverhalten von Meereis anhand von zwei Fallbeispielen untersucht.

6.1. Fallbeispiel: Eisdrift am 25. 7. 1992 bei 67° S und 57° W

Die Abbildungen 15a und 15b zeigen die SAR-Aufnahmen vom 25. 7. 1992 bei 67° S und 57° W, wobei Abbildung 15a um 04:12 UTC und Abbildung 15b um 12:24 UTC aufgenommen wurde. Die Aufnahmen sind eingenordet und umfassen ein Gebiet der Größe von 25,2 × 25,2 km^2. Die geometrische Auflösung beträgt 25 m. Die schwarzen, linienhaften Flächen in den Aufnah-

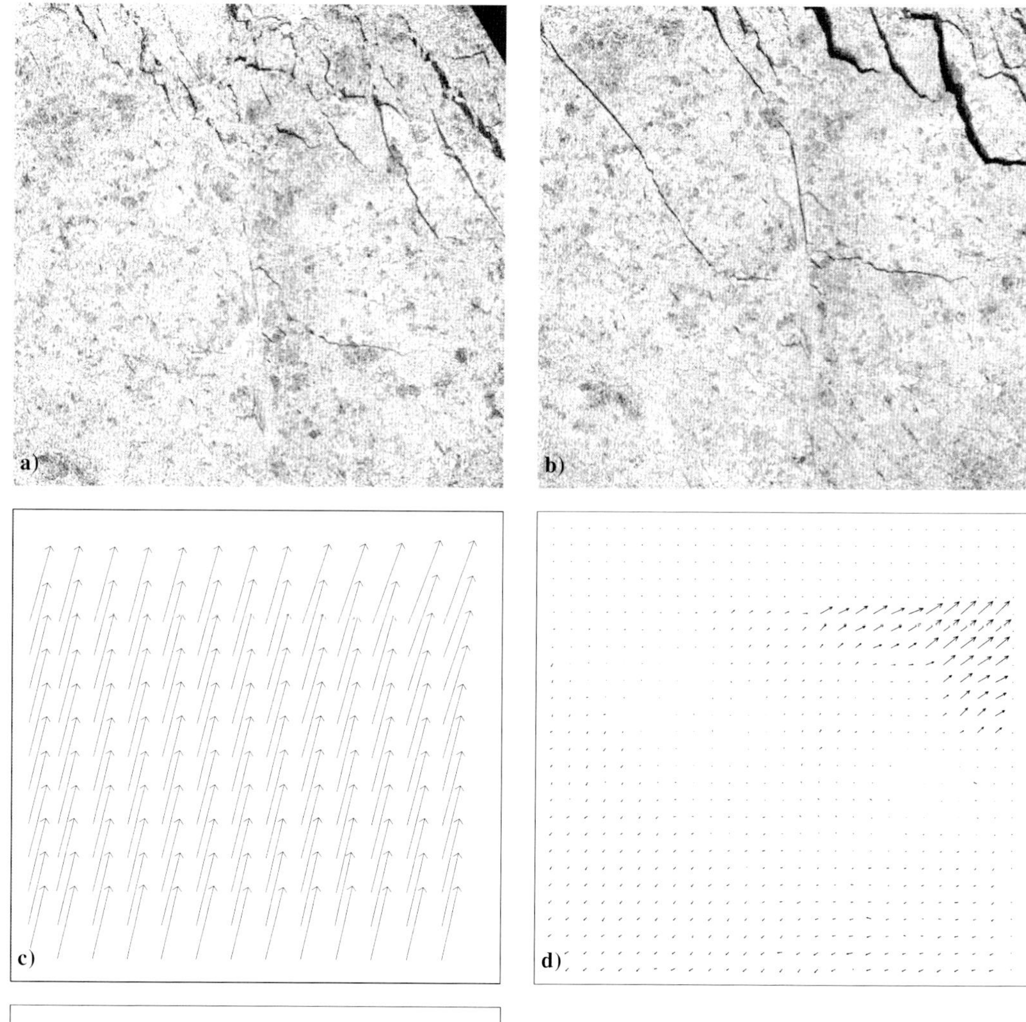

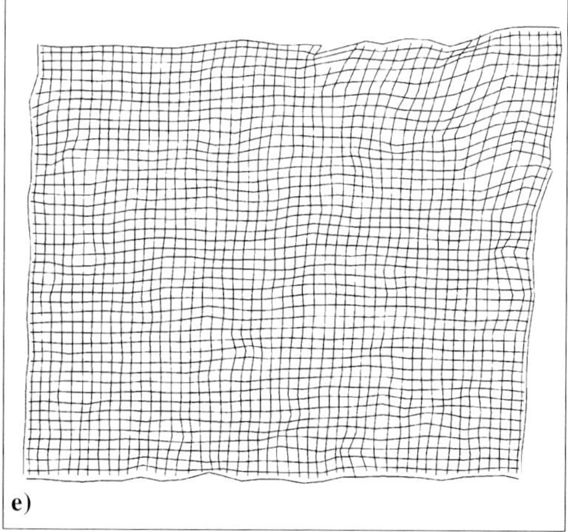

Abbildung 15
Ausschnitte aus SAR-Szenen vom 25. 7. 1992 bei 67° S, 57° W: a) 04:12 UTC; b) 12:24 UTC; c) Driftgeschwindigkeitsfeld; d) Differenz zwischen aktueller Drift und mittlerer Drift; e) Deformation eines äquidistanten Gitters zur Darstellung der Divergenz des Eisdriftgeschwindigkeitsfeldes
Subsets of SAR-images of July, 25th, 1992 at 67° S, 57° W: a) 04:12 UTC; b) 12:24 UTC; c) ice drift velocity field; d) difference between actual ice drift and mean ice drift; e) Deformation of a regular grid to show the divergence of the ice drift velocity field

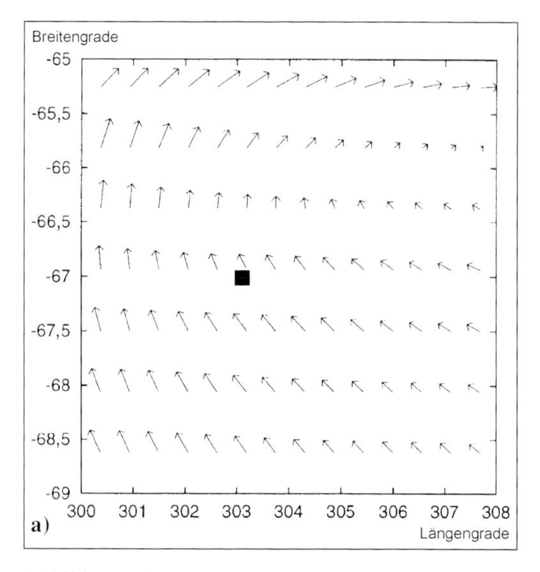

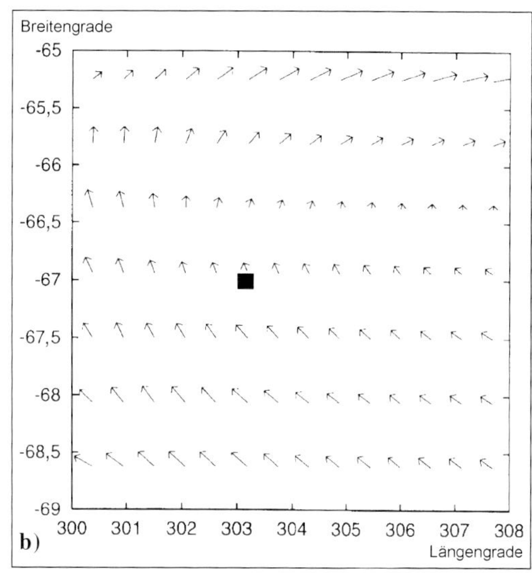

Abbildung 16
10-m-Windfelder am 25. 7. 1992 aus EZMW-Analysen: a) 06 UTC; b) 12 UTC. Das schwarze Quadrat markiert die Position der SAR-Szene.
10 m wind field of July, 25th,1992: a) 06 UTC; b) 12 UTC. The black rectangle marks the position of the SAR-image.

men sind offene Rinnen, die eher kreisförmigen dunkleren Flächen sind einjährige Schollen. Der Rest des Meereises, das in den Aufnahmen hell erscheint, besteht aus wenigen mehrjährigen Schollen und Eistrümmern.

Deutlich wird vor allem im nördlichen Teil der Aufnahmen, daß sich schon bestehende Rinnen im Laufe der 8h 12 min verbreitern. Durch Auszählung der Pixel kann die Breite der Rinnen direkt aus den Bildern gewonnen werden. Die beiden schwarz erscheinenden, im Nordostteil der Abbildung 15b befindlichen Rinnen haben eine Breite von 500–600 m. Auf der Abbildung 15a sind diese Rinnen hingegen nur 200 bis 250 m breit, woraus sich für diesen Teil der Aufnahme eine Divergenz von $5 \cdot 10^{-7}$ s^{-1} ergibt. Die schmale, von der Nordwestecke der Abbildung 15b ins Bildzentrum reichende Rinne weist eine Breite von ca. 100 m auf.

Auf der Abbildung 15a ist diese Rinne noch gar nicht oder nur sehr schwach erkennbar. Für diesen Teil der Aufnahme ergibt sich aus den Bildern eine Divergenz von $1 \cdot 10^{-7}$ s^{-1}. Die Divergenz nimmt von Nordosten nach Südwesten hin deutlich ab.

In Abbildung 15c ist das Geschwindigkeitsfeld, wie es mit Hilfe des Korrelationsalgorithmus bestimmt wurde, dargestellt. Die Meereisdrift ist nach Nordosten gerichtet und beträgt etwa 0,14 m s^{-1}. Die zum Aufnahmezeitpunkt im betrachteten Gebiet herrschenden Windverhältnisse sind in Abbildung 16 dargestellt. Im Laufe der 8h 12min, die zwischen beiden SAR-Bildern liegen, sinkt die Windgeschwindigkeit von 8 m s^{-1} auf etwa 2 m s^{-1}. Die Windrichtung bleibt dabei konstant Südost, so daß sich zwischen Meereisdrift und Bodenwind eine Rechtsablenkung ergibt, wohingegen normalerweise bei freier Drift auf der Südhalbkugel eine Linksablenkung der Drift beobachtet wird (z. B. KRUSE-KRINGEL 1989, ENGELBART 1992). Hier bewirkt die sich von Süd nach Nord erstreckende Antarktische Halbinsel, daß eine nach Westen gerichtete Drift unmöglich ist, so daß jeder atmosphärische Antrieb mit einer Nordkomponente eine nach Nord-Nordost gerichtete Meereisdrift bewirkt. Die in diesem Bereich des Weddellmeeres ebenfalls nach Nord-Nordost gerichtete Meeresströmung beeinflußt überdies insbesondere bei geringen Windgeschwindigkeiten die Meereisdrift und bewirkt somit in dem vorliegenden Fall ebenfalls eine nord-nordöstliche Komponente der Drift. Die Rinnen liegen im wesentlichen parallel zur vorherrschenden Windrichtung und bilden nur einen kleinen Winkel mit den Vektoren der Meereisdrift, so daß zu vermuten ist, daß sie durch Scherbewegungen entstanden sind. In der Mehrzahl der untersuchten Fälle bilden sich hingegen Rinnen oder Polynien annähernd normal zur Wind- bzw. Driftrichtung aus.

Wird die Annäherung des Geschwindigkeitsfeldes durch die Polynome betrachtet und werden daraus Divergenzen berechnet, so zeigt sich auch hier eine Abnahme der Divergenzwerte von Nordosten nach Südwesten bis hin zu Konvergenzen im südwestlichsten Teil der Aufnahmen. Die Werte der Divergenz sind allerdings mit $1 \cdot 10^{-6}$ s^{-1} bis $3 \cdot 10^{-6}$ s^{-1} um eine Größenordnung höher als die Werte, die direkt aus den Bildern gewonnen wurden. Die Rinnen müßten sich demnach um etwa 2000 m verbreitern, was jedoch in den Aufnahmen nicht beobachtet wird. Bildet man die Differenz zwischen den mit Hilfe des Algorithmus ermittelten Driftgeschwindigkeiten und dem Mittelwert der Driftgeschwindigkeit im gesamten Gebiet, so werden auch in dieser Darstellung Divergenzen und Konvergenzen deutlich abgebildet.

In den Zonen, in denen sich Rinnen gebildet oder vergrößert haben, zeigen die Differenzvektoren in entgegengesetzte Richtung oder weisen in diesem Bereich eine große Betragsänderung auf. Abbildung 15d zeigt dies für das vorliegende Beispiel. Sehr deutlich werden die breiteren Rinnen im nordöstlichen Teil der Aufnahme, aber auch die nur knapp 100 m breite Rinne, die von der nordwestlichen Ecke des Bildes ins Zentrum reicht, im Differenzbild sichtbar. Die Divergenz läßt sich aus den Differenzvektoren berechnen. Man erhält für den Bereich der breiteren Rinnen eine Divergenz von $1 \cdot 10^{-7}$ s^{-1} bis $2 \cdot 10^{-7}$ s^{-1}. Diese Werte stimmen mit den durch das Auszählen von Pixeln erhaltenen Werten überein.

Eine weitere Möglichkeit, die Divergenz darzustellen, besteht darin, ein äquidistantes Gitter mit den aus dem Algorithmus ermittelten Driftgeschwindigkeiten zu verlagern. In Gebieten mit positiver Divergenz müßte sich das Gitter aufweiten, und in konvergenten Bereichen müßten die Abstände der Gitterpunkte kleiner werden. Abbildung 15e zeigt das Ergebnis für das vorliegende Beispiel. Der Abstand zwischen den einzelnen Gitterpunkten im äquidistanten Gitter beträgt 500 m. Im Bereich der breiteren Rinnen ist eine Aufweitung des Gitters zu sehen, während die kleineren Rinnen im Gitter nicht zutage treten. Für diese schmalen Strukturen ist die Gitterauflösung zu grob.

6.2. Fallbeispiel: Eisdrift am 14. 7. 1992 bei 67° S und 44° W

Die Abbildungen 17a und 17b zeigen SAR-Bilder derselben Region vom 14. 7. 1992. Die Aufnahmen umfassen ein Gebiet der Größe von $25{,}2 \times 25{,}2$ km^2 bei einer geometrischen Auflösung von 25 m. Die Nordrichtung weist auch in diesem Beispiel zum oberen Bildrand hin. Abbildung 17a wurde um 03:17 UTC, Abbildung 17b um 11:29 UTC aufgenommen. Die großen, sehr hellen Flächen in den Aufnahmen sind Offenwassergebiete, die zum Teil mit Eisschlamm bedeckt sind. Die dunkleren Flächen sind einjähriges Eis, und die schwarzen, linienhaften Flächen im zweiten Bild stellen Rinnen dar, die sich im Laufe der 8h 12 min gebildet haben. Die hohe Auflösung des SAR erlaubt es sogar, die Bänder des auf die Leeseiten der Leads verdrifteten Eisschlammes zu erkennen. Die mittlere Driftgeschwindigkeit beträgt etwa 0,25 m s^{-1} in nordöstliche Richtung. Die zum Aufnahmezeitpunkt im betrachteten Gebiet vorherrschenden Windverhältnisse sind in Abbildung 18 dargestellt. Der Wind drehte im betrachteten Zeitraum von westlichen auf südliche Richtungen und frischte dabei von 6 m s^{-1} bis etwa 11 m s^{-1} auf.

Die Rinnenbildung findet hauptsächlich normal zur Driftrichtung statt. Direkt aus den SAR-Bildern läßt sich die Rinnenbreite durch das Auszählen von Pixeln zu 300–500 m bestimmen. Dies ist gleichbedeutend mit einer Divergenz von $4 \cdot 10^{-7}$ s^{-1} bis $7 \cdot 10^{-7}$ s^{-1}. Aus der Polynomanpassung ergibt sich eine Divergenz von $2 \cdot 10^{-6}$ s^{-1}. Auch in diesem Beispiel ergibt sich aus der Polynomanpassung eine um eine Größenordnung höhere Divergenz, als sie sich direkt aus den Bildern ableiten läßt. Die erfolgte Rinnenbildung zeichnet sich deutlich im Differenzbild (Abb. 17d) und in der Deformation eines anfänglich äquidistanten Gitters (Abb. 17e) ab. Die aus dem Polynom resultierende Divergenz würde einer Rinne mit einer Breite von

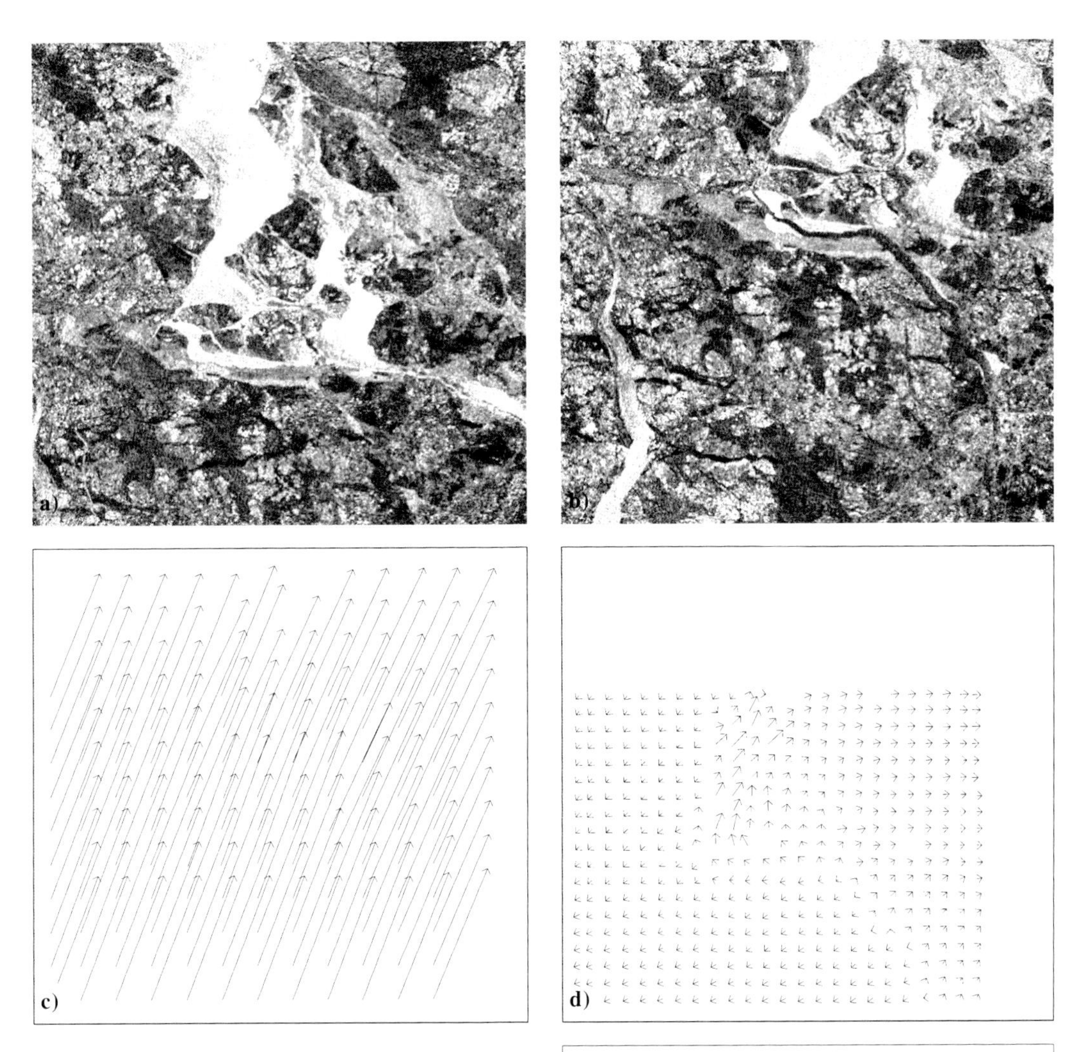

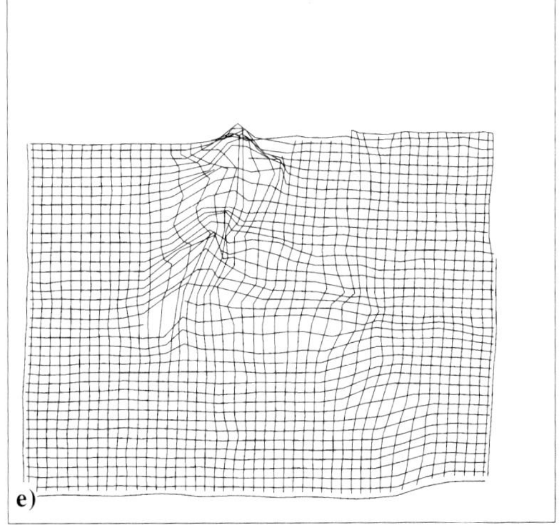

Abbildung 17
Ausschnitte aus SAR-Szenen vom 14. 7. 1992, 67° S, 44° W: a) 03:17 UTC; b) 11:29 UTC; c) Driftgeschwindigkeit; d) Differenz zwischen aktueller Drift und mittlerer Drift; e) Deformation eines äquidistanten Gitters zur Darstellung der Divergenz des Eisdriftgeschwindigkeitsfeldes
Subsets of SAR-images of July, 14th, 1992 at 67° S, 44° W: a) 03:17 UTC; b) 11:29 UTC; c) ice drift velocity field; d) difference between actual ice drift an mean ice drift; e) deformation of a regular grid to show the divergence of the ice drift velocity field

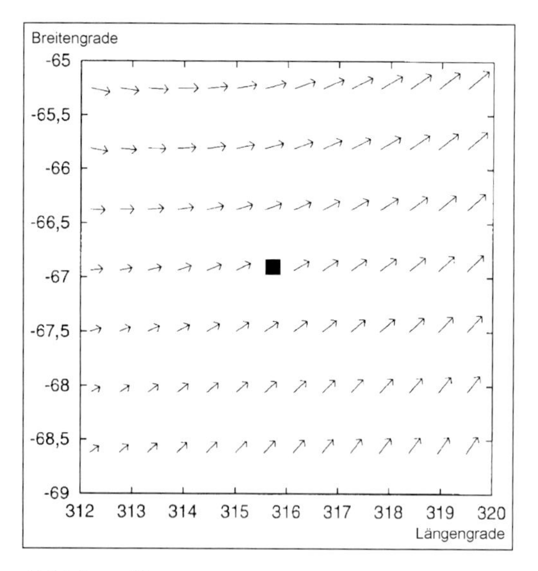

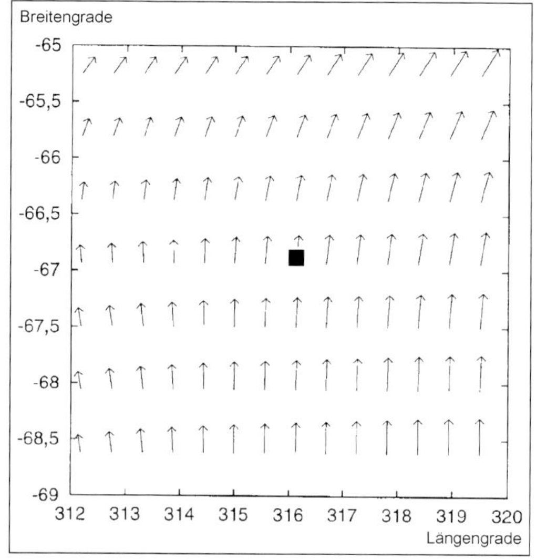

Abbildung 18
10-m-Windfelder am 14. 7. 1992 aus EZMW-Analysen: a) 06 UTC; b) 12 UTC. Das schwarze Quadrat markiert die Position der SAR-Szenen.
10 m wind fields of July, 14th, 1992: a) 06 UTC; b) 12 UTC. The black rectangle marks the position of the SAR-images.

etwa 1700 m entsprechen. Berechnet man nun mit Hilfe eines BULK-Ansatzes (BULK-Koeffizient $c_h = 1{,}7 \cdot 10^{-3}$ nach ENGELBART 1992), in den im wesentlichen die Windgeschwindigkeit und die Temperaturdifferenz zwischen Oberfläche und Atmosphäre eingehen, den turbulenten fühlbaren Wärmestrom über der Rinne unter den gegebenen meteorologischen Bedingungen, ergibt sich ein Energieverlust für die teilweise eisbedeckte Wasseroberfläche von –600 W m^{-2}, was eine Eisproduktion von 7 cm in 8 Stunden verursacht. Eine Eisproduktion dieser Größenordnung bewirkt, daß an der Leeseite der Rinne aufgrund der Tatsache, daß Eisschlamm bei gleichem atmosphärischem Antrieb schneller driftet als festes Eis, sich auf einer Breite von ca. 300 m windaufwärts Eisschlamm ansammelt.

Das bedeutet, daß die durch den atmosphärischen Antrieb und die Eisstruktur dem Eisfeld aufgeprägte Divergenz nicht eine Fläche offenen Wassers entsprechender Größe entstehen läßt. Diese ist – abhängig von den meteorologischen Bedingungen – kleiner, so daß die Divergenz, die aus dem Polynom berechnet wurde, durchaus größer sein kann als die direkt aus den SAR-Bildern abgeleitete Divergenz. Dies führt dazu, daß der Energieverlust des Ozeans durch die Polynomanpassung in diesem Falle überschätzt wird.

7. Divergenz und Bestimmtheitsmaß

Zur Bestimmung differentieller Größen der Eisdrift wurden, wie im vorhergehenden Abschnitt beschrieben, an das Vektorfeld der Meereisdrift zwei Flächen zweiter Ordnung angepaßt. Das Bestimmtheitsmaß ist hierbei eine Maßzahl für die Güte der Anpassung. Bei Geschwindigkeitsfeldern, in denen weder Divergenz noch Konvergenz vorhanden ist, sollte das Bestimmtheitsmaß einen hohen Wert aufweisen. Liegt hingegen eine divergente bzw. konvergente Eisbewegung vor, bei der sich Polynien oder Rinnen bzw. Rücken bilden, so befinden sich an diesen Stellen im Eisbewegungsfeld Unstetigkeitsstellen. Das Polynom bewirkt eine Glättung des Feldes, und die Abweichungen zwischen dem Polynom und dem ursprünglichen Eisdriftfeld werden relativ groß, so daß das Bestimmtheitsmaß kleinere Werte annimmt. Man

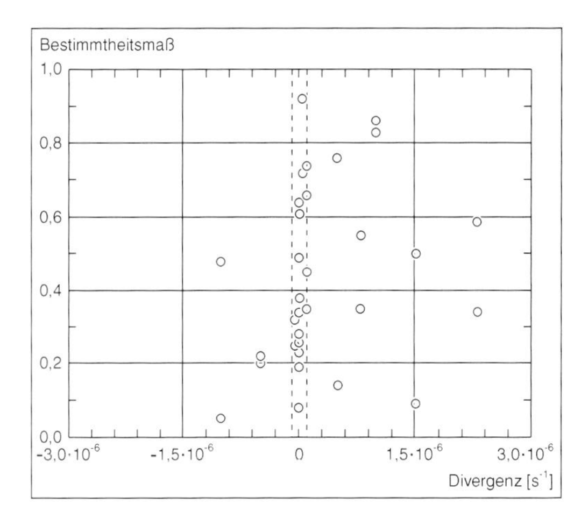

Abbildung 19
Bestimmtheitsmaß der Polynomanpassung an das Eisdriftfeld in Abhängigkeit von der Divergenz. Die Divergenzwerte zwischen den gerissenen Linien liegen unterhalb der Meßgenauigkeit von $1\cdot10^{-7}\,s^{-1}$.
Square of the correlation coefficient between polynom and measurements as a function of their divergence. The divergence values between the dashed lines are below the level of accuracy of the measurements ($1\cdot10^{-7}\,s^{-1}$).

erwartet also, daß bei größeren Divergenz- bzw. Konvergenzwerten das Bestimmtheitsmaß abnimmt. In Abbildung 19 ist das Bestimmtheitsmaß in Abhängigkeit von der Divergenz für die bislang untersuchten Fälle dargestellt. Die erwartete Abhängigkeit tritt hier nicht zutage.

Eine Unstetigkeit im Eisdriftfeld kann vereinfacht durch eine Stufenfunktion dargestellt werden. Zu einer breiten Rinne gehört eine große Stufe, während viele kleine Rinnen viele kleine Stufen bedeuten. Durch das Polynom können viele kleine Rinnen besser approximiert werden als eine große Rinne, so daß das Bestimmtheitsmaß in beiden Fällen unterschiedlich ist, die Divergenzwerte jedoch gleich sein können. Aus diesem Grund ist eine große Streuung der Bestimmtheitsmaße, wie sie in Abbildung 19 zu beobachten ist, durchaus zu erklären. Notwendig ist eine Unterscheidung der Fälle nach der Struktur des Eises, der Struktur des Eisdriftfeldes und der Struktur der Rinnen- bzw. Polynien- und Rückenbildung.

Um zu einer endgültigen Aussage zu gelangen, müssen detailliertere Analysen vorgenommen werden.

8. Schlußbemerkungen

Die Fernerkundung der Polargebiete wird durch die Nutzung der SAR-Daten des ERS-1 von wechselnden Bewölkungs- und Beleuchtungsverhältnissen unabhängig. Der stabile Betriebszustand des Satelliten läßt im Prinzip eine kontinuierliche und interannuale Untersuchung der Meereisdynamik zu.

Da die Interpretation der SAR-Szenen hinsichtlich Eistypen und Bedeckungsgrad problematisch ist, müssen ergänzende Informationen zur Verfügung stehen, um eindeutige Aussagen machen zu können. Eine andere Möglichkeit ist die Verwendung multispektraler SAR-Daten, die sich mit dem in Betrieb genommenen japanischen JERS-1 (mit L-Band-SAR gegenüber C-Band-SAR im ERS-1 und ERS-2) durchaus anbietet.

Untersuchungen zur Thermodynamik im Weddellmeer sind jedoch mit SAR-Daten zusammen mit atmosphärischen Parametern möglich. Durch die vorliegenden Untersuchungen wird eine Beschreibung der Wechselwirkung zwischen dem Ozean, dem Eis und der Atmosphäre im mesoskaligen Bereich ermöglicht. Damit können die Initialisierungsdaten und Randbedingungen von Meereis- und Klimamodellen des Weddellmeeres, die hinsichtlich des Energiehaushaltes überwiegend mit räumlich und zeitlich großskaligen gemittelten Werten arbeiten (Hibler u. Ackley 1983, Lemke 1987), wesentlich verbessert werden.

Danksagung

Unser besonderer Dank gilt dem Bundesministerium für Forschung und Technologie für die Förderung des Vorhabens. Darüber hinaus gilt ein ganz besonderer Dank der Deutschen Forschungsanstalt für Luft- und Raumfahrt (DLR) in Oberpfaffenhofen für die Einführung in die SAR-Datenauswertung und die Bereitstellung der Datenkataloge (AQLs).

Außerdem danken wir den Mitarbeitern des Alfred-Wegener-Institutes für Polar- und Meeresforschung für die freundliche Unterstützung während der Winter-Weddell-Gyre-Study 1992 und die konstruktive wissenschaftliche Zusammenarbeit.

Literatur

BAGDLEY, F. I. (1966):
Heat Balance at the Surface of the Arctic Ocean. In: Energy Fluxes Over Polar Surfaces. Genf, 115–123.

COON, M. D. (1980):
A Review of AIDJEX Modelling.
In: PRITCHARD, R. S. [Ed.]: Sea Ice Processes and Models. Seattle, 12–27.

DIERKING, W. (1992):
Sensitivity Studies of Selected Theoretical Scattering Models with Applications to Radar Remote Sensing of Sea Ice.
Berichte aus dem Fachbereich Physik, AWI Report **33**, Bremerhaven.

ENGELBART, D. (1992):
Thermodynamik und Dynamik von Küstenpolynien im Weddell-Meer.
Ber. d. Inst. f. Meteorol. u. Klimatol. d. Univ. Hannover, **40**.

FILY, M., & D. A. ROTHROCK (1987):
Sea Ice Tracking by Nested Correlations.
IEEE Trans. Geosc. Remote Sensing, **GE-25**, No. 5, 570–580.

HIBLER, W. D., & S. F. ACKLEY (1983):
Numerical Simulation of the Weddell Sea Pack Ice.
J. Geophys. Res., **88**, No. C4: 2873–2887.

KWOK, R., RIGNOT, E., HOLT, B., & R. ONSTOTT (1992) :
Identification of Sea Ice Types in Spaceborne Synthetic Aperture Radar Data.
J. Geophys. Res. **97**, No. C2: 2391–2402.

KRUSE-KRINGEL, S. (1989) :
Geostrophischer Wind und Meereisbewegung im Gebiet des Weddell-Meeres (Antarktis).
Diplomarbeit. Inst. f. Meteorol. u. Klimatol. d. Univ. Hannover.

LAUR, H. (1992) :
Derivation of Backscattering Coefficient σ^0 in ERS-1 SAR.PRI Products.
ESA ESRIN, Frascati.

LEMKE, P. (1987) :
A Coupled One-Dimensional Sea Ice-Ocean Model.
J. Geophys. Res. **92**, No. C2: 13164–13172.

LEMKE, P. (1994) :
Die Expedition ANTARKTIS X/4 mit FS Polarstern 1992.
Berichte zur Polarforschung, **140**.

MCPHEE, M. G. (1979) :
The Effect of the Oceanic Boundary Layer on the Mean Drift of Pack Ice: Application of a Simple Model.
J. Phys. Oceanogr., **9**: 388–400.

ROTH, R., BRANDT, R., SCHULZE, O. u. M. THOMAS (1994) :
OEA-Teilprojekt 4: Untersuchung der Dynamik von Polynien im Weddell-Meer.
Abschlußbericht zum BMFT-Forschungsvorh. 03PL504D, Hannover.

VASS, P., & B. BATTRICK [Ed.] (1992):
ESA ERS-1 Product Specification.
ESA Publications SP-1149.

Ergänzungshefte zu Petermanns Geographischen Mitteilungen

Eine der ältesten und interessantesten Reihen geographischer Fachliteratur. Seit 1860 sind insgesamt 292 Ergänzungshefte erschienen, die spezielle Themen behandeln und Beiträge liefern, deren Umfang über das in der Zeitschrift „Petermanns Geographische Mitteilungen" gebotene Maß hinausgeht.

Nr. 287:
Patagonien und Antarktis – Geofernerkundung mit ERS-1-Radarbildern
Hermann Gossmann (Hrsg.)
1. Aufl. 1998, 184 Seiten,
ISBN 3–623–00758–7

Nr. 288:
Gletscher und Landschaften des Elbrusgebietes
Otfried Baume u. Joachim Marcinek (Hrsg.)
1. Aufl. 1998, 192 Seiten,
ISBN 3–623–00759–5

Nr. 289:
The Schirmacher Oasis, Queen Maud Land, East Antarctica, and its surroundings
Peter Bormann u. Diedrich Fritzsche (Hrsg.)
1. Aufl. 1995, 448 Seiten,
ISBN 3–623–00760–9

Nr. 290:
Subsurface soil erosion phenomena in South Africa
Von Heinrich R. Beckedahl
1. Aufl. 1998, ca. 176 Seiten,
ISBN 3–623–00769–2

Nr. 291:
Stadtland USA: Die Kulturlandschaft des American Way of Life
Von Lutz Holzner
1. Aufl. 1996, 142 Seiten,
ISBN 3–623–00762–5

Nr. 292:
Hundert Jahre Standortphänomen Kraftfahrzeug
Von Gerhard Kehrer
1. Auf. 1996, 104 Seiten,
ISBN 3–623–00764–1

Nr. 293:
The Franz Josef Land Archipelago – Remote Sensing and Cartography
Robert Kostka (Hrsg.)
1. Aufl. 1997, 112 Seiten,
ISBN 3–623–00765–X

Perthes GeographieKolleg

Diese neue Studienbuchreihe behandelt wichtige geographische Grundlagenthemen. Die Bücher dieser Reihe bestechen durch ihre Aktualität (Erscheinungsdaten ab 1994), ihre Kompetenz (ausschließlich von Hochschuldozenten verfaßt) und ihre gute Lesbarkeit (zahlreiche Abbildungen, Karten und Tabellen). Sie sind daher für Studenten und ihre Lehrer aller geo- und ökowissenschaftlichen Disziplinen eine unverzichtbare Informationsquelle für die Aus- und Weiterbildung.

Physische Geographie Deutschlands
Herbert Liedtke und
Joachim Marcinek (Hrsg.)
2. Auflage 1995, 560 Seiten,
ISBN 3-623-00840-0

Das Klima der Städte
Von Fritz Fezer
1. Auflage 1995, 199 Seiten,
ISBN 3-623-00841-9

Das Wasser der Erde
Eine geographische Meeres- und Gewässerkunde
Von Joachim Marcinek und
Erhard Rosenkranz
2. Auflage 1996, 328 Seiten,
ISBN 3-623-00836-2

Naturressourcen der Erde und ihre Nutzung
Von Heiner Barsch u. Klaus Bürger
2. Auflage 1996, 296 Seiten,
ISBN 3-623-00838-9

Geographie der Erholung und des Tourismus
Von Bruno Benthien
1. Auflage 1997, 192 Seiten,
ISBN 3-623-00845-1

Wirtschaftsgeographie Deutschlands
Elmar Kulke (Hrsg.)
1. Auflage 1998, ca. 480 Seiten,
ISBN 3-623-00837-0

Agrargeographie Deutschlands
Von Karl Eckart
1. Auflage 1998, ca. 440 Seiten,
ISBN 3-623-00832-X

Allgemeine Agrargeographie
Von Adolf Arnold
1. Auflage 1997, 248 Seiten,
ISBN 3-623-00846-X

Lehrbuch der Allgemeinen Physischen Geographie
Manfred Hendl u. Herbert Liedtke (Hrsg.)
3. Auflage 1997, 866 Seiten,
ISBN 3-623-00839-7

Umweltplanung und -bewertung
Von Einhard Schmidt-Kallert, Christian Poschmann u. Christoph Riebenstahl
1. Auflage 1998, 152 Seiten,
ISBN 3-623-00847-8

Landschaftsentwicklung in Mitteleuropa
Von Hans Rudolf Bork u. a.
1. Auflage 1998, ca. 220 Seiten,
ISBN 3-623-00849-4